移動力

機會、財富與權力的新地理，給全球世代的2050年關鍵報告

帕拉格・科納——著
吳國卿——譯

Move

The Forces Uprooting Us

by Parag Khanna

目次

CONTENTS

導讀

生存的關鍵時刻：移動世代的機會與策略

文／臺大地理系教授　**黃宗儀**

籠罩在大疫之下的人類該如何找到生存的方式？《移動力》一書出版得正是時候，提供我們思考這個大哉問的契機。作者開宗明義指出我們身處一個氣候、政治、經濟、社會極度動盪的世代。面對層出不窮、難以止息的種種災難，我們所能做的可能是效法古老的祖先沿著河流遷移，不斷移動直到找到適合生存之處。

本書的章節安排如同地圖一般展開。首章描述全球人口的繁忙移動，從城市到城市、國家到國家，這種前所未有的全球化狀態，加上政治動亂、經濟錯置、科技破壞、氣候變遷的失衡等因素的共伴作用，「人愈來愈像量子物理學中的粒子，它們的速度和地點隨時在改變」，全球「量子人（quantum people）」於焉誕生。

第二及第三章聚焦移動人口的特性，強調在全球人口逐漸老化，加上少子化日益嚴重的趨勢之下，國家要維持競爭力必須在全球的「年輕人才爭奪戰」中勝出。而這些新世代的年輕人注重的是「連結、移動性和永續性的權利」，他們抱持一種全球規模的價值觀，追求良好的生活品質與穩定的社會制度。同時，身處前所未見的全球世代，今日的年輕人遠比他們的父祖更能跳脫「身份與國籍的『領土陷阱』（territorial trap）」，得以擺脫民族主義的幽靈，對移動與其帶來的自由有迫切的想望與行動力。此處作者樂觀地描述全球世代的年輕人能打破民族國家的藩籬，以「世界主義的身分認同」作為「共同的未來」，因為在他們眼中身分認同是「累積」、「疊加」而非單一或互斥——一如原子，人的心智處於「疊加態（super-positioned）」，也就是可以「同時屬於本國和外國世界」。

第四至六章依序以北美、歐洲、中亞與俄羅斯為主題，描繪出各區域人口移動的狀況。例如：美國內部人口面臨氣候變遷的挑戰，人們選擇轉往其他較具氣候韌性的州、或者考慮北移至加拿大。歐洲方面面對近年益發蓬勃的移民浪潮，見證大量來自阿拉伯、非洲、亞洲等地的難民與遷移者帶入新的文化，與歐洲原有的文化產生衝突，各國因此必須處理「同化緊急事件（assimilation emergency）」。俄羅斯的困境則是領土中「隨著永凍層融化，將有更多礦藏被發現和挖掘」，卻缺少「開發這些潛力的人」。作者透過上述案例顯示，全球各地正面臨複雜的人口流動現象，我們不僅需要更完善、更包容的社會政策來處理移民問題，更需加強對地理環境的認知來面對氣候變遷。

第七、八章分別處理全球北方及南方，思考氣候不斷暖化的情境下，全球該如何面對急迫的生存問題。本書提出的解決之道是北方國家或許往北走，遷移至緯度較高的北極區。

若是如此，重要的就不再是象徵國力雄厚的高樓大廈，而是能攜帶移動、因應氣候調節的設施，像是丹麥建築師英格爾斯（Bjarke Ingels）提議的那種可隨海平面上升，「一系列互相連結的的浮動城市島（city-islands）」。另一方面，相較於北方，更炙熱的南方各地（如南美、西亞、非洲、澳洲等），又該如何面對逐漸升溫的地球？作者認為全球南方要「倖免於難」，首先需處理歷史上因北方各國殖民掠奪所造成的經濟混亂與資源分配不均，否則會有越來越多人被迫出走尋找生存的資源。無論是北方的向北走，或者南方雪上加霜的社會問題，都凸顯了本書的重點，亦即，人類必需移動才得以生存。

第九、十兩章處理近年來亞洲的崛起及其內部人員流動的議題。亞洲的人口快速成長與出走——特別是中國與印度——預示著全球未來人口可能是「棕色的」。例如，在全球人才市場中炙手可熱的東南亞跨國家務勞工，無論是赴他國擔任護士或是家庭傭工，這些女性僑民「善用僑民網絡和人力仲介公司在亞洲、中東和北美洲流動，以尋找較高的薪資」，她們「完美地體現了今日和明日的『量子工作者』（quantum worker）」的身分。再者，即使亞洲移民分散至世界各地，他們所形成的種族社區依舊對母國與新僑居地發揮著至關重要的影響力。作者在揭示亞洲移民遍及世界的同時也提醒我們，東西方人口並非僅是單向流動。例如，這次歐美多數國家對於新冠疫情對應的誤判，使得大量華裔僑民從海外歸來，更吸引了大批歐美人士移居疫情相對穩定的亞洲。此外，亞洲內部也必須處理氣候變遷所帶來的內部移動需求。舉例而言，中南半島受到上游中國築壩攔水的影響出現缺水的危機；摧毀性強大的颱風使得印度、印尼和菲律賓等地沿岸人口必須往內陸遷移避禍。面對這些問題，亞太國家企圖透過強化區域的關係來解決資源的缺乏，而未來可能正如作者所說：「這些連結雖然不是為方便大規模移民而建，但大規模移民可能是無可避免的事」。

本書最後三章呼應了第一章所提出的「量子人」概念，試圖描繪未來全新的全球公民系統藍圖——可能是一個雲端共和國，使用區塊鏈、Tor、比特幣等技術混合出的嶄新同盟；或是一本全球護照，讓各國更能掌握公民的身分資訊，讓符合條件的人安全地進入，也更容易決定該阻擋誰。同時，以城市為外交單位的時代可能就此展開，例如，疫情時代的移動停滯，讓人們開始省思生產與消費的距離，城市的自給自足能力變得前所未見的重要。在作者的想像中，這樣的城市並不需要大量高科技得以打造「智慧城市」，而是看城市的設計能否「智慧地」容納不同階層者的生活。最後，作者提出重新部署世界人口的呼籲，現今地球環境的劇變迫使我們面臨一個重要的選擇：「國籍或永續性？」坐擁資源、人口較少且老化的北方大國應展現接納移民的氣度，同時避免移民蜂擁而至造成的悲劇。透過移動或許人類能摸索出共存於地球之道。

本書的重要貢獻之一在於以全球為尺度，如空拍機一般呈現各地在人類世面臨的生存挑戰。人類「製造出來的產業、生態、人口、科技和其他因素產生的複雜連鎖反應，帶來了持續的騷動」，推動我們火速做好移動的準備。無論是海平面上升淹沒陸地、森林大火燒毀家園、或是病毒的變種與傳染，這些「非人（nonhumans）」力量正驅使著人們離開家園，搬遷至得以生存之地。此處我們可參考英國地理學者Sarah Whatmore（2008, p.10）的觀察——她認為今日要理解我們生存的空間與地方，必須同時考慮人類與諸多「非人」，包括動植物、科技、有機物、以及地球本身的能量等所產生的互動關連。某種程度而言，本書作者採取了近似的視角，並積極提出行動方案，強調跨越邊界與遷移的必要性。

對應臺灣近年來的人口移動狀況，本書也提供了幾個有趣的思考方向。首先，就年輕世代的移動而言，全球化帶來的連結性增加了遷移的機會與動力，吸引年輕世代的勞動人口嘗試向海外移動。這些移動的形式除了傳統的出國留學之外，高等教育體系也提供了越來越多的跨國交流機會，例如出國當交換生、短期的研究考察、或者海外遊學等等。此外，年輕人移動到有資源的地方尋求發揮所長的可能性也日益普遍，數位化的聘僱管道提高了遷移的潛能，讓年輕人實踐赴他國打拼的夢想。舉例而言，出國打工度假是今日許多臺灣年輕人賺得第一桶金的方式，澳洲則是最受歡迎的地點。研究指出，這些打工度假者「不只是為了旅費而工作，這些金錢報償是具體的收穫可用於償還學貸與個人未來計畫，在臺澳跨國薪資差異誘因下產生『拚命賺』的集體心態」。（遲恒昌、林韋佑，2017, p.47）。曾嬿芬與鄧建邦（2021, p.84）的研究則發現，雖然臺灣有許多不利於年輕人職涯發展的推力，但年輕人真正的遷移行動仍有賴跨國聘雇的機制與高等教育的交流機會來落實。這也說明了為什麼近年來出國人口中最快速成長的群體，也就是有大專教育程度的年輕人，會以經濟發展差異甚大的中國與日本兩國為主要的目的地。與澳洲打工相較，這些前往中、日兩國的年輕人在選擇遷移目的地時，並非考慮最大化效益，而是受到近用機會的影響，如中臺、臺日之間頻繁的校園交流、以及聘雇協調的管道等等。在社會結構的影響下年輕人逐漸成為遷移者。

作者提出的另一項觀察也值得我們玩味。他指出過去發展遲滯、乏人問津之地也可能鹹魚翻身，例如位居鐵鏽帶的底特律；反之，就算是早已高度全球化的城市，也可能在一夕之間人流消散，香港便是此類的代表：「這個繁華的全球城市正遭到北京嚴厲的擠壓。前英國殖民地香港已從亞洲首屈一指的資本主義中樞，退化為珍視自由的香港年輕人和要求順從國家安全法的中國政府間的戰場——香港的年輕人將帶著他們才幹投奔他方，並由數百萬名順從的中國公民取代」。作者沒有闡述的是，臺灣正是這些年輕港人下一個投身之處。從二〇一四年的雨傘運動到二〇一九年的反修例運動，香港快速惡化的政治環境讓港人展開另一波移民潮，其中的一個主要的移民目的地即是臺灣。如此的移民趨勢從近年香港的「哈臺」現象可見端倪。從統計數據來看，自二〇一一與二〇一二年起，港人無論申請居留、留學或赴臺觀光的人數都有顯著增加。這些數據顯示近年香港社會的確普遍對臺灣有好感，認為臺灣是港人旅遊及移居的好地方（黃宗儀，2020, p.261-262）。臺港互動的頻繁也促成了臺港婚姻，依據移民署提供的統計數字顯示，近十五年來無論是透過婚姻移民來臺的港澳女性，或是與臺灣女性通婚的港澳男性，人數都增加了四、五倍。為亞洲區域內的婚姻移民地景增添了新樣貌（黃宗儀、胡俊佳，2021）。

與香港相較，不久之前另一個全球城市上海也因疫情「暫時」停止流動。中國的清零政策，使得上海經歷了兩個月的封城惡夢。官方對疫情的高度封鎖與民生控管，使得上海不再是人們實現夢想的應許之地，反而引發出逃難的「潤學」文化（劉紹華，2022）。潤即是英文的run，強調加速的移動。除了外省菁英與各國的外派人士，許多臺商與臺幹也在這一波潤學的氛圍下，從上海返回臺灣，回到起點（林庭瑤，2022）。然而，正如同宋郁玲（2021, p.45）對於疫情時代回流的臺灣人才的觀察：「不論衣錦還鄉或壯志未酬，他們共同的特徵是：未來可能隨時出走」。凸顯出全球化所帶來的高度連結，讓流動具有多方向性且永無止息。人們將會持續跨越國界，尋求理想的生存狀態與生活方式。

今時今日，全球仍舊面對著接踵而至的緊急生存危機，人類難以跟上病毒的變種速度與環境的急速變遷。期許透過閱讀此書，藉由作者樂觀的視角，在面對每一次的遷移時，或許我們能有多一點處變不驚，少一點未知恐懼，得以在最壞的情境下做最好的選擇，並在移動的過程中更加了解自我與他者，以及我們共同身處的這顆星球。

參考文獻

Appadurai, A. (1990). Disjuncture and Difference in the Global Cultural Economy. *Theory, Culture & Society*, 7(2-3), 295-310.

Whatmore, S. (1999). Culture-nature. In P. C. Paul, J. Cloke & M. Goodwin (Eds.), *Introducing Human Geographies* (pp. 4-11). London: Routledge.

宋郁玲（2021）。「衣錦還鄉」抑或「壯志未酬」——後疫情時代臺灣人才回流 與流失的思考。人文與社會科學簡訊，(22:3)，40-46。

林庭瑤（2022年7月12日）。想回家好難？兩岸航點恢復遙無期　台商返鄉變成「搶票大戰」。新新聞。取自：https://www.storm.mg/article/4417204

曾嬿芬、鄧建邦（2021）。成為遷移者：臺灣年輕人跨國職涯發展與遷移潛力。人口學刊，(63)，51-97。

黃宗儀（2020）。中港新感覺。臺北。聯經。

黃宗儀、胡俊佳（2021）。從觀光客到港妻：臺港跨境婚姻中的親密性與生活方式想像。文化研究，(32)，169-210。

劉紹華（2022年6月28日）。官方拉緊管制，人民研究逃跑 中國疫情下「潤學」為何夯？。獨立評論。取自：https://opinion.cw.com.tw/blog/profile/406/article/12444

遲恒昌、林韋佑（2017）。勞動的旅程　臺灣青年在澳洲的打工度假。地理學報，(84)，31-53。

作者序

二〇五〇年你會住哪裡？

二〇二〇年四月將被永遠記得是世界靜止的一個月。人類歷史上從未有過全球人口同時進行一項相同的行動：大封鎖。幾乎所有辦公室和商店都關門。街道上和公園裡空無一人。汽車、火車和飛機停止運轉。山羊、鹿、狐狸、野豬、鴨子、袋鼠，甚至企鵝自由漫步在從愛丁堡到巴黎、從開普敦到坎培拉等平時熙來攘往的城市裡。《經濟學人》雜誌以一個詞描述它：「關閉」（Closed）。*

緊接著全球各地的一連串封鎖嚴重衝擊了數十億人的生活。在混亂中，最大的諷刺之一也浮現：我們是多麼習慣於幾乎無摩擦的全球移動。二〇一九年是旅遊業創紀錄的一年，國際來客人數超過十五億人次，為歷來最高水準。超過二億七千五百萬人被歸類為國際移民——從杜拜的印度營建工人和菲律賓女傭，到前往亞洲各國的美國企業主管和英語教師——也是歷來最多的人數。然後一切突然停止。

* 《經濟學人》雜誌（*Economist*）二〇二〇年三月二十一日封面報導。

移民和旅遊沒有繼續大幅增長，因為封鎖刺激世界人口突然展開一場重開機。觀光客、學生和外國僑民從世界每個角落返回他們的出生地或母國。歐洲國家派遣飛機到非洲和拉丁美洲以撤回它們的公民。亞洲學生買單程機票從美國、英國和澳洲回到自己的母國。超過二十萬名印度勞工從沙烏地阿拉伯和阿拉伯聯合大公國等國家返回故鄉。這波史無前例的撤僑，人為地重新校準了地點和國籍。每個人都突然發現，這是他們記憶中首次看到幾乎全世界的人都「回家」。但這會持續多久？

我們個人和專業的生活有極大部分取決於移動性（mobility）：人員、產品、金錢和資訊在城市、國家內和國際間的移動。社會只有在我們能移動時才能正常運作。一旦你停止踩腳踏車踏板，它很快會傾倒。我們的文明就是那輛腳踏車，而我們將繼續移動。

在二〇一〇年代初，我的同事林賽（Greg Lindsay）和我開始解答這個問題：「二〇五〇年時你將住哪裡？」答案可能只是「高科技城市」，但是哪些高科技城市？有些會是一些有嚴密監控的地方，有些則是允許居民保有一些隱私的城市。有些將是在能抗拒氣候變遷的地區，有些則可能到時候已經淹沒於海中。有些將有繁榮的服務業和活躍文化的經濟體，有些則會變成廢棄的「工廠鎮」，像是散布在密西根州的那些城鎮。在我們掃瞄世界尋找有豐富的淡水、進步的治理和可能吸引創新企業人才的地理位置時，我們決定住在……密西根州。

更廣泛地說，我們指出一個「新北方」的崛起——一群像是大湖區和斯堪地那維亞這種大幅投資再生能源、糧食生產和經濟多元化的地理區。在二〇一二年逃過珊迪颶風（Sandy）

的劫難後不久，林賽和他的家從紐約市搬到蒙特婁。

這個看似簡單的思考實驗卻提供一些有價值的教訓。第一，你沒有辦法選擇你的危機：新冠疫情、氣候變遷、經濟崩潰和政治動亂可能同時發生——甚至以惡性螺旋的方式擴大彼此。另一個好處是，昨日被拋棄的地方，明日可能復原。大湖區的鏽帶是反烏托邦的衰敗縮影：今日的密西根每年流出的人口仍然是流入的兩倍（也因此逐漸流失它的國會席次）。但底特律可能是明日的熱門房地產市場。它重新崛起的跡象已經明顯可見：一條輕軌鐵道、美術館、精品旅館、精品時尚，和奢豪的阿拉伯及亞洲料理。在底特律的中心，現在已有一片都會沙灘，年輕的專業人士在那裡放鬆享受午餐和飲料。工業公司正翻修密西根的工廠以生產電動汽車，Alphabet公司的人行道實驗室（Sidewalk Labs）正在底特律和安娜堡間修建一條專供自動駕駛汽車行駛的公路。未來可能有一些3D列印住宅的工廠進駐。在未來二十年，美國和加拿大的關係可能更加緊密，底特律可望在連成一氣且欣欣向榮的芝加哥—多倫多走廊扮演中途點。

香港代表一個相反的極端，這個繁華的全球城市正遭到北京嚴厲的擠壓。前英國殖民地香港已從亞洲首屈一指的資本主義中樞，退化為珍視自由的香港年輕人和要求順從國家安全法的中國政府間的戰場。在二〇四七年——香港正式與中國完全整合的時間——之前很久，香港的年輕人將帶著他們的才幹投奔他方，並由數百萬名順從的中國公民取代。

要預測哪些地方將在未來幾十年成功或失敗，需要對政治、經濟、科技、社會和環境因素採取整體性的觀點，預估它們的交互影響，並建立每一個地理區可能如何順應這種極度複雜性的假想狀況。眾多的變化和轉折可能發生：今日的封鎖，明日的大規模移民；今日的民粹式民主，明日的資料導向治理；今日的國家認同，明日的全球團結——在一些地方情況可能相反，在另一些地方則可能突然翻轉。你可能要到二〇五〇年才能確定自己是否做了正確的決定。

歷史充滿劇烈的全球破壞事件——流行病和瘟疫、戰爭和種族滅絕、饑荒和火山爆發等。而在大災難後，我們的生存本能往往驅迫我們遷移。人類正展開有史以來對自己所做的最大規模實驗：流行病正逐漸平息，邊界正在重新開放，人們也再度開始遷移。他們將離開哪些地方和遷移到何處？我們該如何因應政治動亂和經濟危機、科技破壞和氣候變遷、人口失衡和恐懼流行病的複雜交互影響？對這些問題的答案可以總結為一個詞：移動。

人類的地圖尚未畫成——現在還沒有，而且永遠不會完成。我希望本書能讓你思考人類未來將進行大規模遷移的假想情況——包括你將遷往明日人類地圖的什麼地點。

第一章

移動性即命運

地理學就是我們對世界的看法

問任何在一九九〇年到二〇〇五年間從喬治城大學外事學院畢業的人，他們會一輩子記得的是哪一門課。他們的眼睛會亮起來，臉上露出笑容，嘴裡會吐出一個詞：「地圖。」一門只有一個學分、只看是否通過而不計成績的課，很快熱門到學生故意讓分級考試不及格以便選修它。很快地有數百名只想旁聽的大學部學生加入他們，使得每年需要更大的講堂來上課。他們全都為了親身體驗博學多聞、脾氣火爆的波爾托（Charles Pirtle）如雷貫耳的講課，他是一個熟知有關地球上一切國家、首都、水體、山脈和邊界爭議的重要事實的怪傑。在二〇〇五年，《新聞週刊》（*Newsweek*）把他的「現代世界地圖」課程列入它的「被虐狂的大學課程」名單中。我們真的喜愛他的課。

波爾托的遠大目標有兩個：對抗對地理學的無知，和同樣重要的，證明世界地圖是一個不斷演進的環境、政治、科技和人口組成的碰撞。拜波爾托所賜，分析這些力量的交互影響變成了我專業的熱愛項目。畢竟，一九九〇年代的高中地理課很難帶來啟發：基本上它是地球科學（以地理學為主；沒有提到氣候變遷），表層是一層靜態的邊界。對大多數學生來說，地理學研究很悲哀地局限於政治地理，好像我們地圖上最獨斷的線條（邊界）是永遠不變的。在現實中，國家比較像是多孔隙的盒子，由內部和進出它們的人及資源構成。沒有這些，國家有什麼價值可言？

這是一本與我們關係最密切事務有關的地理學書：人文地理學（human geography）。人文地理學調查我們這個物種在六大洲、一億五千萬平方公里的土地上，分布於何處和如何分布。把它想成像氣候學，是一門我們與彼此和與地理如何關聯的深奧科學。人文地理學包含像人口組成（人口的年齡和性別平衡）和遷移（人的移動和定居）等重要議題，但更深入我們的人種組成，甚至我們對變遷環境的遺傳適應。氣候難民和經濟移民、異族通婚，甚至演化——都是人文地理學這篇偉大故事的一部分。

為什麼人文地理學在今日如此重要？因為人類這個物種將經歷嚴酷的考驗，而我們不再有把握我們的地理圖層如自然（水、能源、礦物和食物等資源所在的地方）、政治（領土邊界界定國家的地方），以及經濟（基礎設施和工業所在之處）能否維持穩定的關係。這些是過去數千年來決定我們人文地理學的主要力量——而且人文地理學也反過來形塑它們。

但這些圖層間的反饋迴圈從未像今日這般緊張和複雜。人類的經濟活動已加速砍伐森林和工業排放，導致全球暖化、海平面上升和大範圍的乾旱。美國最重要的四個城市受到最嚴重的威脅：紐約市和邁阿密市可能淹沒，洛杉磯可能無水可用，而舊金山已野火遍地。

對美國數百萬人造成的連鎖效應也發生在亞洲的數十億人。想想這件事：亞洲經濟近幾十年來驚人的崛起助長了快速的人口成長、都市化和工業化，這些發展都導致排放激增，進而升高海平面，危及環太平洋和印度洋海岸巨型城市裡擁擠的人口。因此亞洲的崛起正加速亞洲的沉沒——進而可能促使更多亞洲人跨越邊界，逃到其他地方，並引發資源衝突。我們推擠系統，然後系統反過來推擠我們。

此時似乎是檢視這些地理圖層的失衡已變得多嚴重的恰當時候。北美洲和歐洲各地的富裕國家有三億人，面臨人口老化和基礎設施破敗的問題，但另一方面在拉丁美洲、中東和亞洲有約二十億沒有工作的年輕人，他們有照顧老年人和維持公共服務的能力。在荒無人煙的加拿大和俄羅斯各地有無數公頃適於耕種的土地，但在同一時候有數百萬名窮困的非洲農民因為乾旱而被迫離開他們的土地。一些國家有健全的政治體系，但只有很少公民，例如芬蘭和紐西蘭，但也有數億人口遭到暴虐的政權奴役或住在難民營。

有史無前例的人口正在遷移是一件令人驚訝的事嗎？二十世紀的人類對「地理即命運」和「人口即命運」的名言都耳熟能詳。前一句意味地點和資源決定我們的前途，後一句意味人口的多寡和年齡結構是最重要的因素。兩個句子合起來告訴我們，我們困在我們所處的地方——我們只能寄望它剛好是人口豐沛和資源富饒的國家。我們是否應該繼續相信這種宿命論？當然不應該。地理不是命運，地理是我們創造的。

在我二〇一六年出版的書《連結力》（*Connectography*）中，我嘗試以第三個句子來解釋全球文明的發展：「連結即命運」（Connectivity is destiny）。我們巨大的基礎建設網絡——由鐵路、電網、網際網路纜線等構成的機械外骨骼——賦予人員、產品、服務、資本、技術和構想在全球範圍內快速移動的能力。連結性和移動性相輔相成，是一個銅板的兩面，它們合起來形成將定義我們未來的第四個句子：移動性即命運。

那麼，是什麼在阻止我們完全地利用我們的連結性？我們集體慣性的根源建立在邊界的基礎上——實體、法律和心理的邊界。世界的政治地圖形成的樣貌主要出於偶然的原因：古代文明定居的地方、歐洲帝國征服和劃分的地方，以及自然特性分隔人口的地方。邊界之所在是因為它們一直都在那裡。但地球是我們的——不是美國、俄羅斯、加拿大或中國的。問題是：我們能否重新發現一種畫地圖的實用主義，把政治地理學帶向更符合今日的需求？

管理大師杜拉克（Peter Drucker）曾警告「動亂年代最大的危險不是動亂本身，而是以昨日的邏輯行動」[1]。我們已不能再當人文地理學如何發展的被動觀察者，而是我們必須積極地整合我們的地理區，把人和技術移動到需要的地方，同時讓適合人居住的地方變成適於居住。這有賴劃時代的改變全球文明的組織，為全球人口採用一種集體的移民策略。如果我們把這件事做對，我們將能提高身為一個物種的生存機率，重新提振衰敗的經濟，和塑造一幅更合理的人類地圖。

大規模移民將無可避免，而且將比以往任何時候更迫切需要。在未來數十年，全世界許多人口過於密集的地區可能被放棄，同時一些人口稀少的領土可能獲得大量人口，變成新的文明中心。如果你很幸運住在不需要移民的地方——例如加拿大或俄羅斯——那麼很可能移民將湧進你所在的地方。借用列寧的話來說：你可能對移民不感興趣，但移民卻對你感興趣。

明日的世界不但充滿移動的人，而且將以一切的移動性來定義它。每個人都擁有行動電話，這意味在每個地方都能利用通訊、網際網路、醫療諮詢和金融；沒有人需要到「銀行」。工作和求學都已轉移到線上；數位游牧族（digital nomads）人數激增。愈來愈多人住在移動房屋和其他可移動的住所。甚至「固定」投資已變得可被取代：我們已能以3D列印建築物，在任何地方蓋工廠和醫院，以太陽能和其他再生能源發電，藉由無人機運送我們需要的任何東西。在我們移動時，供應鏈也在移動：勞動力和資本可以不斷遷移到新地點，創造新的生產力地理區。移動性是看未來文明的透鏡。

移動性的概念混合了物質性和哲學性。它提出如下的問題：我們為什麼移動，和這種移動透露出哪些有關我們需求和欲望的事？還有一些有待探討的政治和法律問題：誰被允許移動？我們在移動上面臨那些限制和為什麼？最後但並非最不重要的是規範的問題：我們應該往哪裡移動？世界人口最理想的分布是如何？移動性也是一種無形和精神上的經驗。停止片刻並感覺我們的身體結構是如何流暢地承載我們。移動刺激創造性，讓我們認識生命協合運作的方式。杜威（John Dewey）等哲學家沉思自然和社會環境自由流動之美，暢談這種交互作用賦予生命的意義。班雅明（Walter Benjamin）花十年時間默想十九世紀中葉在巴黎建造的玻璃頂拱廊和它們吸引的閒逛者的重要性。移動就是自由。

你已準備要移動嗎？你的福祉是否遭到來自政治和經濟危機、科技破壞或氣候變遷的威脅？另一個地方的環境和情況是否將對你和你的家人更好？什麼阻止了你前往那裡？不管那

今日的人文地理學

今日的人類人口略少於八十億人。近五十億人居住在亞洲，十億人在非洲，七億五千萬人在歐洲，六億人在北美洲，還有四億二千五百萬人在南美洲。

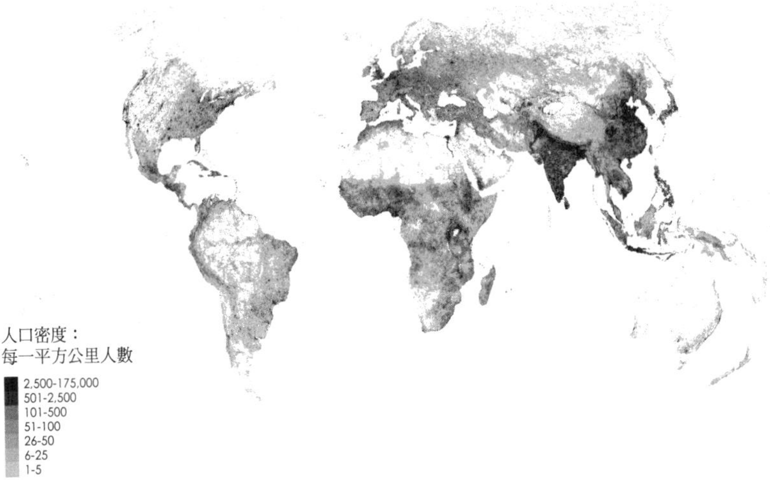

是什麼，你將必須克服它。對數十億人來說，不斷移動已變成常態。移動本身可能變成目的：人將不只是移動，而是將永遠在移動。但也許在我們移動時，我們將重新發現作為人的意義是什麼。

移民造就國家

大多數人類從未跨越國界。即使在今日，大多數人一輩子生活在他們出生的國家——但這不表示他們不是移民。計算跨越國界的人數是極其不完全和偏頗的了解移民的方法。據國際移民組織（IOM）的數字，國內移民的人數是國際移民的三倍[2]。這包括被迫離開自己家園的人：估計有四千萬名國內的流離失所者（IDP），主要因為政治動亂，但也包括被定義為在國內被迫離開家園的氣候變遷移民。移動者的故事包括這類移民，其分量不亞於搭乘噴射機移動的國際人士。

人類歷史上最大規模的移民可能已展開了數十年，主要原因是國家內的都市化。在一九六〇年，只有十億人住在城市；今日這個數字超過五十億。對絕大多數的世界人口來說，從鄉下遷移到城市帶來想像不到的從教育到工作、到衛生的生活經驗改變。*人力湧進中國的沿海城市不僅僅是中國崛起成為超級經濟強權的原因——它就是原動力。中國國內移民的人數超過世界其他地方的移民。同樣的過程也正發生在印度，大量的年輕人湧進德里、班加羅爾、海德拉巴，和其他形成中的商業中心。這些情況都未出現在國際移民的統計數字中，但透過薪資成長和匯錢回農村家庭，它一直是成長的首要驅力之一。我們無需跨越國界就能感覺到移民的力量。

但都市化也助長更大範圍的國際移民。正如德國地理學家拉文斯泰因（Ernst Georg Ravenstein）一百多年前解釋，許多人把來到大城市當成前往更有機會的外國的墊腳石。隨著全世界近五十個巨型城市（超過一千萬居民的大城市）和擁擠的二線城市不斷快速成長，預料未來十年將有十億多人口遷移到城市，其中有許多人可能到了那裡是為了前往其他國家。

移動是人性

人類的故事始於一小步。第一個直立的人類在近二百萬年前跨出非洲，經過今日紅海和西奈半島的陸橋進入歐亞大陸。在其後的數十萬年，我們的原始人類祖先種族混合，並在約三十萬年前逐漸崛起成為一個獨特的物種——智人。古生物學家認為，在十三萬五千年到九萬年前，非洲的嚴重乾旱驅使智人踏出非洲，進入歐洲尼安德塔人居住的地帶。但與競爭者尼安德塔人不同，智人利用他們較輕、較直立的身體和骨製工具（以及後來的石製工具），從事較長距離的狩獵和採集。早期的人類以移動更遠和更持久打敗對手。

我們被教導語言能力是人類和其他靈長類動物的主要差別，但我們究竟是如何學會說話的？語言學家認為，人類語言約在十萬年前發展出來，正是因為這些遷移的智人間互動增加，他們在移動於數百公里的狩獵範圍時需要彼此溝通。兩萬五千年前的末次冰期等氣候事件把人類一直推過西伯利亞，並跨越通往北美洲的陸橋。但隨著高緯度地區在一萬一千年前再度變得適宜人居，歐亞大陸日增的移民也刺激整個印歐語系的發展，達到今日有三十億使用者。

* 城市和農村地區的薪資差距持續擴大，現在主要城市的薪資大約是農村的一・五倍。William Gbohoui et al., "A Map of Inequality in Countries," *International Monetary Fund Blog*, November 6, 2019。

人類的歷史和最古老的神話充滿大移民的故事。根據希伯來聖經，猶太人在埃及法老王統治下長期遭到奴役，直到一場大出走神奇地讓他們跨越西奈半島，回到他們祖居的迦南。我們以德語的民族大遷徙（Völkerwanderung）來描述公元初期幾世紀日耳曼、斯拉夫和匈人部落入侵式微的羅馬帝國。面對在麥加的迫害，先知穆罕默德的追隨者在非洲阿比西尼亞（Abyssinia）王國尋求庇護，但也變成傳教征服者，建立了初期的哈里發，並吸引遠至東南亞的皈依者。從裏海到太平洋的亞洲男性有多達一〇%是成吉思汗後代的說法，是因為蒙古人是遊牧民族和一夫多妻制征服者，他們與各地部落異族通婚。

十四世紀的黑死病估計殺死一億人，並導致遼闊的蒙古帝國崩潰。在歐洲，農民和勞工遷移到品質較好的土地和因勞工短缺而薪資上漲的城鎮。阿拉伯地區多達九〇%的人口撤離受感染的村落，逃往城市。在隨後長達數世紀的小冰期，擴大的冰川和農作物歉收迫使歐亞大陸人口尋找更可靠的農地，也促使荷蘭人和葡萄牙人從事海洋航行，刺激他們的殖民擴張。

殖民時代的移民兼有自願和非自願性質。英國移民在美洲建立殖民地始於十六世紀末，在整個十七世紀這些早期的屯墾者和天路客（pilgrims）追求獲利，清教徒和貴格會教徒則尋求宗教自由。在四百年的跨大西洋奴隸貿易期間，估計有一千三百萬名非洲人被運往北美洲、加勒比海地區和南美洲。在亞洲，英國和葡萄牙帝國遷徙數百萬名馬來人和印度商人跨越印度洋，而東亞人則跨越太平洋前往北美洲和南美洲。在唐朝、明朝和清朝超過一千年期間，中國人移民進入馬來半島，對造就今日的東南亞成為種族大熔爐做出巨大貢獻。

十九世紀被普遍認為是「民族主義時代」，原因是抗拒歐洲王朝帝國的族裔民族主義運動興起。但它也是大規模移民的時代，因為工業革命創造出對農業和工業勞動力的龐大需求。數百萬農民被吸引到城市的工廠工作，蒸汽船和鐵路則運送數百萬名勞工、奴隸和罪犯到大英帝國各地——特別是橫越大西洋到北美洲。六千萬名歐洲人大舉遷移到美洲，包括一百五十萬名逃避馬鈴薯饑荒的愛爾蘭人（占愛爾蘭人口百分之四十），和數百萬名為農村的貧窮所迫的義大利人。

民族主義在二十世紀也蔚為風潮，去殖民化運動終結了歐洲的全球帝國，促生了數十個新國家。雖然第二次世界大戰劃定了大部分世界地圖，卻未能停止世界各地人的移動。數百萬名難民從東歐移往西歐，從歐洲移往美國。在納粹大屠殺之前和之後，數十萬名猶太人從歐洲逃到美國和巴勒斯坦，在一九四八年以色列建國還吸引更多猶太人前往。印度和巴基斯坦一九四七年分治後，估計遷徙了二千萬名印度教徒、穆斯林和錫克教徒——至今仍然是人類史上最大規模的移民。

後殖民時期的關係把數百萬名印度人和巴基斯坦人帶到英國，也把越南人、阿爾及利亞人和摩洛哥人帶到法國。在這段戰後的數十年間，歐洲嚴重的勞工短缺加上土耳其的高失業率，吸引一波波客工（guest workers）湧進德國（和其較小的鄰國）。在美國，一九六五年的移民法案取消移民來源國的配額，引發來自加勒比海地區和中美洲的拉丁裔，以及來自中國、印度、越南和其他地方的亞洲人移民的浪潮。

晚近數十年又為大規模遷移增添更多動力。內戰和國家失能如一九八〇年代的阿富汗和後來的伊拉克和敘利亞，迫使數百萬人成為難民。三十年前蘇聯崩潰繼續驅使從東歐到中亞的前蘇聯共和國數百萬人遷離家園。波斯灣國家的石油榮景吸引數百萬名巴勒斯坦和南亞移民工，前往科威特、沙烏地阿拉伯和阿拉伯聯合大公國。移民的勞力建造了今日大多數的現代國家。移動和建造——這是人類的本能。

移民讓世界轉動

許多人認為，保護主義、民粹主義和瘟疫意味我們已經攀越移民的頂峰，但讓我們看看經濟學。在過去逾半個世紀，世界各國政府已舉債約二百五十兆美元（超過全球GDP的三倍），來為從道路到退休計畫等項目提供資金。雖然這些資金換來今日我們所知的現代文明，但老化的國家現在正面臨經濟停滯，除非它們能吸引移民和投資者以及他們帶來的稅收。沒有年輕的世代來使用住宅、學校、醫院、辦公室、餐廳、旅館、商場、博物館、運動場和其他設施，將讓許多國家有陷於永久緊縮——包括人口和經濟兩種緊縮——的危險。

移民只占世界人口一小部分，但他們的比率長期以來逐漸增加。在十九世紀末，國際移民占人類總人口十六億人中可觀的一四%，約為二億二千五百萬人。第一次世界大戰和西班牙流感導致移民潮降溫。一世紀後，國際移民約為二億七千五百萬人，因為總人口增加（至

匯款與日俱增

匯款和國際移民同步增加，而援助卻停滯不前。外國直接投資（FDI）因金融危機和保護主義政策而大幅波動。

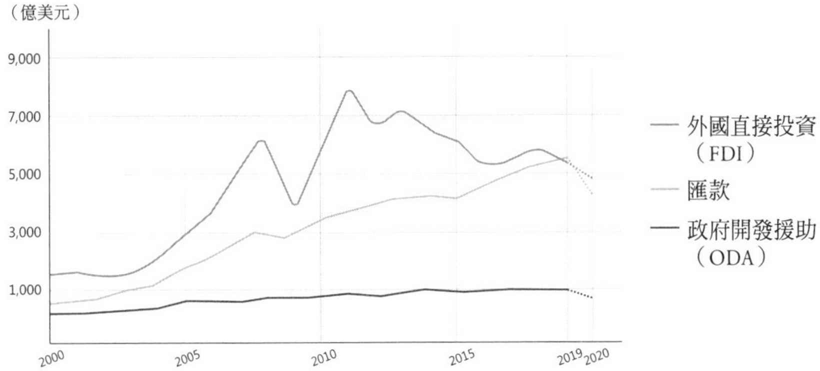

八十億人）而使比率下降（三％）。看起來移民增加並不多，但今日的數字實際上代表遠為有意義的成就。為什麼？因為和十九世紀的移民——由絕望出走的歐洲人和中國人組成，加上被強迫遷移於各英國殖民地的屬民構成——不同，今日的移民大多數是近兩百個主權國家自願遷移的人。此外，不管人數多少，今日的移民代表全球GDP的一〇％（略低於中國或美國的GDP），包括二〇一九年全年近五千五百億美元的跨國界匯款。（這些數字也讓總外國援助相形見絀；外國援助從一九八〇年以來始終停留在大約每年一千億美元。）

遺憾的是，人類跨越國界移動比金錢的移動困難。各國對產品和資本的自由移動（相對）較開放——但人員的移動則非如此。移民是國家主權最重要和最敏感的問題之一：控制進出一國領土的人。美國對尋求庇護者和連鎖移民（特別

人員移動：區域超過全球

大多數移民發生在區域內部或毗鄰的區域間。移民最多的區域仍然是前蘇聯共和國、東歐和中亞之間的移民，其次是在波斯灣國家的南亞人口。

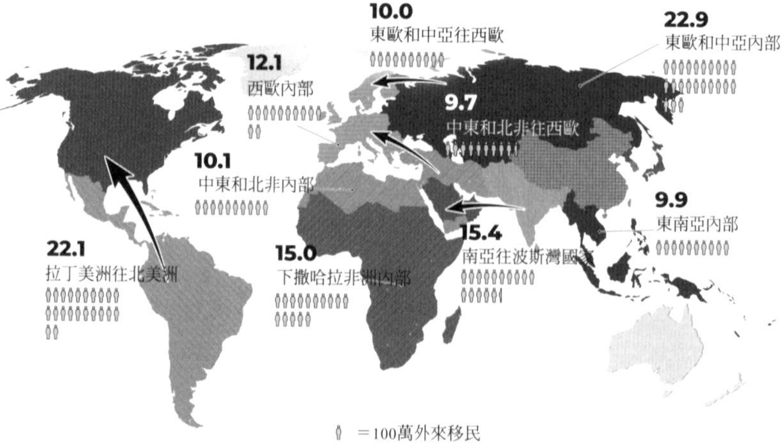

＝100萬外來移民

是拉丁人家庭）設置許多限制，而澳洲在巴布亞新幾內亞叢林內設置的移民處理中心則已變成準永久性的留置營。義大利和其他歐洲國家支付利比亞民兵錢以阻止移民渡過地中海。世界人權宣言不保證任何人有在其他國家居住的權利——只有接受國能做決定。

我們沒有具拘束力的全球移民框架——而且可能永遠不會有。但人員的流動有根深柢固的地區性模式，由家族歷史、商業需求和文化偏好所塑造。美國國內的外國人有一半是墨西哥人或拉丁美洲人；歐盟人民幾乎可以完全自由地在成員國間移動，並享有成員國的權利；東南亞各國的邊界大體上開放，大多數跨國移民來自區域內或來自中國和印度。我們使用「國人」和「外國人」來表示國籍的區別，但實際上我們的世界已經是區域人口混雜的集合體。

全世界人數最多的移民發生在有機的區域間。前蘇聯地區跨越東歐和中亞，是最大的移民區域，移民人數達二千五百萬人，其次是北美洲和中美洲間以拉丁美裔為主的移民（二千萬人）、下撒哈拉地區的非洲人在非洲內部的移民（一千五百萬人）、前往波斯灣國家的南亞人（一千五百萬人）、歐盟內部的歐盟公民（一千二百萬人）、中東內部的阿拉伯人和北非洲人（一千萬人），移往西歐的東歐人（一千萬人），東南亞國協內部的東南亞人（接近一千萬人），以及移往歐洲不到一千萬名的阿拉伯人和北非洲人[3]。這也意味人類往「北」（北美洲和歐亞大陸）和往「南」（非洲和南美洲）移動的雙軌模式仍然持續不墜。五十五億人居住在前景相對不錯的大陸，另有二十五億人沒有逃離自己國家的計畫或機會。大多數移民沒有移動到很遠的地方——截至目前還沒有。

用腳投票

即將來臨的大規模移民時代不只是一個連貫的現象，而且有加速的趨勢。人類的遷移只會更加頻繁，因為塑造人文地理學的種種力量正不斷加強：

- **人口組成**：老年化的北方和年輕的南方間的失衡，南方能提供北方需要的勞動力。
- **政治**：來自內戰和失敗國家的難民和尋求庇護者，以及逃避種族迫害、暴政或民粹主義的人。

◆**經濟：**尋找機會的移民，因委外生產遭裁員的勞工，或因為金融危機而被迫提早退休的受雇者。

◆**科技：**工業自動化取代工廠和物流工作，運算法和人工智慧導致技術工作成為冗餘。

◆**氣候：**氣溫升高、海平面上升和地下水位下降等長期現象，加上洪水和颱風等季節性災難。

在世界各地的日常生活中，所有這些同時進行中的趨勢彼此強化——我們甚至可以用一個方程式來表達它們的關係：

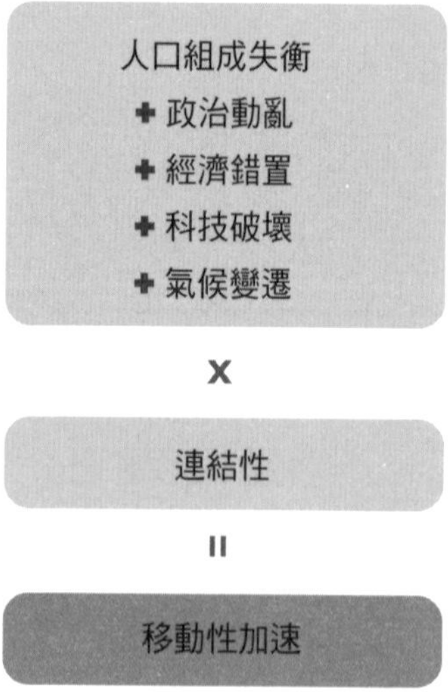

這些變數也以複雜和難以預測的方式交互影響。瘟疫在幾年間奪去數百萬人的生命，氣候變遷則以乾旱和其他自然災害造成同樣的傷害。經濟和社會的不確定性升高壓低生育率，金融危機和勞動自動化也帶來同樣的效應，並迫使人們移動以尋找工作和負擔得起的生活。結果是，這些趨勢單獨和共同地驅使人們移往其他地方。

新冠肺炎瘟疫及其影響將強化這些既有的趨勢。更清楚地說，新冠疫情的封鎖打斷了晚近數十年來移民大增的趨勢——但它是人為和暫時的。新冠瘟疫確實促使各地的人重新思考他們居住的地點，並開始尋找更好的選項。人們正放棄沒有足夠醫療的「紅區」，遷往有較好醫療體系的「綠區」，和更有氣候韌性（climate resilience）的「藍區」。我們都在尋找正確的緯度和態度的組合。

人類移動性的未來只指向一個方向：更多移動性。未來數十年將見證數十億人的移動，從南向北、從海岸向內陸、從低窪到高地、從過高的價格到負擔得起，以及從失敗的社會到穩定的社會。

無疑的有數十億人將死於他們出生的國家。讓我們假設人口最多的國家有超過一半人口太過消極、老邁、虛弱、不願意，或不受其他地方歡迎，所以無法離開故鄉。那表示至少有十億印度人、十億中國人、七億非洲人、二億巴西人和二億印尼人、一億巴基斯坦人，和十億其他國家的人不會移動。而那也表示還有四十億人可能渴望而且有能力遷移。

這四十億人大多數是年輕人。從冷戰結束後三十年間出生的人占世界人口略超過一半，他們包括大多數千禧世代（Y世代）和所有Z世代。截至二〇二〇年，他們占世界人口的比率超過六〇％。我們經常談論世界人口正在老化，但現在世界的年輕人口超過老年人口——人類在統計上正在老化的主要原因是，今日的年輕人絕大多數還沒有小孩。因此，當我們談論「人口」時，想像雅痞、中產階級、雙薪、兩個小孩的家庭住在郊區是錯誤的印象。那在美國、歐洲、中國或任何地方都不是事實。世界最大的人口類別最好的描述是年輕、單身、沒有小孩，和在城市中為生活拚搏的人。如果你不是他們之一，你就屬於少數人。

此外，如果你不是亞洲人，你肯定也屬於少數人。亞洲不但占世界人口的六〇％（相較於北美洲和歐洲加起來只占二五％），而且世界上擁有最多年輕人口的國家幾乎都在亞洲。中國和印度各自擁有的千禧世代人口都超過美國或歐洲的總人口。在近幾年，約三分之二的亞洲移民遷往區域內部，但隨著世界人口組成的失衡日益嚴重，全世界對亞洲人的需求將益加殷切。目前在海外的中國人比在海外的印度人多，但很快情況就會改觀：中國的人口很快會開始減少，但印度的年輕人更多且持續增長——而在整個南亞（包括巴基斯坦和孟加拉）遠比中國貧窮的情況下，南亞的年輕人遷移的動機將更強烈。從地緣政治觀點看，世界似乎正在變黃色，但就人口來看，毫無疑問它正在變棕色。

不管來自何處，今日的年輕人是人類歷史上最大、最身體力行且最數位化的移動世代。他們遷移到哪裡、他們現在的生活如何，以及他們現在做什麼，透露出哪一種社會、政治和經濟模式將成為明日的主流——和哪些模式將失敗。今日流失公民的國家，明日可能式微。

對照之下，今日得到年輕人的國家，明日將欣欣向榮。

未來三十年——從現在到二〇五〇年——將留給今日三十歲以下的人什麼？他們將面對何種地緣政治、經濟、科技、社會和環境？他們將前往什麼地方？哪些社會將成為二十一世紀的贏家和輸家？這些和其他我們時代的大問題正從年輕人用腳投票得到答案。所以，想知道未來，我們必須跟隨下一個世代的腳步。

為生存而移動

嬰兒潮世代記得冷戰的「末日時鐘」（Doomsday Clock）警告核子毀滅逐漸迫近；地緣政治緊張愈升高，科學家就把時針移到愈靠近午夜。今日的年輕人比較熟悉「氣候時鐘」對地球溫度升高攝氏兩度的倒數計時。正如氣候行動主義者麥克基本（Bill McKibben）寫道：「阻止全球暖化已經太晚，但未來十年似乎是我們控制混亂最後的機會。」[4] 我們可以合理假設我們將無法控制混亂。斯克蘭頓（Roy Scranton）等哲學家告訴我們，我們必須「學習如何死亡」。我們也可能無法做到這一點。更有趣的問題變成是：我們將如何做才能生存？

人類長期以來一直在移動以尋找合宜的氣候，並在溫帶的河岸和海邊定居。隨著我們學會控制火和獸群，搭蓋堅固的住所和抽取地下水，我們散布到更廣的地方，城市逐漸成為工業時代人口和成長的匯聚地。但數十億人住在都市必須消耗大量資源已導致碳排放激增，推升氣溫，並帶來創紀錄的冰融，使愈來愈多地方不適人居。

全球各地日益升高的缺水壓力

未來二十年幾乎世界所有地區的淡水可得性預料將降低。中東、北非洲、美國南部和澳洲東部，將是受影響最大的地理區。

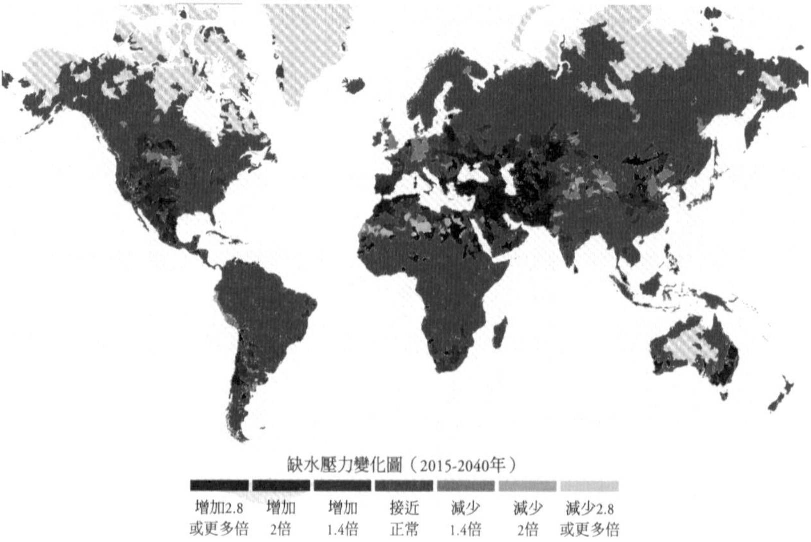

有許多方法可以擊敗燠熱和從海濱撤退——但沒有淡水不可能生存。尼羅河、底格里斯河、印度河和黃河流域的古文明奠基於灌溉，今日三分之二的世界人口居住在靠近河流的地帶，而農業消耗了七○％的淡水。但在地下水耗竭加劇和降雨減少下，河流已逐漸乾涸。從巴西到非洲、印度的農民已連續多年遭遇農作物歉收。那些與土地綁在一起的人累積龐大的債務、自殺、逃到城市，或加入成群的非法移民跨越國界。只要一季沒有降雨或一週的「零水日」（zero day）缺水，就能驅使農民和城市居民尋找更肥沃和多水的土地。

「人類世」（Anthropocene）這個詞（韋氏字典的定義是「人類活動

對地球環境影響的期間被認為已形成一個明顯的地質年代」）剛開始給我們一種能控制環境的錯覺，但現在我們認為它意味一個自我毀滅的反饋迴圈。* 即使我們立即採用今日最恢宏的計畫——停止所有燃煤發電；以核電、水電、風電和太陽能電力取代化石燃料；在俄羅斯、加拿大、澳洲、巴西和美國種植一兆棵樹——大氣中累積的溫室氣體可能已對地球上的生命造成有史以來最嚴重的衝擊。對數十億人來說，停留在原地不動意味無可避免的自殺。政治主權成為我們地理區的界定特性只有三個世紀——但我們的海洋在未來幾世紀將上漲。問自己：哪一股力量將被迫退讓？

氣候不在乎我們的政治邊界，人也將愈來愈要求跨越它們。氣候壓力導致移民劇增。今日的五千萬名氣候難民早已超過政治難民人數。根據國家科學院（NAS）的研究，地球氣溫若再上升攝氏一度，可能迫使二億人離開他們已經習慣的「氣候棲位」（climate niche）。[5] 如果又再上升一度，可能意味人數增加到兩位數，使超過十億人成為氣候難民。

減輕氣候變遷的影響已不再可行，大多數人將不會等到最糟的情況發生才放棄他們所稱的家園。現在我們只能專注於適應——對大多數人來說，適應將意味遷移。在暴風中損失一切的中美洲貧窮農民和被旱災奪走一切的非洲人，將帶著僅存的家當往北方移動。當富人在

* 喬治城大學環境歷史學家麥克尼爾（J. R. McNeill）已有系統地記錄了這種人—科技—自然關係的「大加速」。

氣溫將多快升高？

人類居住的最佳地理區正隨著氣溫上升而改變。黑色地區的平均氣溫在二〇七〇年之前將達到超過攝氏三十度，變得不適人居。較淺顏色地區將變得較適合長期定居。

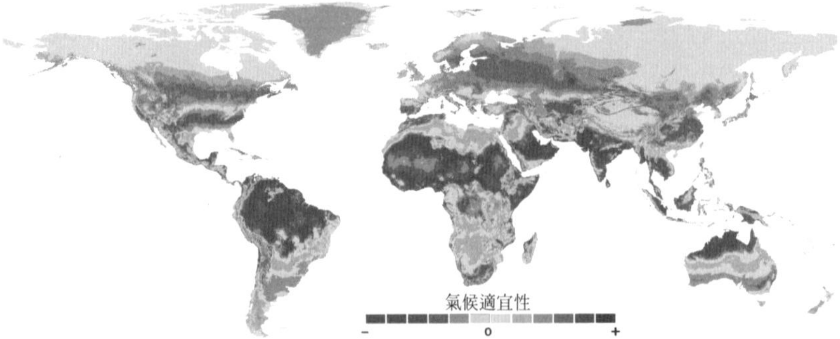

森林大火中失去住宅或在颱風中失去遊艇後，他們將在內陸和較高海拔地區，或在挪威和紐西蘭投資土地和地下碉堡。不管富人或窮人，愈來愈多人正像我們的遠古祖先一樣追逐氣候棲位。

逃離機器人

在氣候變遷驅迫我們離開傳統居住地的同時，機器人則驅趕我們離開我們過去熟悉的穩定工作。委外生產和自動化已經傷害美國的工業勞工，迫使他們遷往更便宜的地方找工作。亞洲勞工是供應鏈轉移的受益者，但今日沒有一個國家擴大投資於工業機器人的程度比得上中國，而這正驅迫數以千萬計的中國勞工轉向無根的零工經濟（gigonomy）。

新冠肺炎大流行將加速全球的自動化，因為企業希望降低對易染病的人類的依賴。在美國，多達三百萬名卡車司機可能因自動化車輛興起而失業，還有兩百萬名房地產經紀人可能無法與房地產科技應用程式競爭。亞馬遜（Amazon）公司的倉庫最後將完全無人化管理。新冠疫情封城的無名英雄是農場和肉類加工廠裡沒有身分的移民，但他們不會因此獲得獎勵：他們的工作將被會除草、播種和收割作物的機器所取代。拉丁裔農場幫手可能乾脆前往加拿大，以協助擴大那裡的農耕，而羅馬尼亞人則前往俄羅斯墾荒。

許多目前創造就業的主要來源將在今日的年輕人加入勞動市場前消失。當5G電信網路或太陽能面板都已架設完成後，人們將不再渴望它們了。從教育、餐旅到零售的其他主要產業目前還沒有全面數位化——但它們一定會。有人預測至少會有三億七千五百萬人將因為人工智慧和自動化，而必須改變「職業類別」。他們的新工作地點會和舊工作一樣嗎？不太可能。

競相採用機器人是富人的求生之道。程式設計師、工程師和其他擁有高階技術的人能跑在機器人和運算法前面，因為他們是機器人的設計者，而貧窮的勞工則是製造、物流或零售的齒輪，直到他們被拋棄前。在此同時，年輕人也不希望像機器人那樣工作。在法國，鄉鎮的麵包店正被半自動化的雜貨店、甚至法國麵包販賣機所取代。反正年輕人對清晨三點起床烘焙麵包也不感興趣，所以他們選擇遷移。

如果各國對企業機器人課稅並重分配利潤，它們可以變成公平的福利國家而不需要更多人口。不過，今日只有德國和日本可以凝聚採取這類措施的政治共識，而不致造成它們的企業紛紛轉向委外生產。不管如何，它們仍然是吸聚移民的磁鐵，因為它們能提供金融、媒體、教育、科技、醫藥、物流、娛樂、零售等類別的工作。在美國，據小企業管理局（SBA）統計，這些產業成長的州都是人口成長的州：北卡羅來納州、俄勒岡州、華盛頓州、維吉尼亞州、喬治亞州、猶他州、科羅拉多州、加州，以及德州。[6]這其中的教訓很明顯：人口是重點。

量子未來

在過去二十年，數百萬名放棄密西根州、賓夕法尼亞州、俄亥俄州和其他北方州鏽帶地區的美國人，幾乎全都落腳在加州。不過，從二〇一五年起，加州逐漸流失居民，特別是流往稅率較低的德州和亞利桑納州。但整個美國西南部正飽受熱浪、缺水加劇和移民政策改變的破壞。儘管拉斯維加斯、鳳凰城和土桑市很受歡迎，美國沙漠地區的大部分可能被迫放棄——而那些離開大湖區的人很可能比料想的更快返回。

回到當初離開的地方似乎是無意義的繞圈子，但從一段時期看，我們可以觀察出它背後的邏輯。舉另一個例子說明：英國二〇一六年的脫歐決定驅使許多企業和投資遠離該國，英國的人才把技術和金錢帶到加拿大、葡萄牙、荷蘭、瑞士、瑞典和半打其他國家。但英國有受良好教育的人口、夠大的經濟、充沛的淡水，所以在氣候變遷加劇時將適應得比大多數地方好。因此在英國脫歐時出走的人最終可能回到英國——連同一個較明智的政府招募的一波新移民潮。

人文地理學正在變模糊。隨著人們發現自己常常在移動，我們正經歷一個相變的時期，就好像物質從固態變成液體，再變成氣體：分子加熱後彼此鬆脫，振動速度變更快。有人甚至可能說，人愈來愈像量子物理學中的粒子，它們的速度和地點隨時在改變。能回到某種穩定固然很好，但那不是量子世界運作的方式。相反的，今日世界的複雜性使永久定居在任何地方愈來愈困難。高薪的數位游牧族和有多本護照的億萬富豪，以及菲律賓女傭和印度營建工人等下層階級移民，都是多樣和日增的全球量子人（quantum people）的一部分。

我們也沒有理由認為政治難民和政治庇護尋求者的浪潮會停歇，反而有許多跡象暗示它將持續。在非洲、中東、部分亞洲的後殖民地區，許多國家幾乎從誕生開始就因為人口過剩和貪腐而逐漸衰敗。在近幾十年，伊拉克戰爭和阿拉伯之春（Arab Spring）已把數百萬名阿拉伯人，從北非推向敘利亞，進入約旦、土耳其，和晚近的歐洲——很可能永遠不會再回到已經支離破碎的母國。正如沙拉佩克（Paul Salopek）在二〇一九年的《國家地理雜誌》上寫道：「今日有超過十億名難民和移民正在遷移，包括在國內和跨越國界，以逃避大規模的暴力和貧窮。這是人類歷史上最大的無根浪潮。」[7]

「難民」這個詞暗示一個狹小和暫時的群體，但我們現在面對的半永久定居的移民，例如在毗鄰國家的敘利亞人、在約旦的巴勒斯坦人、在巴基斯坦的阿富汗人，和在肯亞的索馬利亞人。在土耳其，有近四百萬名敘利亞人擁有「暫時受保護地位」，但實際上他們可能永遠不會離開。在此同時，他們被當成要求歐洲讓步的談判籌碼，因而隨時有被遣返的可能

——正如土耳其二〇二〇年將另一波難民推向希臘時的做法。這些難民不斷在土耳其國內遷移，意味他們的永久移動走了更多步——而對被遣返的人來說，則是多一步。數以千萬計的難民，庇護尋求者和無身分的移民很少有安全的賭注。過去十年來美國已遣返數百萬名跨越邊界的墨西哥人和中美洲人，西班牙繼續驅逐北非洲人，而中國也在新冠肺炎肆虐時把緬甸移民趕回緬甸。這些難民和庇護尋求者以為終於來到目的地——直到他們被迫再度移動。

在擁擠的拉丁美洲、非洲和南亞的巨型城市裡，暴力和資源匱乏是生活的日常。今日成長最快的城市不是中國粵港澳大灣區的超級現代城市，而是拉哥斯、喀拉蚩、開羅、達卡、馬尼拉、伊斯坦堡、雅加達、孟買、加爾各答、聖保羅和曼谷等城市——它們在氣候韌性的排名低得令人憂心。這些巨型城市的龐大貧民窟聚居了估計多達十五億人。一些城市提供回收的貨櫃屋或補貼的３Ｄ列印住宅、行動診所，創造都市農業工作並裝置太陽能板，這類措施可能稍微改善下層階級貧民的生活，但仍然是杯水車薪。在未來十年，我們將必須大規模採取這類創新做法，否則可能發生反對邊緣化和壓迫的大規模暴動。不過，還有第三種可能的情況：大規模出走——人們將逃往靠近資源和海拔較高的城鎮。哪一種情況較可能發生？答案：三種情況都會發生。

我們如何知道未來哪些地方的人口會增加或減少？一些地方有許多不利的條件：它們的年輕人太少、政治動盪不安、經濟缺乏競爭力，還有生態太脆弱。這些地方是人們想逃離之處。在光譜的另一端是有許多優點的地方：年輕的人口、穩定的政治、繁榮的經濟，以及優良的生態。它們是人人嚮往之處。重點是：我們如何判斷明日的情況會不同於今日的國家。當有眾多新人口到來時，有哪些地方可以確保其穩定？眾人對一個國家的嚮往可能很快導致這個國家不穩定。這是一些人認為歐洲和美國已經發生的情況，而接下來可能輪到加拿大。

不過，無法預測不是靜止不動的理由。相反的，那正是許多人當初遷移——並發現自己一再遷移——的原因。移動性是我們對不確定性的反應：逃離我們無法對抗的地方。未來是一個移動的目標——而我們也不斷隨之移動。

一種未來，四種假想情況

我不是愛做白日夢的人，但有時候在長途健行時我會跌入出神的狀態。我的思緒滑入各種世界的意象，呈現出全球各地不同的社群自由且和平地連結和交流，人員能自由移動。可惜的是，我們今日仍距離那個夢想很遙遠。目前我們人文地理學的現況是出於意外多過設計。這讓我們不得不建立一套假想情況，以預測移動性、管理當局、科技和社群的組合在未來許多年將如何開展。

此處描述的四種假想情況代表我們未來在移民和永續性的軸線上將如何展現的不同設想。

在左上方，「區域壁壘」很像今日的現況。清潔能源的投資正在增加，但移民受到限制。北方的富裕國家專注於解決自身氣候韌性問題遠多於支援貧窮的地區。它們在貧窮地區

世界將走上哪條路？

未來的四種假想情況。可能在世界不同的區域同時發生。

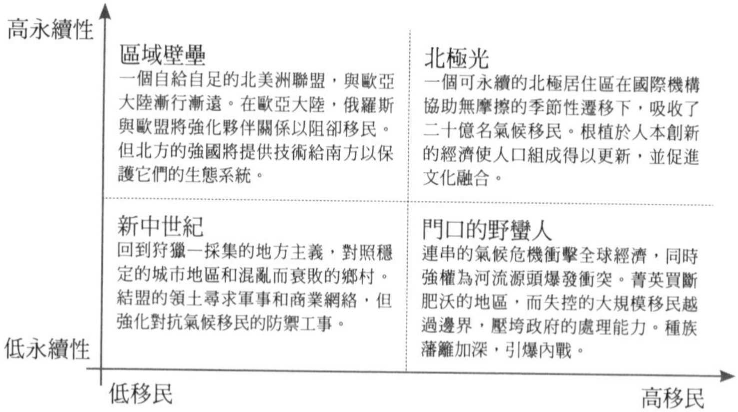

	低移民	高移民
高永續性	**區域壁壘** 一個自給自足的北美洲聯盟，與歐亞大陸漸行漸遠。在歐亞大陸，俄羅斯與歐盟將強化夥伴關係以阻卻移民。但北方的強國將提供技術給南方以保護它們的生態系統。	**北極光** 一個可永續的北極居住區在國際機構協助無摩擦的季節性遷移下，吸收了二十億名氣候移民。根植於人本創新的經濟使人口組成得以更新，並促進文化融合。
低永續性	**新中世紀** 回到狩獵─採集的地方主義，對照穩定的城市地區和混亂而衰敗的鄉村。結盟的領土尋求軍事和商業網絡，但強化對抗氣候移民的防禦工事。	**門口的野蠻人** 連串的氣候危機衝擊全球經濟，同時強權為河流源頭爆發衝突。菁英買斷肥沃的地區，而失控的大規模移民越過邊界，壓垮政府的處理能力。種族藩籬加深，引爆內戰。

選擇性地推廣永續農業或其他生存措施，但通常是賄賂自己的人民袖手旁觀。北美、歐洲和東北亞逐漸變成自給自足的體系，彼此很少互動，但它們在必要時會協調限制南方的侵犯。它們也可能陷於持續的戰爭狀態，正如歐威爾（George Orwell）的《一九八四》描述的情況。

另一個低移民的假想情況是更加碎片化的「新中世紀」。在這種情況中，永續性投資被放棄，武裝分子占據水源和能源，不讓自己的公民或外國人使用。一波接一波的自然災難和人為的生態滅絕殺死一大部分世界人口。仍然集中在封建城市地區的人形成類似中世紀漢撒同盟（Hanseatic League）的聯盟。已有許多電影描寫這類假想情況，《飢餓遊戲》（*Hunger Games*）和《衝鋒飛車隊》（*Mad Max*）是著名的例子。（把機器人殺手編入劇中的還有《魔鬼終結者》〔*Terminator*〕。）

在這兩類低移民的情況中，整體世界人口顯然沒有增加。氣候變遷在區域壁壘的世界中危害可能較少，但即使有眾多機器人可以取代外國移工，我們可能缺少讓社會回春和過著更方便的生活所需要的年輕勞工。如果我們進入一個新中世紀，世界將比各部分的總和還少——而且可能踏上人類滅絕的快車道。

在右下區，我們發現一個同樣無法協調永續性努力以至於更像《門口的野蠻人》（Barbarians at the Gate）的世界。氣候變遷對全球經濟造成大破壞，「水源戰爭」在分水嶺地區爆發，大量移民強行進入可生存的地區，他們龐大的數量摧毀了棲息地。在此同時，富人為自己和隨從買下氣候綠洲地帶，在四周築起武裝的護城河。科幻災難片《明天過後》（*The Day After Tomorrow*）也許是捕捉了這種政治和氣候混亂的最佳影片。

只有「北極光」這種假想情況預先規劃大規模的人類重新安置和環境再造。經濟體快速地移向碳中和能源，跨國融資和管理的大面積區域（大多數位於北半球）吸收數十億的移民，並且巨額投資在重建南半球。世界達成資源效率和管理文化同化。現在還沒有拍攝出有關這個假想情況的電影。我們將必須寫這個劇本。

前往北極光世界的通道和階段會是什麼樣子？在第一階段，今日的民粹主義和瘟疫封鎖可以在國家和區域的層次控制移民，但在十年內，隨著經濟體復甦和嬰兒潮世代退休，勞力短缺將惡化，新世代對移民較友善的領導人可能掌舵。另一方面，氣候效應可能更加惡化，使得對移民遷移和政府安置他們到可耕種地區的需要更加迫切。嚴肅的地理工程努力將是控制二氧化碳排放和太陽輻射，以及強化遭破壞地區的生態所不可或缺。到最後，我們可望使環境趨於穩定，並讓人類再度安全地居住在地球。

但未來不會讓我們一路順暢地走在一條平坦、可預測的道路。看似可行的假想狀況從來不是互相排斥的；現實總是採取鋸齒形的路線，所有四種假想情況的元素無疑的都會發生。例如，環境重建可能在北極光假想情況中透過有意識的規劃實現，但也可能在新中世紀的情況中透過大規模死亡發生。某種程度的創新、碎片化和不平等，將存在於所有情況中。

重要的是，我們絕不能認為這麼多變數的碰撞將平均地發生，不管是在地理上或時間上——這就是為什麼我們決定從可能發生這些假想情況的不同地區尋找一個更好的生活。的確，在像是美國這麼遼闊的國家裡，我們不難想像所有四種假想情況的元素在不同的時間出現在不同的區域。這引發一個問題：我們能否繼續依賴「國家」作為我們未來的基礎。哪一個更重要：地方或人？

第二章

年輕人才爭奪戰

歡迎來到「人口極限」

一九七五年十月十六日，國家安全顧問季辛吉（Henry Kissinger）提交一份備忘錄給福特（Gerald Ford）總統，要求批准國家安全研究備忘錄第二〇〇號（NSSM-200）：「世界人口成長對美國安全和海外利益的影響性」。這項提議呼籲加強對十多個國家的家庭計畫和其他人口控制措施，例如印度、巴基斯坦、孟加拉、奈及利亞、衣索比亞、印尼、墨西哥和巴西。白宮希望引導世界人口在二〇五〇年達到六十億人，「以避免大規模饑饉或完全扼殺發展的希望」。這些國家顯然沒有收到這份備忘錄。當世界人口達到六十億人時（在一九九五年），美國仍預測全球人口將繼續不斷成長到一百五十億人。

不過，今日世界人口的展望已大不相同。我們現在可以很有把握地預見世界人口最快二〇四五年可能攀至高峰，且可能永遠不會達到九十億人。我們怎麼會計算錯誤得如此離譜？答案是，我們會錯是因為我們對：有關人口過剩對經濟和生態的危險促使高生育率的國家採取控制高速人口成長的措施。如果不是因為這個反饋迴圈，世界人口可能已經超過一百億人。

即使是達到九十億人也是根據對高生育率國家人口持續爆炸性成長的錯誤預測，這些國家包括非洲的奈及利亞、衣索比亞、烏干達、坦尚尼亞、剛果和埃及，以及亞洲的印度、巴基斯坦和印尼。然而，快速都市化、女性賦權和水供應枯竭勢必影響這些地方的家庭計畫。

開發中國家的父母過去會把生育更多小孩視為未來勞動力的好投資。現在，它只會製造更多失業。

世界人口簡史

過去兩千年來人類的足跡遍及全地球，但總人口數維持相對穩定。在公元一年，世界的人口數估計介於二億到三億人。一千年後，這個數字大致不變。即使到公元一千五百年，增加的人口可能只有一億人。到了十八世紀工業革命期間，化石燃料取代人類和動物成為主要動力來源。軋棉機和小麥脫粒機提高農場的生產力，而蒸汽引擎和鐵路則被用於長程運送糧食。衛生改善遏阻疾病散播，確保人可以活得更久，兒童可以成年。這些創新協助世界人口在一八〇〇年達到十億人。

英國學者馬爾薩斯（Thomas Malthus）目睹工業革命導致世界人口激增，在一七九八年做了他著名的預測，說愈來愈擁擠的世界將面臨糧食供應不足的危機。但改善的營養和醫療（例如施打疫苗）也共同延長了我們的壽命和協助更多兒童安度生產和嬰兒期，進而把全球人口擴增到十九世紀末的十六億人。經過兩次世界大戰後，綠色革命使用肥料和殺蟲劑，大幅增加全球的糧食供應，特別是在印度等開發中國家，使全球人口從一九四五年的略多於二十億人躍增到一九七〇年的近四十億人。

儘管農產品產出呈現驚人的增加，一些專家開始擔心馬爾薩斯的預言最終會應驗。

一九七二年，羅馬俱樂部（一群金融、政治和學術菁英）公布一份標題為「增長的極限」（The Limits to Growth）的宣言，主張地球的資源有限，無法長久支持成長如此快的人口。他們鼓吹更強力的人口控制政策，例如放寬對墮胎的限制和推廣避孕。這種新馬爾薩斯思維影響力如此大，使中國推出一胎化政策，印度也開始強迫男性和女性絕育。

大約在同一時期，保險套和避孕隔膜等形式的避孕，以及一九六〇年代出現的口服避孕藥，使全球生育率下降。後者對女性在家庭和學校、社區和職場的賦權也十分關鍵。同樣影響深遠的是，都市化加快速度。在一九六〇年，二十億人住在農村地區，只有十億人住在城市。五十年後的二〇一〇年，都市人口已遠遠超越農村。當家庭遷移到城市，女性獲得醫療、教育和工作的機會——但居住在租金昂貴的擁擠公寓和其他成本也意味沒有錢和空間來生養八個或更多小孩。

因此，我們現在的情況是：今日的地球有八十億人，並慢慢邁向九十億人——但很可能不會再增加。相反的，我們的人口展望不再是增加，而是減少。

我們能如何解釋我們的生育焦慮？馬爾薩斯擔心人口成長超過糧食供給，但今日約三〇%的世界人口有肥胖問題，只有一三%營養不良。這是人類成為自身成功的受害者的一個跡象。金錢也是抑制生育的主要因素之一。從二〇〇八年金融危機以來，憂慮已取代穩定。美國的出生率在危機之前連續五年小幅回升，危機後開始大幅下降。事實上，整個世界——

人口極限

世界人口正接近其頂峰，且將開始減少。唯一的問題是多快。

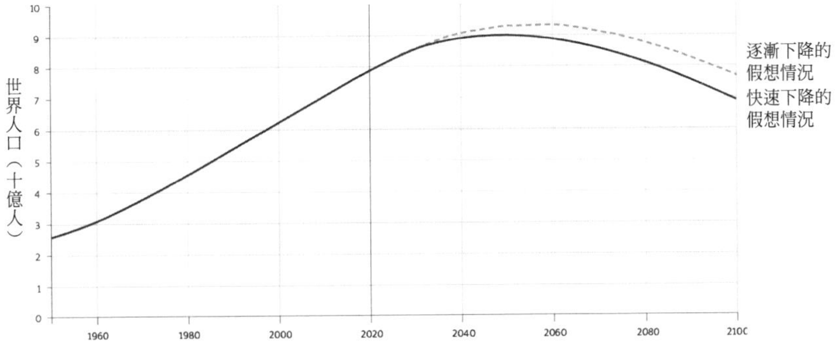

富國和窮國——在危機後的十多年間生育率顯著滑落。[1]截至二〇二〇年，全球六十五歲以上的人口已超過五歲以下的兒童。預期壽命升高也自相矛盾地成為生育率下降的原因之一：現在我們已能操縱我們的生物學，我們必須存更多錢，以便在更長和更活躍的人生中照顧自己。

除了金錢和長壽，還有一些道德的困境。即使是能養得起更多小孩的千禧世代往往同意後物質主義的價值觀——其中最重要的是專注於解決氣候問題。Z世代對如何因應地球的脆弱性懷著一種自覺的愧疚感：他們對文明存續的關心遠超過生育小孩。對許多人來說，生育小孩不但是一種經濟上的奢侈，而且在環境劇烈變化的情況下被視為不道德，因為每個新生育的小孩都會對我們脆弱的生態造成破壞。網路上大受歡迎的一張資訊圖顯示，少生一個小孩可以減少的二氧化碳排放，超過少擁有一輛汽車、避免長途飛行，和改採蔬果飲食加總起來的減碳。在一個愈來愈

大嬰兒荒

有環境意識的千禧世代和Z世代採取許多措施來減少他們的碳足跡，但最大的減少排放來自於少讓一個孩子誕生在地球。

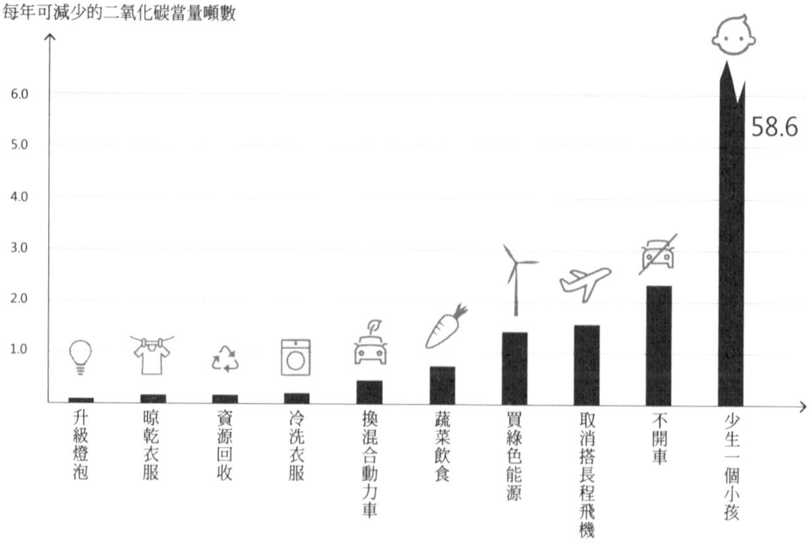

世俗化——或生態意識超過信奉任何宗教——的世界，大多數年輕人不相信上帝的意旨是要他們結婚和生許多小孩。

這一切都發生在新冠病毒疫情之前。在經濟萎縮遠比二〇〇八年金融危機嚴重下，我們可以預期Z世代的生育率會和二〇〇八年後千禧世代的生育率一樣大跌。在瘟疫期間，各國政府期待伴侶被迫避處室內會導致生育增加，然而封鎖初期的保險套銷售激增，而且在解除封鎖後離婚率勁揚。又一波嬰兒荒。布魯金斯研究所估計，美國二〇二一年出生的小孩比二〇二〇年減少多達五十萬人。展望未來，如果世界發生任何重大戰爭或自然災害——或另一次瘟疫——我們

最後的偉大世代？

在將近一百年期間，各世代的人口都比前一世代多。但經濟危機和新冠肺炎疫情可能使阿爾發世代的總人口數略少於Z世代。

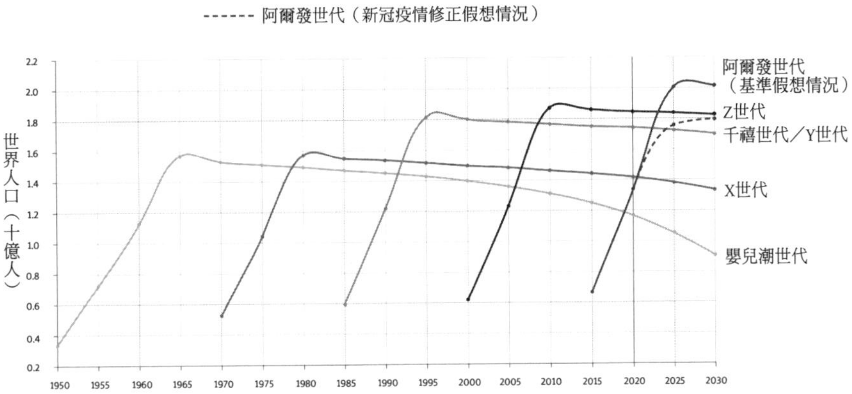

對世界人口的預測勢必再往下修正。

人類曾從無數次集體死亡事件復原，例如十三世紀的蒙古人征服和十四世紀的黑死病。人類也曾對其他導致大規模災難的事件表現無比韌性，例如美洲原住民遭到歐洲殖民主義者及其帶來的異國疾病荼毒、過去數百年中國各朝代的內戰、十七世紀的小冰期（Little Ice Age；期間世界人口三分之一死亡）、長達數世紀的跨大西洋奴隸貿易、第一和第二次世界大戰、一九一八年的西班牙流感瘟疫，以及蘇聯時期和毛澤東統治下的中國因政治而引發的饑饉。

然而這一次的情況不同。現在千禧世代（一九八一年到一九九六年出生）和Z世代（一九九七年到二〇一四年出生）占世界人口的六四%，但這些年輕人沒有製造大量後代：阿爾發世代（二〇一五年後出生）人口可能比Z世代少。其結果是，今日的年輕世代也將占明日人口的大部分。換句話說，他們既是現在，也是未來。到二〇五〇年，他們將是三十多歲到六十多歲，且仍然占世界總人口的大多數，因為今日的老年人將已凋零，而且未來出生的小孩將很少。當馬雲和馬斯克（Elon Musk）二〇一九年八月一起站在講台上時，他們對人工智慧的未來意見分歧，但對未來二十年世界最大的挑戰是全球人口劇減卻不謀而合。

富裕國家，消失的人口

美國總統川普持續多年倡議在墨西哥邊界修建一道牆以扭轉移民浪潮，他宣稱：「我們的國家已經客滿。」但他自己的幕僚長馬瓦尼（Mick Mulvaney）不同意他的說法，在二〇二〇年初的一項活動上他坦言：「我們非常、非常迫切需要更多人。」他的言論背後的算術很簡單：即使美國每年引進五十萬名新移民，二〇三〇年的GDP仍會比二〇二〇年少一兆美元。[2]而現在，即使是五十萬名移民也是個大問題。在連續五年每年增加超過一百萬新移民後，美國二〇一九年的新移民劇減為略超過二十萬人。美國接受的移民甚至還不足以替代既有的勞動力：每年有超過一百萬名嬰兒潮世代（總數八千萬人）退休，因此幾乎各州郡的勞工人數都在減少。[3]在美國低生育率和快速老化的情況下，移民是人口得以成長的唯一原因。

我們不必等到二〇四〇年就能看到人口極限，世界大多數地方已經能感受到。北美、歐洲和東北亞——世界最富裕的三個區域——都呈現低替代生育率。[*]沒有一個國家比日本更能顯示人口減少的困境。今日出生的日本人預期壽命已達到一百零七歲，但日本一億二千五百萬的人口每年淨減少多達五十萬人。日本有世界最高的依賴人口比率（dependency ratio；每個工作年齡人口扶養的老年人人數）。成人尿片的銷售已超過嬰兒尿片，而Panasonic公司現在製造能變形成輪椅的醫院病床。南韓的生育率甚至比日本低：每名婦女生育不到一名小孩。南韓已興建一些高科技的新城市，例如主要機場仁川附近的松島，但只有少數年輕人願意搬到那裡。

中國仍然是世界人口最多的國家，有十四億人，但中國的人口將在這個十年內攀至頂峰，並開始減少。和日本類似、但人口是日本十倍的中國正快速老化，沒有足夠的子女願意照顧老年人。在二〇二〇年，中國的社會安全基金給付開始超過它的收入，而到了二〇四〇年，中國的老年人口可能是十五歲以下年幼者的兩倍。因此有人稱中國是「世界最大的養老院」。

歐洲的未來也開始像一胎化政策的非計畫版。歐洲的中位數年齡是四十三歲，比全球平均水準高十歲，而且儘管有移民進入，歐洲人口在二〇二〇年代預料將萎縮。從愛爾蘭到斯洛維尼亞和從芬蘭到義大利，幾乎每個歐洲國家都面臨退休年金和老年照護支出增加，以

＊以整體看，有一半的世界人口住在這種陷於低替代生育率的所謂「生育率陷阱」國家（每個母親生育的小孩不到兩個）。

及勞動力減少的雙重困境。西班牙人和義大利人的長壽類似於日本人，低生育率的情況也雷同。義大利人口已出現一世紀以來首見的減少，現在有五千五百萬人；八〇%的西班牙鄉鎮呈現人口減少的問題，因為人口湧進較大的城市。以國土和人口看，義大利和西班牙是相對的大國，但它們的許多省分實際上很空曠。同屬天主教國家的愛爾蘭和波蘭出生率都低於二，且持續下滑中。

人口減少讓抽象的經濟學突然看起來令人擔憂地難以自圓其說。誰將納稅來支應醫院和公共衛生的預算？誰將照顧老年人？誰將接受學校教育？誰將外出到餐廳吃飯和到商店購物？較少（和較貧窮）的人口意味較少的消費和投資（包括國內和海外）。隨著人口減少，房地產的價值也大幅滑落。人口減少比零和（zero-sum）還糟：它是負和（negative-sum），因為社群遭到不可逆的侵蝕。公司通常會在它們認為有消費上升潛力的地方做有形的投資。換句話說，有人的地方。

招朋引伴

二〇二〇年四月，川普簽署一項嚴格限制移民的行政命令，特別是限制拉丁美洲人和亞洲人。諷刺的是，在美國的新冠肺炎死亡人數升高的同時，美國在世界各地的大使館和領事館接獲指示，要加快醫生和護理師移民的簽證程序。美國的醫生和外科醫生有三〇%是移民，整體醫療照護業的從業人員有二五%是移民。如果美國移民政策的制訂是根據供給與需求而非意識形態，將有數以萬計的生命獲得拯救。

類似的，在過去十年，英國公民已習慣於聽到主張英國脫歐的法拉吉（Nigel Farage）斷言「英國政治最大的問題」是移民，以及「我們的邊界已經失控」。雖然強森（Boris Johnson）利用這些口號入主白廳，歡樂氣氛不久後就被殘酷的事實取代：國家健康服務局（NHS）短缺十萬名醫生和護理師，等候治療的病患名單創下四百五十萬人的紀錄——而且這是在新冠病毒襲擊前。到二〇二〇年年中，英國政府已改變語調。強森保證「重視人優先於護照」，內政大臣巴特爾（Priti Patel）承諾將快速處理醫生、護理師、助產士、完全自費學生的簽證——基本上就是所有活著和有技術或錢的人。

因此，今日全球移民最大的諷刺是，勞動力最短缺的國家採取深具敵意的反移民政策。但這種民粹主義比起它們一面倒的老年與年輕人口失衡顯得無足輕重，因為勞動力短缺必須填補才能讓社會和經濟生活得以運作。民粹主義和瘟疫已使一些邊界難以穿越，但同時它們也放寬有技術的人才流動的限制。正如今日世界正從快速人口增加轉變為減少，被誤導的移民政策也逐漸被全面爆發的人才爭奪戰所取代。*

不要誤解：移民是刺激經濟的一股力量。從華盛頓到倫敦到新加坡，保守派譴責過度

---

* 全球人才競爭力指數根據吸引和留住技術勞工的能力來為各國排名。表現最佳的國家包括瑞士、新加坡、美國、英國、瑞典、澳洲和加拿大，所有其他名列前茅的國家都在歐洲。

依賴外國勞工。但移民實際上藉由協助讓專業者更有效率而提高產出。移民也租屋或購買房屋，他們的子女賺更多錢，並且對稅基的貢獻超過本地出生的人。美國經濟是由消費驅動，並由零售、雜貨、醫療照護和娛樂等活動所支配。因此，美國的金融巨人應該支持移民，不只因為移民能供應廉價勞工，而且能帶進新世代的消費者。既然限制移民往往帶來壓抑成長的效應，那些反對移民的人有什麼提振成長的策略？在美國需要大規模基礎設施整建的時候，進口勞工是達成這個目標的必要措施。

認為創新推動的經濟體只需要高技術移民也是一個誤解。[4]事實上，如果沒有低技術移民，從營建、製造、農作到護理的所有產業都會陷於停頓，因為許多產品和服務的價格上漲將推升通貨膨脹。反移民的倡議者宣稱，政府的首要職責是照顧自己的公民，但在醫院人手不足時，誰是輸家？在有超過一千萬名感染新冠肺炎的病患和將為長期後遺症所苦的康復者需要照顧的情勢下，美國將迫切需要矯正有欠考慮的移民政策。

提升失業者的技能和引進能增添價值的外國人之間，沒有根本的牴觸。國內勞工和外國勞工通常屬於不同的專業，且很少彼此競爭工作。沒有足夠的美國人願意取代採摘水果和棉花的拉丁美洲人，或擔任護理師和保母的菲律賓人，也沒有足夠的美國人可以取代所有的印度程式設計師。一些成長最快的工作類別，例如居家護理、食品加工、清潔服務等工作，只需要很少或不需要學歷，但他們能讓社會其他人的生活更加便利，特別是老年人和中產階級。

西方X世代的職業女性確實是受害最大的一群，因為她們必須同時照顧上一代和下一代的家人，能得到的協助卻很少。在新冠疫情封鎖期間，媽媽們必須兼顧監督小孩的線上課程（如果有的話）和她們的工作，同時還得關照年老的父母和操持平時的家務。這只會讓已經升高的X世代離婚率更加惡化，因為一般媽媽不得不在支持減少的情況下照顧小孩。在此同時，負擔得起的臨終關懷機構、養老院和活躍的成人社群，以及兒童照顧者和嬰兒保母，都嚴重短缺人手。

「母職懲罰」已在美國如火如荼地捲土重來，迫使愈來愈多女性離開勞動力。對照之下，香港和新加坡的女性在企業主管階層占有很高的比率，那裡的中產階級家庭負擔得起雇用女傭、廚師、清潔員和保母。當一個筋疲力竭的「足球媽媽」——或在新冠病毒肆虐的時代當一個「憤怒媽媽」——是政策選擇的結果，也是一種用移民勞力可以解決一大半問題的社會病。

當美國失去移民時，它也損失了移民願意在美國經濟中投資的數千億美元。二〇一九年美國獲得的約二千五百億美元外國直接投資（FDI）中，逾四分之一流向房地產，它們主要來自透過快速通關措施取得綠卡和後續公民權的富裕移民。美國的EB-5投資移民簽證等辦法，引導外國人在落後地區（例如「機會區」〔opportunity zones〕）購買房地產，或借款給房地產開發商，以便開發商完成移民購買單位的公寓大樓。歷任美國政府都樂於採行EB-5，而且不令人意外的是，它沒有被川普怪異的移民政策取消，因為他自己的兒子積極地向中國投資人推銷它。[5]

移民促進許多房地產市場的繁榮，例如洛杉磯、舊金山、西雅圖、丹佛、達拉斯、休斯頓、邁阿密、亞特蘭大和華盛頓特區，還有一些原本衰退的城市，例如阿克倫（Akron）、印第安納波利斯、奧蘭多和傑克森維爾（Jacksonville）。在這些城市，移民及時到來，購買當地的房子，送孩子上學校，並接手染上鴉片類藥物癮的白人空出的工作。數千萬名美國人達不到美國理想典範的標準，但同時有數千萬名移民以加倍的辛勞來讓美國保持偉大。美國應該感激移民的到來。

趁年輕爭取他們

學生是人才爭奪戰最明顯的目標。二〇〇一年九一一恐怖攻擊後，穆斯林（特別是阿拉伯人）學生被列為美國限制移民的對象。此後二十年許多開發中國家菁英對到美國留學的渴望因為限制日趨嚴格和其他國家的競爭而降低。在二〇一九年，估計可供各國競逐的國際學生有五百萬名。過去美國通常吸引其中的五分之一，但與中國的地緣政治緊張和對更廣泛亞洲人的仇外情緒製造了阻礙。從二〇一〇年代中期，中國學生（占在美國外國留學生總數的三分之一）回國的人數開始增加，特別在他們被禁止攻讀敏感科技學位和在他們的選擇性實習訓練（OPT）簽證延長辦法被取消後。同樣的，主要是印度專業人員受惠的H1-B簽證是否持續的不確定性，也推走許多印度學生。當然，輸家不是亞洲學生，而是美國經濟和大學

——特別是在加州，加州吸引了所有留美學生的五分之一。*

盎格魯世界的其他國家立即利用川普的仇外主義和對應新冠病毒的失誤。英國提供所有印度留學畢業生四年的居留簽證，加拿大採用一套全數位學生簽證系統，而澳洲則為亞洲學生開放快速通關旅遊免疫（travel immunity）辦法。二〇二〇年英國大學入學的外國學生人數增加一倍，超過四萬名，儘管英國處理新冠肺炎疫情的績效一樣低落。不管美國政治發生什麼變化，這些其他國家以遠為低廉的成本提供同樣高品質的大學教育，而且對留學生提供較安全的環境和一樣好的就業前景。美國的大學本身也明智地利用學生對前往美國的不確定性，在海外設置世界級的分校，例如新加坡的耶魯—新加坡國立大學學院（Yale-NUS）和阿聯的紐約大學阿布達比分校（NYU Abu Dhabi）。

每年三月和四月我會接到焦慮的電子郵件和電話，來自我在倫敦、杜拜、香港和新加坡的朋友，他們子女剛獲准美國、加拿大、英國和其他地方各色各樣大學的入學申請。在討論過學校和國家的優點後，他們謝謝我，並繼續為各自孩子的前途煩惱。在過去幾年，我注意到愈來愈多人傾向把孩子送到加拿大。在美國的大學畢業生仍然不確定他們的學歷有什麼用途之

* 在九一一恐怖攻擊之後的三年間，申請進入美國大學的國際學生減少三〇%，十年後進入大學的外國學生減少了二・四%。Burton Bollag, "Foreign Enrollments at American Universities Drop for the First Time in 32 Years," Chronicle, November 10, 2004.

際，像滑鐵盧等加拿大大學已把師徒制（apprenticeships）納入課程，成為畢業的必要條件。

在人才爭奪戰中，提供最便捷移民的國家將獲得優勢——但別弄錯，這些便捷措施是針對年輕的人才。以點數為基準的移民系統往往偏袒年輕人。以加拿大為例，十八到三十五歲的申請人可為他們的總點數獲得十二點；四十五歲以上只能獲得二點。人才移民是歧視年齡的，X世代的申請可能沒有多大機會。不過，千禧世代和Z世代具有優勢。

搶奪學生有提振經濟的效應，因為今日生活儉樸的大學生可能變成明日的創業家。這是為什麼外國學生應該在取得文憑時被授予綠卡的理由。如果他們留在留學的地方，他們將振興大學城，而當他們移動時，他們將把鏽帶城鎮轉變成數位工業設計和先進製造業的中心。美國的移民只有三分之一擁有學士或碩士學位，如果政策符合美國高科技業的需求，這個比例可能提高一倍。如果美國不接受全球的人才，世界其他國家將樂於搶先獲得他們。

老舊的觀念很難去除：過去大多數人相信美國吸引了大部分世界上最傑出和最聰明的人才，今日這種說法幾乎已是陳腔濫調。雖然現在是英語成為全球語言的黃金年代，但有愈來愈多國家能提供高品質的英語學位而無需承擔盎格魯美國民粹主義的附帶成本。德國、荷蘭、瑞典、日本和其他國家已把許多課程轉換成英文，目的就是要與美國、英國、加拿大和澳洲直接競爭。

和美國一樣，歐洲領導人也在討論只吸引技術移民，利用點數制度來鼓勵有高教育、工作經驗和財務獨立的人才申請移民。但也和美國的簽證政策不符合需求的情況相似，主要歐

爭取年輕人的心和腦

每年有近五百萬名學生到海外求學。歐洲吸引最多的跨邊境學生，美國過去則接受最多亞洲學生。現在加拿大正積極與美國競逐外國學生，而日本正擴增其英語課程以吸引更多亞洲學生。

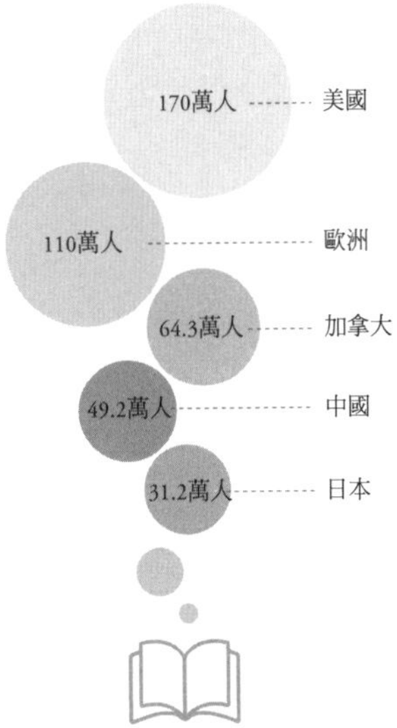

洲大學如蘇黎世的蘇黎世聯邦理工學院（ETH-Z）每年花費數百萬美元在亞洲學生的獎學金上，卻在畢業後只給他們三個月時間找工作，如果找不到就終止簽證。歐洲政府應該給他們至少三年時間，讓他們有機會做出明確的貢獻。大量發放歐盟藍卡（blue cards）以提振投資，是比花公帑教育人才然後拋棄他們更好的政策。那些率先解決移民政策矛盾的國家，將取得年輕人才爭奪戰的優勢。

女性開始移動

冰島經濟在金融危機中急遽衰退後，一個幾乎清一色女性的內閣接掌政府並開始清理爛攤子。芬蘭總理馬林（Sanna Marin）二〇一九年以三十四歲的年齡執政，當時芬蘭五大政黨中有四個由三十幾歲的女性擔任黨魁。歐洲是全世界唯一以立法保障女性平等並且實際上達成的地區。歐洲女性被賦予自由意志和追求財富的權利——這往往意味離開歐洲，雖然歐洲很富裕。網路上充滿來自幾乎每個歐洲國家的二十幾歲互惠生（au pairs）的簡介，尋找亞洲的實習工作。在全世界，女性的教育程度普遍提高並生育較少小孩，使她們變成全球最渴望移動的年輕族群。遺憾的是，世界大部分的強迫移民是來自亞洲和阿拉伯國家的女性。她們應徵家庭傭工，但遭到剝削和扣剋工資（甚至不付工資）、販賣為娼，成為抵債奴工、舞女或遭遇其他形式奴役的命運。

世界的移民可能愈來愈多由中國和印度的女性組成。經過數十年的性別揀選和殺害女嬰，這兩國都有大量過剩的男性競逐較少的女性。在印度這意味猖獗的性暴力和抵債奴工；在中國，女性被鼓勵接受多個丈夫。難怪許多女性尋找各種出國的機會。不過，在此同時，中國女性占中國創投合夥人的二〇%（相較於矽谷只占八%）。這些高所得的東亞專業女性（不管未婚或已離婚）是紐約、新加坡、香港、倫敦和溫哥華房地產市場的大買家。在印度，四四%的科學、科技、工程以及數學（STEM）畢業生是女性，高於美國（三四%）和其他西方國家。一個印度女性資訊科技專業者肯定是各國渴求的人身威脅性最小的移民。

沙烏地阿拉伯的女性在經歷世世代代的壓迫後，可能很快加入這股移往外國的潮流。

截至二〇一五年，沙烏地各大學註冊的女性已超過男性。現在她們也可以取得護照而無需丈夫的許可。從杜拜、貝魯特到倫敦和巴黎，沙烏地女性在專業領域的能見度也愈來愈高。工作的女性愈多，她們就愈獨立，生育的小孩就愈少，她們移民外國的能力和意願也愈高。

真正的移民問題：往外移民

「我們是一個面臨滅絕的國家嗎？遺憾的是，是的。一個不生育小孩的國家注定會滅亡。」義大利政壇領導人中最引起媒體注意的莫過於曾短暫擔任副總理的北方聯盟黨領袖薩爾維尼（Matteo Salvini）。他自詡為魅力十足的X世代政治偶像。他到處發表演說，號召群眾大會，舉辦一連幾個小時的自拍會。他甚至客串ＤＪ。

不過，談到生育政策時，他的紀錄薄得有如義大利聞名的白松露片。雖然他推動設立「家庭部」以支持女性生育更多子女，從事專業的義大利人——包括男性和女性——出走海外的人數從一九八〇年來仍逐年增加。如果人口減少意味薪資上漲和女性賦權，那麼嘗試阻止移民進入的國家將可受益，但今日的南歐沒有一個國家符合這種描述。

接受移民在過去十多年來是歐洲政治最具爭議性的議題，但有人忘了告訴該區域的民粹主義者他們面對的是遠為嚴重的生存威脅——往外移民。在低生育率和往外移民的背景下，全世界沒有一個區域的人口萎縮比東歐快。從羅馬尼亞二〇〇七年加入歐盟以來，估計該國的人口（約五百萬人）約四分之一已往西遷移且不會再回來。專家給這類國家一些顯而易見的建議：改善基礎設施、提供更多兒童照顧、投資教育——但做到的很少。這類改革可能不足以讓保加利亞的年輕人不出國念書或工作，但它們（加上高死亡率和低出生率）就是保加利亞變成全世界人口減少最快國家的原因。保加利亞和土耳其間二百七十公里長的邊界現在只隔著可以輕易跨越的單薄柵欄，但很快將不會有任何人留下來巡邏。

南歐和東歐的人才流失還看不到盡頭——而且這是在塞爾維亞、波士尼亞和阿爾巴尼亞等巴爾幹國家最終將成功加入歐盟前，屆時可能進一步加速往外移民的趨勢。這些往外的移民也沒有返回的計畫，因為他們正確地相信他們的小孩在其他國家將有更好的經濟機會。而隨著他們留在家鄉的父母過世，他們的匯款也將停止，進而嚴重削弱那些原已搖搖欲墜的經濟體。顯然我們是重視經濟需求不下於種族身分的物種。

從歷史看，地方向來是身分認同和穩定的來源。但一個只能提供少量工作、卻充斥無能和貪瀆的社會，迫使年輕人必須開創自己的命運。調查顯示，他們認為擁有移動的權利比擁有投票權重要。擁有移動性是比財物更寶貴的東西——特別是如果你的國家領導人支持老舊的社會態度。這是為什麼研究移民比耽溺於今日的民粹主義更有用的原因。年輕人對政治動亂和經濟低迷的反應不是「堅持到底」，他們對游到堅實的土地比抱住沉船桅杆更感興趣。從年輕人的觀點看，民族主義和移民完全不是對立的：民族主義在驅使人們離開他們應該感到驕傲的國家上表現傑出。

地理學家和人類學家都呼籲我們克服混合身分與國籍的「領土陷阱」（territorial trap）。接受對移動性的廣大渴望是一個好的開始。對大多數人來說，移民——而非民族主義——就是自由。

美國：移民的國度？

當然，歷來人才爭奪戰的最大贏家是美國。美國的偉大來自移民的功勞和來自「本地人」（natives）一樣多——而不到四分之一的本地人源自初始的英國移民，這表示大多數本地人也有外來移民的根源。近四〇％的美國科學家、三分之一的美國醫生和外科醫生、一半的矽谷科技公司創辦人，以及超過三分之二的矽谷科技員工在外國出生，主要來自中國和印度。這些移民提醒我們一個只有「美國人」的美國，將與有非美國人變成美國人的美國大不相同。

但即使每年繼續接受大批移民的同時，美國也開始變成一個愈來愈多往外移民的國家。從二〇〇八年的金融危機以來，美國的僑民人數已倍增到超過九百萬人。節儉的退休者搬到墨西哥或加勒比海國家，成千上萬的富人帶著他們的錢搬到外國，放棄他們的公民權以逃避美國的全球性課稅。X世代和千禧世代已在加拿大或歐洲扎根以逃避政治失序，或遷往亞洲以追求較高的外僑薪水和活絡的創業環境；Z世代也紛紛前往海外去當英語教師，或只是逃避沉重的學生債務。他們都遠離家園，讓他們的同胞去面對極化的政治、醜陋的不平等、老舊的基礎設施和文化戰爭。

經濟衰退和失業、碎片化的政治和種族仇外情緒的結合，能不能扭轉歷史上最大的移民潮？遺傳學者和前《國家地理雜誌》常駐探險家韋爾斯（Spencer Wells）預測，未來的人口歷史學家將把二〇二〇年視為美國人口達到約三億三千萬人頂峰的一年。二〇二〇年代的美國將像一八五〇年代的愛爾蘭——至少就吸引頂尖人才而言。不像之前美國代表移民成就頂峰的盛世，今日的美國必須在全球市場競逐人才——甚至必須努力把人才留在國內。

民族主義走向墳墓

在過去數世紀，民族主義許諾帶來政治自由化和國家安全。誰能反駁這種創立世俗和公民國家的驕傲傳統？事實上，現在還有數千萬沒有國家的人民為建國而奮鬥，不管是巴勒斯坦人或庫德人（Kurds）。對他們來說，民族主義仍然是一個攸關生存的使命。如果我們堅持民族主義以實現這些使命，那確實是一個有價值的意識形態。

但近來我們看到評論家宣告「新民族主義」已經崛起，而這種新主義卻結合了愛國的自豪和對他國的偏見。從美國到土耳其和從印度到中國，種族沙文主義者緊抱這個口號，以少數族群和外國人為代罪羔羊。未努力升級工業和基礎設施的國家當然會發現，把自己的失敗甩鍋給外來移民和中國比較容易。

因此這種新民族主義的目的只是為了轉移冷酷的事實，而沒有為未來創造一個可行的計畫。過去只有非洲、中東和亞洲的後殖民社會會將它們的災難怪罪殖民主義和資本主義，但在當前諷刺的轉變中，許多後殖民國家已放棄這種徒勞無功的自憐，忙著靠自己努力進行現代化。大體來說，亞洲人有理由為自己的國家感到自豪，因為他們已快速減少貧窮和提升經濟成長。但他們的民族主義強化了趕上和取代西方的渴望，而非想懲罰西方。如果美國和英國的政府花費和日本或南韓一樣多的錢於在職訓練、平價住宅和高品質的基礎設施上，不知道美英兩國的「民族主義」今日的樣貌有多大的不同？

特別是在美國和英國，新民族主義者已與全球主義者劃出戰線，因為後者相信全球市場對所有人有利，而全球合作則是面對全球挑戰所不可或缺。同樣的，真正的分裂發生在內部：都市相對於農村，富人相對於下層階級，以及年輕人相對於老年人。都市年輕人在美國強烈地投票反對川普，在英國則反對英國脫歐。因此英國脫歐或川普都不能證明代表可長可久的新民族主義，雖然兩者揭露了共識民主在地理區和世代嚴重分裂的國家的脆弱性。

這警醒我們新民族主義（尤其是在西方）主要投合較老世代的偏好，它的一隻腳已跨入墳墓——並將隨著老世代而凋零。它們代表白人支配階層嘗試把他們的身分認同政治偽裝成國家利益的最後嘗試。巴基斯坦小說家哈米德（Mohsin Hamid）辛辣地描述這種誘惑人的懷舊之情：「我們被告知不但跨越地理區的移動可以被阻止，而且跨越時間的移動也可以阻止；我們可以回到過去，回到一個更好的過去，一個我們的國家、我們的種族、我們的宗教真正偉大的時候。我們必須接受的就是分裂，把人類區分成本國人和移民。」[6]但這個命題唯一可以確定的是，它的倡導者很快將死亡。年老的仇外者正走向哈米德所說的「天上的大英國脫歐」（big Brexit in the sky）。

對照之下，今日的年輕人幾乎很少是虛張聲勢的民族主義者。根據美國選舉調查（US Election Survey）的數據，只有四五％的美國千禧世代認為他們的國家認同重要（相較於七〇％的嬰兒潮世代和六〇％的X世代）。此外，半數的美國千禧世代認為美國並不比其他國家偉大，比率遠低於七五％的嬰兒潮世代認為美國獨一無二。（普拉格大學〔PragerU〕空洞的五分鐘影片《為什麼你應該是一個民族主義者》有將近四百萬次點閱。）在之前的世代（或世紀），我們可能假設不知感恩的年輕人終究會成熟並接受民族主義者的態度，但今日的年輕人有更好的資訊管道，並能自己判斷他們的國家是否真的值得自吹自擂。

一樣重要的是，今日的年輕人明顯地懷抱支持全球主義的態度。在一項涵蓋二十個西方國家的調查中，七七％年齡十八歲到二十四歲的回應者一面倒地認為「全球化是一股善的力量」，相對於只有一一％抱持負面看法。[7]愈多年輕人移動和彼此交往，全球主義就愈壯大，而民族主義愈式微。英格爾哈特（Ronald Inglehart）和海特（Jonathan Haidt）等學者的研究顯示，受過教育的年輕人普遍懷抱全球主義和社會價值。也許全球主義者和民族主義者間的差別是，前者接受現實，而後者不接受。

年輕人也聰明地相信民粹主義政治是比移民更大的國家穩定的威脅。和民族主義一樣，民粹主義是一種利用悲情的政治運動，而非能實際上解決問題的平台。民粹主義的歷史充滿了利用聳動言論煽動選民和要求激進改革——但卻一事無成——的政權。從拉丁美洲的社會主義者到阿拉伯的伊斯蘭主義者，民粹主義者從未逃過失敗的命運。新冠肺炎感染率最高的國家都是民粹民族主義政權當道的國家，例如美國、英國、印度和巴西。

波蘭和匈牙利最常被稱為泛歐洲民粹主義浪潮的先驅。在波蘭，右翼反移民的法律正義黨（Law and Justice Party）在二〇二〇年七月的選舉被該國的年輕人明確地拒絕，幾乎無法繼續執政。匈牙利的奧班（Victor Orban）向來是歐洲的非自由主義強人，他把反移民列為政策目標（雖然移民並非真的想留在匈牙利，因為德國是如此近）。但不出所料，一旦勞工短缺意味一般匈牙利人必須逾時工作和週末加班（不支薪），民眾很快群起反對他。另一方面，年輕、支持環保和技術官僚的自由派候選人已席捲華沙、布達佩斯、布拉格和布拉提斯拉瓦（Bratislava）的市長選舉。在小國家，只有一個職位比首都的市長大——因此我們將不會稱呼它們是民族主義強人國家太久。

民粹主義者使用的擴音器注定他們的失敗。不管是左翼或右翼，那些藉鼓吹民粹主義訊息吸引注意的人每天在昭告自己的罪責。他們情緒激動但言之無物地宣稱代表對「一切照舊運行」的反彈，卻很快引來反對他們的反彈。例如在義大利，草根的沙丁魚運動（Sardines

Movement）被認為搶走了薩爾維尼（Matteo Salvini）的鋒頭，他們傳達的訊息是，中間派的一般勞工階級才代表人民，而不是這位夸夸其談的極端分子。[8] 義大利最晚近的總理們不再是想成為唱片騎師的大學中輟生，而是學者律師孔蒂（Giuseppe Conte）和接棒的前央行總裁德拉基（Mario Draghi）。同樣的，在與布魯塞爾打「希臘脫歐」（Grexit）牌十年後，希臘民粹主義黨派的旋轉木馬音樂聲已經停止。（新納粹金色黎明黨〔Golden Dawn Party〕遭爆料謀財害命才是它真正行當後也已消聲匿跡。）取代它們的新民主黨正專注於政府該做的事：鼓勵投資和創造就業。技術官僚可能較不帶感情，但民粹主義者的無能保證只有短促的政治壽命。還有別忘了最大和最重要的歐洲國家——德國和法國——技術官僚的務實主義成為主流。歐洲最資深的女性政治家梅克爾（Angela Merkel）利用二次世界大戰結束七十五週年的機會，譴責「單一的民族國家」的概念。

歐洲——以種族定義的民族國家的誕生地——也是民族國家因為人口減少、移民、異族通婚和公民權法律改變而最快速遭到稀釋的區域。歐洲人過去因為民族性而嚴重分裂，現在已經有一個由X世代父母生育的「伊拉斯莫斯嬰兒」（Erasmus babies）世代，這些X世代父母因為跨邊界交換學生計畫而相遇，而他們生育的子女則是第一代的後民族主義歐洲人。此外，進入歐洲的移民人數和他們來源國的多樣性都與日俱增。不管你從今日的右翼政黨聽到什麼，供給和需求仍然是比歷來任何民粹主義運動更強大的力量。如果種族—民族主義和經濟對外來移民的需求間存在無可調和且根深柢固的緊張，那麼沒有一個西方國家屬於這個範疇。

有一個極端的假想情況是，人口增加的程度超過社會的政治和文化所能管理。不過，在這種情況下，逆轉人口的時鐘將不可能辦到，唯有的選擇將是建立一個包容性的新國家認同，否則就是內戰。老世代可緊抱他們的懷舊思想，但那對今日的年輕和未來世代將是承擔不起的奢侈品。

美國的種族從未像今日這樣多樣化。事實上，全美國變得較不多樣化的郡都是那些原本就以西裔人口為主、且西裔繼續增加的郡，例如邁阿密附近或德州沿墨西哥邊界的郡。多年來美國、英國、加拿大和德國一直是世界上外來移民最多的地點。這不但提醒我們民粹主義注定會失敗，也警示民粹主義將持續不墜，因為移民的存在給了民粹主義者反對的目標。但民粹主義者在民主政治中依舊頑強地阻止政治進步的這個事實，正是愈來愈多人——特別是年輕人——想要逃離的原因。如果他們的國家過度傾斜到左右兩邊的政治極端主義，他們將大批出走。

年輕人選擇落腳的地方不是根據排外的認同感，而是根據像國家品牌專家安霍特（Simon Anholt）所解釋的一個國家是受到尊崇或輕蔑。不令人意外的是，對身分認同的沙文主義傾向最強的國家，與它們被全世界尊崇的程度，存在一種反向的關聯性。在一個每個人可以選擇一種公民身分的假想世界中，土耳其、俄羅斯和巴西的民族主義領袖發現他們的年輕人如此渴望棄船，將羞愧得無地自容。

這證明了目前流行的執意追求種族中心帝國主義的「文明國家」（civilizational states）概念，只是一種假學術思想。在現實中，這類國家的人口組成往往指向稀釋而非純化。俄羅斯和土耳其是文明復仇主義的最保守模範。但俄羅斯來自前蘇聯共和國的穆斯林和突厥裔少數民族人口正日益增加，而俄羅斯種族的人口卻有最高的死亡率。儘管普亭不願意承認，如果不接受蘇聯從波羅的海到亞洲的多樣種族的人口，他將無法重建蘇聯。土耳其本身則有歷來最多的庫德族公民和阿拉伯移民。如果埃爾多安（Recep Tayyip Erdogan）真正想復興鄂圖曼帝國，他將必須在人口上往這個方向做，因為鄂圖曼帝國管轄從巴爾幹半島到伊拉克、埃及的眾多種族和信仰。和俄羅斯一樣，土耳其的少數種族成為經濟不景氣時代的代罪羔羊，但土耳其的長期成功將取決於把他們轉變成資產。

歷史獎賞那些打造共同身分認同的帝國，並懲罰那些把自己置於他人之上的文明。從有歷史以來，成功的帝國如羅馬人和蒙古人都建立多樣性和包容性，而非單一種族的支配。一個人口組成減少的所謂「文明國家」將無法變成一個文明或一個國家。

追求文明尊嚴目標的強人可能想把時鐘調回一個有一致的國家認同感的時代，但年輕世代除了看祖父母的相簿外不知道那是什麼情景。每一個世代無可避免地將愈來愈不固著於單一的支配族群。國家不會造就人民；人民會造就國家。

和諧的多樣性？

這些都完全適用於全世界最種族多樣化的大國：印度。印度現在的領導人莫迪（Narendra Modi）是一個多數民族民粹主義者，他談論的「新印度」是以印度教為中心而非世俗的國家。* 二〇一九年的公民身分法修正案（CAA）否定了數百萬來自孟加拉的穆斯林移民的公民權，而全國公民登記名冊（NRC）則把沒有正式出生證明的穆斯林變成次等非公民。但儘管莫迪對穆斯林自由的攻擊，印度仍然會在未來二十年內擁有世界上最多的（超過印尼或巴基斯坦）穆斯林人口。印度的穆斯林正遷往穆斯林人口較多的地區，包括農村——但他們並未離開印度。十多個印度的省分已宣告它們不會支持公民身分法修正案，使它們可能變成吸引穆斯林的地方。在此同時，選民對經濟改革比對文化保護更感興趣。印度年輕人因為莫迪的基礎設施投資、專注於創造就業、沒有王室背景和自立自強的氣魄而支持他，但現在有許多人也因為他錯誤的經濟決策和引起分裂的沙文主義而快速地放棄他。他們不想要別人強加給他們的身分認同。印度不滿的廣大農民在他們的抗議被莫迪貼上「反民族」標籤時，也一樣不為所動。莫迪將學到如果他過度玩弄權謀，他可能反而加速他當初決心扭轉的分崩離析。

* 這已經影響到區域性的移民：在印巴分治後留在巴基斯坦的印度教徒返回印度的人數已迭創新高——每年倍增到二〇一八年的人數超過一萬二千人。

中國也有數十個少數種族，但他們和外國人一樣在中國以漢族為主的十四億人口中占很小的比率。但漢民族主義者仍堅決地否認蒙古人、滿洲人、水族人等種族，在中國歷史上的成就和社會遺傳多樣性所扮演的角色。進行中的消滅西藏人、維吾爾人和蒙古人身分認同的做法，將導致更多人逃往印度、哈薩克和蒙古。中國是一個帝國，但在過去向來是一個比現在的領導人願意承認的更多樣文明的帝國。

徵兵：民族主義的考驗

我在德國完成中學學業時，我所有的（男性）朋友都依規定向聯邦國防軍報到服兵役，少數民族則可選擇擔任公共服務工作。逃避兵役是不可想像的事，只有很好的醫療理由——或嚴肅地宣稱為良心反對者——可以取得豁免轉而擔任公共服務。根據我當時收到的信函，兵役和公共服務似乎都同樣平淡無奇。畢竟當時是一九九〇年代中期，西歐享有冷戰後的和平。縮短兵役期的壓力穩定地升高，終於使它從十八個月減少到一年或更短。到二〇一一年，舊制再也難以維繫，德國改用全志願役軍隊，讓它（和美國一樣）變成一項職業選擇，但通常只是很短暫的期間。在二〇一八年，德國基民黨提出恢復服役以彌補兵員劇減的構想，主要是表態迎合支持這種做法的極右翼，但遭到其他所有人的嘲諷。

對徵兵制的態度呈現出對所謂「恢復民族主義」的強烈反對。也許沒有一個議題比保護國家的義務更能彰顯許多社會——包括東方和西方——的世代鴻溝。羅素（Bertrand Russell）定義愛國主義為「願意為瑣碎的理由殺人和被殺」。以這個標準看，今日的年輕人是歷史上最不愛國的世代。

在歐洲各國，年輕人排斥政府對他們神聖的後青少年生活加諸的任何規定。徵兵制已被廢除或服役期大幅縮短。即便是瑞士——以「瑞士沒有軍隊，而是全民都是軍隊」著稱的國家——從軍的比率也快速滑落。對老一輩瑞士人來說，服兵役期間形成的團結感轉變成銀行業的高薪工作。但今日對創業和公職感興趣的年輕人來說，服兵役突然變得像浪費時間。個人的機會主義勝過集體的奉獻精神。

關於服兵役的負擔，美國人已不比其他國家的人更愛國。美國在越戰後恢復了全志願兵役制，到今日三十歲以下的美國人只有不到三分之一曾擔任過軍方相關職務。*全志願役軍隊代表視服役為愛國職責和成年禮發生了巨大的改變。根據蘭德公司（RAND）二〇一八年的調查，在美國從事軍職者的職業動機（意即需要軍方作為雇主）遠超過體制動機（服兵役的價值）。入伍者的主要考量是脫離不健康的環境和獲得財務與教育的利益，而為國效忠往往是有從軍家族歷史的人主要的動機。九一一恐怖攻擊的二十年後，在伊拉克和阿富汗戰爭老

* 過去二十年曾在伊拉克和阿富汗服役的老兵家庭已自成一個社會階級，大多定居在距離他們服役基地不遠的地方，生活仰賴軍方提供的社會保險和福利。

兵遭受的創傷阻卻了原本有意從軍的人。那些「永恆戰爭」的結局如此難堪，使得今日的年輕人願意做任何事以避免被派往他們不相信的戰地赴死。

即使許多美國人願意打仗，他們也無法適應艱苦的戰場。七一%的美國人因為健康問題（例如肥胖）、有犯罪紀錄或教育程度不夠，而不適於擔任軍職。從二〇一〇年代美國陸軍公布的一連串以「太肥胖而無法戰鬥」之類的報告，警告肥胖對美國國家安全造成的威脅。（肥胖很難造假。）不過，如果花時間在社群媒體和電腦遊戲可以磨練從事網路戰的職涯技術，那麼未來的軍隊將有很充沛的兵源。這就是開始使用抖音（TikTok）招募更多Z世代志工（直到抖音褪流行為止）的原因。在二〇二〇年初，傳聞軍方想重新實施徵兵制，導致兵役登記網站因為憂心的年輕人蜂擁上網查詢而當機。今日的美國年輕人將不會響應為國家而戰的號召。

俄羅斯似乎是一個由忠誠士兵組成強大軍隊對確保國家地位很重要的典型民族主義國家，但俄羅斯也在二〇〇八年把強制性兵役期從兩年縮短為一年，而為了維繫年輕人對他的評價，普亭的承諾之一是，一旦俄羅斯能以專業軍人取代志願兵就會完全取消徵兵制。截至二〇一六年，俄羅斯軍隊每年徵召入伍的新兵只有二十六萬人，相較於有四十萬名合約士兵——他們實際上是各年齡層想找工作的國內傭兵，被派駐在國內或設在國外的軍事基地。和在美國一樣，俄羅斯年輕人從事軍職大多數是因為需要錢。

即使是在較艱困的地區如中東和亞洲，年輕人對服兵役也沒有胃口。例如，土耳其和南韓都是面對真正戰略風險的愛國社會。和在歐洲一樣，來自土耳其大眾的壓力已使服兵役期從一年縮短為六個月。但即使是如此仍難令大眾滿意。到了二〇一八年八月，土耳其政府准許年輕人花錢來免除六個月的兵役，只要花五千里拉（約九百美元）就可把兵役縮短至三週。在開放線上登記的頭兩週，有三十四萬土耳其人申請這項豁免。到該年底，不必向兵役處報到的人再增添十八萬人。儲蓄以豁免服兵役已變成土耳其青少年最重要的儲蓄考量，否則可能被派往敘利亞。在二〇二〇年，土耳其簽訂一項協議，同意給願意服土耳其兵役的巴基斯坦人公民權，正如沙烏地阿拉伯招募葉門人服兵役的做法。

南韓的情況也類似：八三％的南韓男人表示，如果可能的話他們會逃避服兵役。保留率下降已使軍隊兵員減少到只有八萬人。老一輩的南韓人傾向於視北韓為生存威脅，年輕一代則支持總統文在寅統一的目標。文在寅政府統一北韓的動機之一是為大量失業的南韓年輕人創造就業機會，讓他們可以不必被派往北韓打仗，而是重建國家。首爾最近開始嘗試徵召女兵——一項男性也強力支持的舉措，也是對南韓強大的反性侵運動 #MeToo 的報復。在低生育率和 #NoMarriage 迷因當道之際，南韓女性已無法以家庭生活作為藉口。日本的情況也類似，日本的生育率如此低促使自衛隊嘗試招募女性入伍，但成效不彰。

中國的情況如何？中國年輕人長期受到國家主義的薰陶，但整體而言他們的物質主義傾向遠勝過軍國主義思想。他們知道中國必須與美國戰鬥以驅趕美國人離開鄰近地區，但他們不希望軍事衝突破壞他們舒服的生活。在天安門廣場事件後，中國以建立民族思想為由延長一年的兵役期，但不久後又將它縮短為在大學第一年接受兩週的上課和體能訓練。

為什麼要有軍隊？像墨西哥等國家正考慮放棄軍隊，以更強大的國家警衛隊取代，專注於打擊毒品和犯罪——以及控制移民。華盛頓強迫墨西哥部署更強大的武力以阻止中美洲人抵達格蘭河（Rio Grande），導致數十萬名瓜地馬拉人和宏都拉斯人滯留在墨西哥國內。據官方數字，墨西哥有不到二百萬名外國出生的居民，但非官方數字有兩倍之多。巴西也沒有來自國際的軍事威脅，它最主要的軍力部署是為了保護亞馬遜森林。另一方面，肯亞和衣索比亞正動員它們的空軍以對抗幾十億隻蝗蟲，而非彼此戰鬥。在世界各地，軍方在因應冠狀病毒疫情中扮演重要角色，許多戰艦變成移動醫院，軍隊則協助架設醫療帳篷。

美國軍方也必須專注於國內的生存任務。隨著從佛羅里達州、內布拉斯加州到阿拉斯加州愈來愈多軍事基地遭到洪水、颶風和野火的威脅，軍方也花愈來愈多時間和金錢只為了保持它們的運作。[9]經歷過一年難堪而且造成許多人死亡的新冠疫情管理不善後，美國只有靠精幹且有紀律的國防部大力支持疫苗製造和部署才得以加快曲速行動（Operation Warp Speed）的進行。也許民族主義應該重新定義為：認清我們往往是自己最頑強的敵人，而該先解決這個問題。

大多數國家有能力且應該規定男性和女性都服國家服務役（national service）一年，以對迫切需要的社會團結和公民文化做出貢獻，例如照顧老年人、移民同化和協助失去健康者恢復健康。柯林頓（Bill Clinton）把國家服務役變成他一九九二年總統競選的核心政見，三十年後，美國仍然沒有這類強制計畫。為美國而教組織（TFA）有競爭力且備受尊敬，但它規模小且經費不足。有無數方法可以兼容愛國主義和實用主義。採取國家服務役的社會較為團結——缺少它將使民族主義最終失去意義。

宗教對地緣政治影響的移轉

如果民族主義是今日被過度誇大的邪惡，那麼宗教也是。宗教認同就定義來說是無國家的。基督徒和穆斯林被認為是世界最大的社群，估計有二十二億基督徒和十八億穆斯林散居於全球各地。不過，在現實中大多數基督徒和穆斯林（或其他信仰的信奉者）對他們國家的認同強於——或弱於——對宗教的認同。* 民族主義和宗教的共通點是，對大多數人來說它們是群聚性運動賽事——而且大多數人實際上花更多時間在真正的運動比賽（不管是親自參與或觀看）。這有助於解釋為什麼愈來愈多年輕阿拉伯人移居馬來西亞和印尼，因為在那裡他們可以在沒有政治壓迫下信仰伊斯蘭教。

宗教無力作為地緣政治的代理已一再得到證明，最明顯的例子是巴勒斯坦人的苦難，

* 這本身就是身分認同有多重且重疊的證據。那麼，諷刺的是，民族主義者指控許多一般信教人士是極端主義者，但實際上他們最熟悉擁有多重身分認同的困難。民族主義者才是極端主義者，他們是單一身分認同的簡單思想的囚徒。

儘管有種種崇高的論調，他們激發同宗教的阿拉伯穆斯林的同情遠多於實際行動。他們對猶太領土主義的無效回應為巴勒斯坦人帶來嚴重的後果，使穆斯林和基督徒都紛紛尋求到海外避難。而當以色列併吞約旦河谷同時明確拒絕給予當地居民以色列國籍時，將有更多巴勒斯坦人離開那裡，進入已經有兩百萬名巴勒斯坦難民的約旦。除了敷衍地發表關切中國拘禁新疆的維吾爾穆斯林外，也沒有穆斯林國家採取其他作為。事實上，在二〇一九年有許多穆斯林國家簽署宣言，支持中國對抗宗教極端主義風險的立場——它們對宗教極端主義的畏懼和中國如出一轍。

宗教性的多數主義是掩飾較世俗和地方性目標的極有用工具。宗教迫害驅使大量基督徒離開印度和中國，去除的政治麻煩人物多過於真正的宗教異議者。超過一百一十萬名羅興亞穆斯林已被緬甸驅逐，現在住在孟加拉環境惡劣的難民區。孟加拉和斯里蘭卡的好戰政權迫害種族和宗教少數族群不是因為他們的信仰帶來威脅，而是因為他們居住地區的土地和資源。

新冠疫情也迫使宗教的地位退讓到世俗事務之後。從南韓的教堂到巴基斯坦的清真寺，再到以色列的猶太會堂，宗教場所變成疾病的超級傳播者。沙烏地阿拉伯甚至強制對穆斯林朝聖者關閉麥加。佛教徒視瘟疫為數種苦難之一，與貧窮、戰爭、貪婪和乾旱並列。在面對末日時，人們會轉向宗教祈求不再發生更大的災難嗎？一些人肯定會，而且肯定會被媒體報導。不過，大多數人將訴諸一種較經過驗證的方法：他們將遷移。

第三章

移動世代

第一個全球世代

正好是二十五年前，我在聯合國青年團（Youth Unit）擔任實習生——而且是該團隊唯一真正的青年。該單位的大多數預算花費於召集和訓練年輕活動分子以向他們的政府遊說，希望在制訂社會政策時納入他們的觀點。這些千禧世代如今已成長為具有進步思想的市長和部長、主持社會正義團體的理念政治家（cause-politans）、多邊人道主義組織的經理人，以及提倡利害關係人參與、永續供應鏈和影響力投資基金的公司內部創業家（intra-praneurs）。有眾多的年輕人想從事這類工作，以至於企管、法律和政策學院紛紛大幅度升級教材以滿足這種需求。

我回憶這些一九九〇年代以年輕人事務為主的實習生工作最難忘的心得之一是，雖然每個代表專注於自己國內的變化，他們之間的情誼卻是世代性的。在政治認同上也是如此：它的世代性超過國家性。正如曼海姆（Karl Mannheim）在一九二〇年代的注解，世代不只是生物性的，也是社會性的；共同的經驗塑造了他們的心理。[1]但只有在過去三十年發生過真正具有世代里程碑意義的全球事件：一九九一年的蘇聯解體、二〇〇一年的九一一恐怖攻擊、二〇〇八年的金融危機，和二〇二〇年的新冠病毒大流行。在同一段時期，移民激增，行動電話和網際網路普及達到全球規模，以及氣候變遷變成威脅人類生存的全球問題。已故社會學家貝克（Ulrich Beck）正確地闡述了科技已使自覺超越了地理和階級。一九六八年的學生示威運動既不是全球性的，其包容性也不如今日的#MeToo、氣候行動，和種族平等運動。

事實上，今日的年輕人不分地理區抱持的共同觀點，遠超過他們與同一國家年齡較大者的共同處。我們傾向認為一個國家會有共同的想法，但千禧世代和Z世代抱持一種全球規模的價值觀——尤其是對擁有連結、移動性和永續性的權利。[2] 對之前的世代我們都無法肯定地指出像今日數十億年輕人擁有的這類和其他共同性。因此世界的大鴻溝不在於東方相對於西方或北方相對於南方，而在於年輕人相對於老年人。

我很能體會年輕人的困境。在過去二十年，我詢問過無數創業家和活動家、學生和教授、政治人物和新聞記者、行動主義者和闡述者有關他們國家的年輕人過什麼樣的生活。過去兩年的研究和研討會中，我有機會與數百位年輕專業人士在小組討論中談話，我透過他們的眼睛發現幾乎一切都已經改變：地緣政治對抗（已無關緊要）、金融資本主義（痛恨它）、選舉民主（非絕對必要）、擁有房屋（沉重的負擔）、婚姻（以後再說，可有可無），甚至大學教育（太昂貴）。

在所有這些討論會中，他們總是問我一個問題：他們想成功最必須具備的一種技術是什麼？我的回答愈來愈是：不管你具備哪一種技術，要確保它是可攜帶的。為移動做好準備。我想我可能對移動有一些了解。平均而言，我每隔三到四年就遷移我的生活。我的家庭經常遷移，即使我們沒有強而有力的護照（印度）。我從少年時代開始的每一次遷移——在美國、歐洲和亞洲之間——都強化了轉換地理區對知識和專業的益處。

最理想的政府形式……？

年輕世代對民主愈來愈感到幻滅；千禧世代的回覆者展現出他們對政府的滿意度最低。

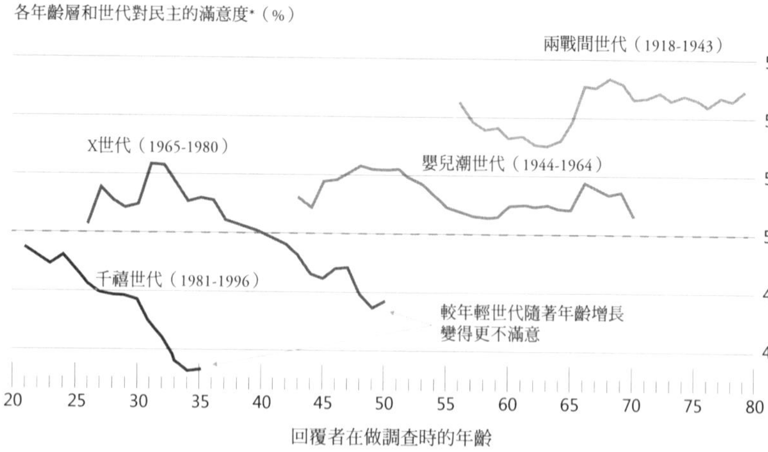

＊針對七十五國出生於一九七三年到二〇〇〇年的年輕人做調查並得到四百萬份回覆的結果。
資料來源：劍橋大學民主研究中心 Roberto Foa。

我們低估了人離開自己母國的意願，也許是出於一些無意識的偏見，以為其他人在自己的家就像我們在自己的家一樣舒服。在過去，人們確實傾向於定居在靠近自己種族部落的地方；有許多冒險出國的人甚至會返回祖國照顧年老的雙親或建立新家庭。但沒有小孩的年輕人不需要回「家」來以特定的方式撫養他們，也不需要父母來協助照顧孩子。不管如何，今日的祖父母不期待他們的孩子回國，所以他們搬進專業的照顧中心，而且孩子也無法扮演專職的保母。也許最大的改變是，今日的世界有許多地方可以讓年輕人共同創造他們的社會環境，而無需屈從一個預定的文化。

即使是跨越生活水準差異很大的

國家，年輕人面對的還是類似的經濟挑戰。例如，美國的薪資從一九九〇年代以來一直停滯不前，但住宅價格上漲為兩倍，醫療成本已增加二八〇％，大學學費更是激增五〇〇％。美國的千禧世代和Z世代積欠約一兆五千億美元的學生貸款，信用卡債務還更多。聯邦準備理事會（Federal Reserve）二〇一九年的報告指出，千禧世代「的生活比較早世代年輕時的生活差，他們所得較低、資產較少，財富也較少」。[3] 儘管軍力強大、金融市場寬廣、有創新能力和創業動能強勁，美國也是一個年輕人冷漠、儲蓄率低和對未來缺乏信心的國家。

對照之下，中國的年輕人的生活遠比他們的父母輩所能想像的要好得多。鄧小平在一九八〇年代的改革快速地把中國轉變成世界工廠和成長速度最快的經濟體，達成歷史上最廣泛的消除貧窮成果，使底層五〇％的人口收入增加四倍。但整體而言他們和美國人一樣面對高品質工作缺乏和生活成本高漲的問題。[4] 北京比較平價的房子只在第五環以外的地方才找得到，而三十年的抵押貸款需要整個家庭的人才有能力支付。中國的高利貸也剝削缺少現金的年輕世代，使數百萬向數位貸款公司借錢的人深陷債務。

對都市地區有技術的年輕人來說，中國仍然是一個處處機會的國家。受過教育和沒有小孩的千禧世代可以在任何地方花錢；他們的國土（和美國一樣）是一個龐大的國內市場。他們毫不猶豫地在中國的巨型公司和新創公司間跳槽。但在必要時他們也願意離開第一線城市。中國有這麼多成長的城市，年輕的新到者可以把第二線城市變成未來的第一線城市。長沙、昆明和重慶正在變成像奧斯丁、匹茲堡和亞特蘭大——只不過規模大上十倍。中國年輕人認為國家的穩定造就了這種人身和職業的流動性。牛津大學歷史學家米特（Rana Mitter）指出，這就是許多中國年輕人被毛澤東思想——具中國特色的千禧社會主義——吸引的原因。

世界各地的千禧世代也因為零工經濟盛行而飽受工作超載之苦。新聞記者哈里斯（Malcom Harris）描述這群沒有固定工作的美國年輕人像「四處飄浮的自由僕役，永遠在移動」。[5]其中許多人逐漸退出，到別的地方尋找步調較慢的新生活。那些沒有工作的人更是沒有移往較便宜地方的顧慮。同樣的，中國的偶像級大亨馬雲曾讚頌「九九六」的工作紀律——意思是上午九點到晚上九點，每週六天——但有數百萬名中國的「螞蟻族」找不到能匹配他們教育的好工作，所以勉強在城市生活的邊緣靠最低工資過活。即使在百年老牌公司長期支配僵化的勞動市場的日本，三五%的年輕人現在是兼職的臨時員工，因為大公司想降低它們的營運成本。南韓的「泥湯匙」年輕人（相對於較富裕的「金湯匙」）飽受不平等升高之苦，儘管社會流動性增加。難怪贏得奧斯卡獎的電影《寄生上流》的導演奉俊昊說：「韓國看起來光鮮亮麗，但年輕人生活在絕望中。」[6]

經濟停滯、企業裁員和自動化已導致從事自雇業成為Z世代的常態。職涯只不過是零工與收取服務費的集合，不管是遞送食物或為有錢人跑腿。從舊金山到雅加達，「財富工作」（wealth work）應用程式撮合有錢但沒時間的人與沒錢但有時間的人。當零工經過十年後令人感到乏味，但這並不表示每個人都能找到全職工作。難怪年輕人的部落格不斷重複「人生唯一能確定的是不確定性和死亡」這句老話。

大多數美國年輕人還沒有開始真正為退休而儲蓄——但他們將必須遷移到更負擔得起的地方才退得了休。許多高薪資且積極儲蓄的千禧世代正搬離加州等昂貴的州，到俄勒岡和亞利桑納等較便宜的州。移動性強、擁有較少東西以及沒有小孩，是增加儲蓄最好的方法。[7]對Z世代來說，穩定甚至還更虛幻。即使在新冠疫情之前，他們已注定在淨值和房屋資產上落後千禧世代和X世代。新冠疫情已使他們的情況雪上加霜。難怪有這麼多Z世代尋找心理諮詢或轉向藥物濫用。當我問一位朋友他認為他的Z世代小孩十年後會在哪裡時，他不抱希望地回答：「治療中心。」

理所當然的全球主義

今日的年輕人屬於哪裡？他們在哪裡可以感覺自己像是公民，不僅是在法律身分和義務的層面上，而且是不管他們真實的國籍為何都願意承諾效忠？人能成為「全球公民」或「世界公民」嗎？

這兩個詞彼此相關但又不同。「全球公民」通常指的是一個人對共同人性的認同和對人權或環境等全球利益的關切。今日有許多組織和運動掛著「全球公民」的旗幟，包括從對抗貧窮的非政府組織到倡導更多公民參與的青年領導訓練計畫。*從蒙特梭利幼兒園到菁英國際學院，年輕人透過愈來愈多人教導「全球領導」課程，和世界各地的高中採用日益受歡迎的國際文憑（IB）教材，而被教養要把自己視為國際公民。[8]聯合世界書院（UWC）在世界各地有十幾所國際文憑學校，培養成千上萬名認為自己是一個大社群成員的學生。使命感變成他們認同意識的一部分。他們被教導不只要「存在」，而且要「行動」。

活動主義者教育附帶著政治後果。香港義務教育的自由主義教材強調公民參與，被認為是二〇一九年以來反北京抗議浪潮的主要誘因。支持北京的官員很快就譴責這種教材的失敗；學生則認為它可能是一九九七年香港歸還中國以來政府唯一做對的事——這是他們繼續反對將進一步限制他們自由的北京二〇二〇年國家安全法的原因。二〇二〇年年中做的一項調查顯示，四分之三的香港年輕人認為自己首先是香港人，其次是「全球公民」和「亞洲人」——「中國人」排最後。

為千禧世代和Z世代的心態做總結並不困難：他們想為生活而工作，不是為工作而生活。他們想要快樂，做善事，不想過貧窮的生活。鐘擺很可能擺回到專注於勤奮工作以追求財富，但資本和勞動愈來愈大的鴻溝意味做一個忠心的員工並不保證能獲得物質或精神的滿足。企業已注意到員工興趣轉變的趨勢，因而提供廣泛和多樣的個人和專業成長機會。瑞士信貸（Credit Suisse）有一項「全球公民」計畫，讓在這家銀行工作兩年的人可以參與兩個月的田野活動，當紅十字會、非洲微型金融機構、拉丁美洲非營利教育組織，或公司支持的各種慈善機構的志工。支薪志工有助於建立忠誠感、個性和團隊精神，同時也提供有形的社會福祉。

遺憾的是，從一九九〇年代以來「全球公民」已變成已故哈佛教授杭廷頓（Samuel

Huntington）嘲弄不受束縛的資本主義菁英的同義詞，他為此創造「達弗斯人」（Davos man）這個詞。自認是「全球公民」的非西方人比西方人還多。的確，根據英國廣播公司（BBC）二〇一五年的Globespan調查，絕大多數自稱的全球公民來自開發中國家，如奈及利亞、中國、印度、肯亞和巴基斯坦。全球公民的典型不是搭乘私人噴射機的避險基金億萬富豪，而是二〇一四年諾貝爾和平獎得主印度兒童權利倡議分子薩蒂亞提（Kailash Satyarthi），他自稱「全球公民」的原因除了他的全球倡議外，也因為他母國政府嚴重的怠忽職守。大多數人需要從國境以外的地方尋找高貴的信念，而最優秀的全球公民則把崇高的理念化為行動。

下一世代的慈善家渴望追隨索羅斯（George Soros）和蓋茲（Bill Gates）的腳步，把企業財富投入人道活動。他們認為年輕和富有的人有義務成為更好的全球公民，而且往往勇於表達企業和社會正義是他們的雙重使命。現在每一家主要私人銀行都有下一世代的計畫以協助指導它們客戶的慈善活動，同時像Synergos和Nexus等組織則專門協助成功的創業家，或繼承鉅額財富且想做社會影響力投資的個人。不管是西方人、亞洲人、阿拉伯人或非洲人，提倡這類無法光靠政治達成的轉變已變成一個世代的使命。

* 九一一事件後，已故政治理論家巴布爾（Benjamin Barber）發起一項運動，宣告九月十二日為「相互依賴日」（Interdependence Day）；這項公民運動甚至印製自己的護照，以促進一套全球公民秩序的原則。

渴望成為全球公民的世代可以找到許多歷史、哲學和文學的啟示。德國啟蒙哲學家康德（Immanuel Kant）主張，任何國家的公民都應該被以平等的自然法則對待。在普遍人性精神的鼓舞下，美國革命和創建的元老潘恩（Thomas Paine）在《人的權利》（*The Rights of Man*）中寫道：「我的國家即世界。」康德和潘恩都被推崇為世界大同主義（cosmopolitanism）的聖哲，即道德、文化、甚至政治社群的存在超越國家的概念。今日我們生活在已故倫敦經濟學院政治理論家赫爾德（David Held）所稱的「重疊的命運共同體」中。赫爾德指出，一個共同的人類社群需要重新把政治和法律權威安置在國家主權之上。在此同時，達到那裡的方式是由下而上。赫爾德不只是一個烏托邦理想家，而且是一個思想行動主義者，一個學術界所稱的「理念創造家」。他與著名的社會學家紀登斯（Anthony Giddens）創造出「第三條道路」（Third Way）的社會民主概念，在一九九〇年代指引了布萊爾（Tony Blair）和柯林頓（Bill Clinton）。他們的議程也是國際性的。赫爾德主張世界主義民主（cosmopolitan democracy），堅持民主政府的理想不應該止於國家的邊界，也應該適用於我們的全球體制。只有如此我們才能「把民主全球化，同時把全球化民主化」。這仍然是一個鼓舞今日大多數「全球公民」的目標。

但和「全球公民」很像，「世界性」也被用於負面的意涵。同樣的，我們很容易忘記初始的世界主義哲學家希臘斯多葛學派的第歐根尼（Diogenes）宣稱自己是「世界公民」（kosmou polite），不是因為他是富人，而是一個經常睡在一個大陶甕裡的乞丐。第歐根尼認為美德就是一個人實踐他所宣揚的道理。在他周遊古希臘各小島時，他反對只有出生的城邦可以成為一個人的主要身分來源的假設。他主張我們對人類共同體有超越個人和近親的更大道德義務。這就是作為全球公民的本質。

那麼「世界公民」又如何？這個詞最單純的意義是指那些旅遊並居住在許多地方的人。和「全球公民」一樣，世界公民也在一九九〇年代開始流行，吸引愈來愈多旅居海外者和全球游牧族的認同，不管他們是學生、背包客、主管、創業家，或那些國際經驗帶給了他們多重身分意識——除了國家認同外，還有一種對全球性的忠誠——的人。「世界公民」是出於選擇的無根者。正如好深思的旅行家艾爾（Pico Iyer）在《這裡可以是我家》（*This Could Be Home*）中說：「在我還小的時候，你會問別人的第一個問題是『你來自哪裡？』現在比較常問的問題是『你要去哪裡？』」[9]

年輕的千禧世代和較年長的Z世代特別想自由自在。長春藤聯盟學校如普林斯頓等學府鼓勵、甚至支付錢給學生在註冊成為大學部學生前的空檔年（gap year）出國旅行以汲取經驗。（新冠疫情只有讓這種旅行變得更加必要。）密涅瓦大學（Minerva University）等學校在世界各地都有分校，大學部學生可以輪流到各地上課。孤獨星球公司（Lonely Planet）的書籍十分暢銷，例如建議出國留學、空檔年和休假進修的《大旅行》（*The Big Trip*）。一系列的精品協會（例如從我到我們〔Me to We〕）提倡永續旅行經驗，把耽溺自拍的「我」轉變成更集體的「我們」。它們都在訓練今日年輕的世界公民。

正如「達弗斯人」，提高「世界公民」這個詞能見度的最大功臣可能莫過於有為數眾多的人反對它。這一次是前英國首相梅伊（Theresa May）在二〇一六年底向她的保守黨黨員宣稱：「如果你相信自己是個世界公民，你就是無歸宿的公民。」她演講裡的諷刺遭到她國人的批評。畢竟，英國縱橫於全球的菁英主要是支持英國脫歐並把資產轉移到海外的保守派人士。英國脫歐後遷移到西班牙、德國和法國的英國僑民激增了逾五〇〇%。[10]我們也還記得梅塔（Suketu Mehta）挖苦的評論說「全球主義者是有一本護照的國家主義者」。[11]

個人、社會群體和社會還有許多正當的建構認同感的方法，而且他們可以不只是揮舞一面旗幟，甚至可以有重疊的身分認同。因此人所居住的國家不再意味專屬於居民。偉大的自由主義哲學家柏林（Isaiah Berlin）反對把民族主義視為人為自己建構身分認同的主要模式，因為塑造我們個人生活的是家庭、種族、商業、宗教和其他連結複雜的交互作用。忠誠仍然存在，但它是分歧且多重的。身分認同是複數而非單數，是自己定義的而非繼承的。身分認同是創造而非教條。

梅伊為她現在罵名在外的「無歸宿公民」做的結論是「我們不知道公民權的意義」。誰知道？公民曾經代表政府與社會間的契約，在契約中，人透過工作、納稅和服兵役貢獻給國家福祉，並交換法律、政治和社會的權利。但今日的年輕人已打破這種義務的平衡，宣稱他們也應該有環境永續、數位通路、全民醫療、教育，以及一個遵守國際規範的政府的權利。獨立公民媒體倡議多哈辯論會（Doha Debates）問世界各地的年輕人，當他們聽到「公民權」

這個詞時想到的是什麼。回應者談到「保護」和「專屬權利」——沒有人聯想到種族身分或法律義務。年輕人認為個人有權決定公民權的意義——並且願意為它而戰。

世代衝突

現代社會契約要求年輕人應透過納稅給退休年金和服社會役以照顧老年人，而且這個程序應該代代相傳。今日的年輕人應該感激嬰兒潮世代的勤勉儲蓄支應了他們現在視為理所當然的基礎設施。但老年人也代表七十八兆美元的退休年金債務炸彈，而且沒有年輕人願意為它納稅——至少那些有能力遠走他鄉、讓其他人承擔的人不願意。[12]

這種世代衝突在西方各國的財政辯論中展現無遺。在嬰兒潮世代從慷慨的退休年金獲益的同時，年輕人也要求把老年人積累的儲蓄花在平價房宅、寬頻網路和技術訓練上。在這個時代，老年且富有的人住在他們拒絕出售的高價大房子裡，而年輕的零工經濟階層卻付不起房租。[13]他們設想一旦老年人去世，開發商就可以重建符合年輕人需求的較小房子。難怪曾有一名洛杉磯的Z世代實習生遺憾地告訴我：「我等不及嬰兒潮世代快點死，我們才會有住得起的房子。」但根據預測，嬰兒潮世代的死亡率要到二〇三〇年代才會升高。

在嬰兒潮世代仍然生龍活虎的同時，愈來愈多政府把退休年齡從六十五歲提高到七十歲以上，並且縮減福利，迫使許多人留在就業市場，與年輕人競爭Uber車資和資訊科技零工。在美國，三分之二的美國退休者協會會員報告在職場遭到歧視，促使國會在二〇二〇年通過反對年齡歧視的立法。這提醒我們老年人在美國的生活困頓不下於、甚至超過年輕人，而且未來改善生活的時間還更少。

在這齣跨世代戲上演之際，有多少年輕人會接受一輩子繳納較高的稅以支應一個在他們老到所做的犧牲獲得回報前就會崩潰的體系？歐洲人已經繳納以社會平等為名的高稅賦，無法再承擔更大的負荷。在美國，六〇%的千禧世代沒有足夠的儲蓄來繳納已經偏低的稅（與歐洲比較）。社會安全計畫預料到二〇三四年將破產（遠比他們應該退休還早）的事實，是另一個擔心未來的理由。對大多數今日的美國年輕人來說，繼承遺產只是個小緩刑。如果他們繼承一棟房子，他們首先要做的是（特別是兄弟姊妹也得到相同的份額）以丟臉的虧損出售它，並用所得來償付信用卡和學生貸款。

在此同時，估計從嬰兒潮世代轉移給子孫的三十兆美元全球財富，仍然會握在富裕的美國人、歐洲人和亞洲人手裡。美國的超級巨富將把他們繼承的遺產投資在科技股、度假別墅、加密貨幣，以及海外資產和外國公民身分上。歐洲的財富傳統上較偏重於投資在像汽車和雜貨商店等國內產業上，但在歐洲的退休金支付餘額占世界一半的情況下，未來的世代可能出售他們的家族事業並搬到瑞士去。私募股權公司已經開始對歐洲公司施壓，要求裁員和降低成本，而這與主流的支持勞工文化衝突。法國課徵富人稅的經驗估計已促使五萬名百萬富翁離開該國，而這是英國希望避免的情況，雖然實施繼承稅將增加迫切需要的稅收。畢竟，在經濟復甦希望渺茫下，英國年輕人將寧可變賣他們的遺產而不願眼看著它貶值。法國就是希望英國年輕人被法國新成立的經濟吸引力部（Ministry of Economic Attractiveness）推出的計畫所吸引，例如對外國投資人提供五年的稅務假期。稅務是引發熱議的議題，也是更難處理的現實。[14]

在亞洲，對富人提高稅率的呼聲正促使富人未雨綢繆地尋求遺產的保護。在二〇一九年，中國和印度是流失百萬富翁最多的國家，而澳洲和美國是最大的受益國。富有的中國年輕人讓基金經理人忙於分散他們繼承的遺產到全球各地，以確保萬一習近平的黨機器落在他們身上時仍能持盈保泰。在遺產稅最高可達五〇％的南韓，父母和祖父母贈與公司股票給還在學步的幼兒以規避稅負。南韓的年輕人在這個人口老化的國家能怎麼利用這些錢？方法不多，所以他們正遷移到新加坡或澳洲。因此結果應該會像這樣：老化國家的退休基金將破產，除非它們把資產投資在它們自己國家的年輕人遷移的地方——不管是在哪裡。

世界各地的年輕人，團結起來！

二〇〇五年夏季，我開著一輛破舊的福斯（Volkswagen）汽車展開一次刺激的自駕遊，從波羅的海穿越東歐和巴爾幹半島，跨過土耳其和高加索山脈進入中亞。土耳其散發出樂觀的氛圍，那是埃爾多安擔任總理的初期，經濟欣欣向榮，人均所得達到七千五百美元。土耳其廣大東部地區被稱為「安那托利亞虎群」的工業城鎮生產大量紡織品和汽車零件。十四年後我再度途經安那托利亞，我看到的不再是活躍的城鎮，而是荒蕪的鄉下和棄置的運動場。年輕人都到哪裡去了？到伊斯坦堡的街上向埃爾多安抗議他漠視他們所在的省分，並且選出一位反對黨的市長。從二〇一三年蓋齊公園（Gezi Park）的抗議以來，伊斯坦堡幾乎不曾間斷地出現年輕人的抗議，向政府提出各式各樣的要求：反貪腐、支持民主、農村發展、改善教育、提高女權，和反仕紳化（gentrification）。

俄羅斯一度也有機會發展它荒廢的內陸地區，但今日很少有比西伯利亞已經人口流失超過十年的村落更荒涼的地方：凹凸不平的道路因冬季冷凍而處處龜裂，幾乎每座屋子的玻璃破裂，所有金屬表面遭鏽蝕。和埃爾多安一樣，普亭忽視俄羅斯廣大東部數百萬人的苦難，或者藉罷黜他們偏好的州長來否定他們的政治權利。在二〇二〇年，數萬名哈巴羅夫斯克（Khabarovsk）居民違抗莫斯科的禁令，發起反對克里姆林宮的示威。

在世界各地，中產階級抗議貪腐，工人階級則抗議經濟困頓。他們形成一支由就業不足和過度教育——有大學學歷卻做卑微工作——的年輕男女，和操勞過度且低薪——工作小時達到法定上限收入卻難以溫飽——的藍領工人組成的大軍。不平等當然令他們惱怒，但貧窮和缺少機會才是導致他們憤怒的主因。科學家圖爾欽（Peter Turchin）指出，現代社會製造出太多教育過度的低成就者，是今日國內地盤爭奪戰的首要原因。

智利是這個論點的證明。二〇一九年聖地牙哥的大眾捷運票價上漲引發智利一九九〇年重回民主體制以來的首度國家緊急狀態，以及從皮諾契特政權以來第一次國內動用軍隊。由於礦業和銀行業在經濟扮演重要角色，智利不令人意外地有極高的所得不平等；這些產業製造億萬富豪。但除去這些富豪的智利和祕魯一樣貧窮，不再是南美洲最富裕的國家（以人均計）。在抗議爆發時，智利的不平等實際上正在下降，但一般市民感覺不到，因為交通、教育、醫療和住房成本對大多數人來說仍太昂貴。持續的抗議得到回報：在二〇二〇年，智利人以壓倒性的比率投票修改憲法。

年輕人看到貪腐的治理就知道。當公共運輸成本升高時，學生發起暴動。當天然氣和電力補貼削減時，大眾進行抗議。明智的政府從其他政府學習教訓。在智利提高交通票價的同年，愛沙尼亞宣布所有公共巴士免費。伊朗經常切斷網際網路連線，而克羅埃西亞堅持提供無所不在、快速而免費的網路連線。但政府能主動致力於改善住房、教育和就業的國家並不多。其結果是，全球的下層階級持續的反抗。

即使在較習慣於順從的亞洲社會，年輕人正採取含蓄但意義重大的政治行動以反對當權者。印尼（世界上人口最多的穆斯林國家）的分析師長期以來擔心伊斯蘭主義的興起，但該國最引人注意的新政黨印尼團結黨不接受年齡超過四十五歲以上的人入黨，並提倡年輕人和女性議題。[15] 印尼年輕人對在Go-Jek超級應用程式上追逐零工更感興趣，所以他們買得起住宅。在泰國，年輕人領導的未來前進黨黨員現在公開反對該國揮霍無度的君主政體，以源自《飢餓遊戲》（*The Hunger Games*）電影裡三個指頭的敬禮作為他們號召團結的象徵。

諷刺的是，享受最多自由和生活水準最高的地方也是年輕人抗議最激烈的地方：歐洲。在過去十年，像西班牙的憤怒者運動，以及法國的不眠之夜（nuit debout）和黃背心（gilets jaunes）等運動，讓X世代和千禧世代結合在一起反對貪腐、缺少工作機會、燃料價格和其他不滿。在二〇一一年夏季，警察暴力在倫敦和十幾個其他城市引發暴動，導致五人死亡和超過三千人被逮捕。煽動者和劫掠者不只是對警察憤怒，而是對一切事情。在十四世紀的黑死病後，英格蘭的農民暴動凸顯出下層階級要求結束貴族農奴制和降低稅賦。不足為奇的是，反對歐洲奢豪君權統治的呼聲升高不只是因為特定皇室狂妄的行為，也因為他們持有的廣大土地可以被用來謀求大眾福祉。歐洲有許多巴士底獄（Bastille）可以攻占。

一無所有的人民憎恨把他們排除在外的體制。數世紀來房屋私有權制一直被視為一種經濟權利和對暴政的節制，但年輕人擁有房屋所有權的比率卻大幅滑落。[16]即使是靠基本薪資想在大城市裡租一棟雙臥房的公寓也是難以企及的事。[17]在較年長的房屋擁有者不想看到他們的房地產價格（進一步）下跌的同時，千禧世代和Z世代有較低的結婚率、較暗淡的就業前景，以及比前幾個世代的人更高的被逮捕比率。[18]即將成為父母的人往往變得更遵守法律，但在愈來愈少人想生育小孩的情況下，我們將看到愈來愈多邦妮和克萊德（Bonnies and Clydes）。

預測內戰的最佳指標莫過於男性年輕人的高失業率和高度不平等，而這兩個因素加起來——再加上有許多槍枝——無異於火藥桶。年輕的阿拉伯聖戰士、歐洲新納粹好戰分子、俄羅斯傭兵、巴西貧民窟街頭黑幫、墨西哥毒梟、非洲叛軍——組成的分子都是千禧世代和Z世代男性和無所事事的男孩。在美國是黑人或拉丁裔下層階級和白人布加洛（boogaloo）新法西斯主義者。在伊拉克的叛亂後，五角大廈再度搬出城市游擊戰的理論，希望在巨型城市的貧民窟製造類似的動亂——結果卻發現二〇二〇年自己國內的街頭爆發動亂。

安提法（Antifa）應運而生。二十世紀中葉歐洲的安提法運動到了二〇一〇年代原本已消聲匿跡，但歐洲的反緊縮抗議和川普的選舉讓它在大西洋兩岸再度復活。這些共產黨、社會主義者和無政府主義者反對強人政府和白人至上主義者運動，但是以自主細胞的形式運作。安提法分子並不畏懼他們的政府，反而是以激發他們所反對的殘暴為目標。波特蘭向來是美國最活躍的安提法大本營，但在二〇二〇年黑人的命也是命（Black Lives Matter）抗議——由全球黑人透過推特、Instagram和WhatsApp激發的——期間，安提法細胞在美國各地紛紛崛起。線上工具將在抗議者與當局玩貓捉老鼠遊戲下繼續推陳出新。它們將假透明化之名入侵電腦，為保持隱私而加密，並利用區塊鏈建立安全身分和交易的平行世界。一個連結而移動的世代將繼續在世界各地惹麻煩。

或者千禧世代和Z世代最後將變成保守的成人，正如許多美國人的胡士托（Woodstock）世代和歐洲的六八運動世代那樣？那將需要他們獲得一些可以緊緊抱住的穩定。今日的大多數年輕人仍然還在坐冷板凳，仍然是為完成學業和尋找工作煩惱的沉默大多數。他們必須等待改變的時間愈久，就愈可能遷移以尋找抗議不再是全職工作、與他們有相同認同感和目標的社群。

千禧世代生態威權主義（eco-authoritarianism）？

在二〇一九年底，童貝里（Greta Thunberg）在倡導全球行動主義一年後失望地表示，各國仍未針對氣候變遷採取嚴肅的行動。在國際外交層次上，也許永遠不會有行動。難怪行動主義已變成一種全職工作。不足為奇的是，三十歲以下的美國人在成長過程中眼看民主政治對氣候變遷和不平等問題猶豫不決，他們有八五%希望華盛頓發生「根本的改變」，而不只是情況「恢復到正常」（超過六十五歲的美國人有七〇%希望後者）。對Z世代來說，「正常」是一場災難，甚至他們有一半根本不相信生活在民主中。[19]千禧世代的不屑直接打臉他們的老一輩，「#okboomer」已變成一種表達「隨便你怎麼說，你的時間到了，閃邊去」的方式。他們要自己作主，否則就來不及了。

雖然西方年輕人享有自由主義賦予的權利，他們並不反對想像中的生態威權主義。聽到年輕人談論世界需要一個「全球聯盟」——類似歐洲聯盟的跨國家聯盟——結合聯合國的普世性和「善的力量」以強迫採取氣候變遷的因應行動。由於這也不可能實現，千禧世代現在正轉向生態恐怖主義。反抗滅絕組織（Extinction Rebellion）——其資金來自遍及全球的群眾募資和若干億萬富豪——曾以蜂群無人機阻擋飛航班機，攻擊石油公司總部，和對政府辦公室噴灑假血。反油氣管抗議曾破壞加拿大各地的鐵路幹線，企業執行長曾要求政府對這類「恐怖分子」採取強硬措施。想像有一天年輕人占領原始棲息地以阻止商業活動，或演出集體自殺的行動劇以喚起對抗氣候變遷的行動。童貝里對這些會有什麼想法？

微熔爐

過去四十年來我很幸運生活在幾個世界最大的都會城市——杜拜、紐約、柏林、日內瓦、倫敦和新加坡。它們都有高比率的外國出生居民，並且很適合他們居住。這種全球村式的都會微世界可能看起來像是自我組織成的，但它們絕非如此。創造一個和諧的多種族環境，讓所有人能不害怕彼此並欣欣向榮需要不斷的策展。

倫敦的全球人口組成迥異於英國較同質性的鄉村地區，這有助於解釋這個首都對英國脫歐的立場明顯不同於其他地區。倫敦不僅是許多全球性組織如國際特赦組織（Amnesty International）的總部所在地，也是許多世界主義作家如麥克伊旺（Ian McEwan）和石黑一雄的家，他們的作品探討公民性和跨文化同化的主題。土耳其小說家沙法克（Elif Shafak）自認是伊斯坦堡人和倫敦人，但更重要的是開放社會——作為市民會感到自豪的那種地方——的支持者。倫敦多元化的市民讓它得以保持欣欣向榮，而英國的集體決定卻違背它自身的利益。諷刺的是，雖然強森（Boris Johnson）以首相的身分支持英國脫歐，他在擔任倫敦市長時卻提倡「倫敦簽證」歡迎來自各方的人才留駐倫敦。在他之後接任市長的薩迪克．汗（Sadiq Khan）正推行「快速通關」簽證，以便倫敦吸引所需的技術勞工。為了英國好，英國其餘的地方應該希望他成功。

回顧歷史，偉大的城市向來對貿易和人才保持開放，知道它們的生存取決於這種開放。

新加坡經過數世紀的演進變成一個多種族的環境，聚集了往南移民的中國人和在大英帝國流動的印度人。但從一九六五年獨立以來，新加坡變成一個有規劃的熔爐，創建新加坡的李光耀堅持興建異種族混居的公共住宅以避免形成貧民窟。義務兵役使各種族共用營房，基本訓練也有助於各種族建立持續一輩子的友誼。其結果是：新加坡是迄今世界上異族通婚比率最高的國家（約三分之一），特別是養育「中印」（Chindian）混血的印度—中國裔雙親。隨著混種族家庭變成社會常態，訴諸種族的政治操作逐漸減少，多重身分認同也變成自然的遺傳結果。*

新加坡必須管理的緊張是在允許每個種族群體擁有各自的權利——官方語言、國定假日、遵循不同的風俗習慣——之際，也堅定地倡導一種跨越種族和與宗教無關的國家認同。雖然新加坡是華裔人口占多數的國家，它的公民認同訴求於普遍的經驗，例如後殖民國家的建設和未來共同的富足。但培養共有的穩定是一個永不停息的工作。新一波來自中國的移民（以及相對較少的印度移民）帶來一波開設未融入新加坡公民認同特性——像是積極擁抱多元性和學習英語——的商店熱潮，促使政府遲來地開始加緊進行一些同化計畫，以避免外來的飛地生根。

可以從失敗學習的事情和從成功一樣多。儘管香港向來被視為一個吸引世界各國人才的資本主義聖地，數十年來它一直未能興建足夠多的平價住宅和解決所得嚴重不平等的問題。另一方面，過去二十年湧進的逾一百萬中國人製造了認同危機。當中國在二〇一九年通過一項備受爭議的引渡法和二〇二〇年更不受歡迎的國家安全法時，這些根本的挫折感便激烈地內爆。生活成本居高不下和政治動盪不但削弱香港對外國專業人士的吸引力，也諷刺地驅使香港人北上到深圳，因為現在的深圳已比香港更富裕，並因為有眾多補貼公寓的大社區而成為更有秩序的模範。在此同時，中國人繼續流向香港，包括從商業大亨到技術官僚、進出口銷售員到軍人和警察。香港的「刁民」很快被中國的「良民」取代，他們願意買進香港現在已貶值的房地產和金融市場，並更願意迎合中國的利益。人的移動塑造了地方的忠誠。

只要今日已四十歲以上的人就可能親眼目睹阿拉伯聯合大公國的人口組成，如何從一個靠採珍珠並與其他波斯灣部落和伊朗貿易維生的阿拉伯貝都因社會，變成今日世界最富裕的國家之一，境內林立著由數百萬名亞洲移工興建的閃亮摩天大樓。阿聯的人口自一九七一年創立以來已從只有二十五萬人成長四十倍。今日它是世界最「後民族」（post-national）的國家：每個人都是少數民族——即使是阿聯本國人，他們在一千萬總人口中只占一百萬人。

游牧民族的歷史和位居地理中心使得阿聯的特性向來取決於來來去去的新移民，包括永久和暫時的移民。中產階級僑民和合約移民工同時進駐：先來者為後來者創造更多工作。相對的，當大批僑民因為金融危機或瘟疫封鎖而遷出時，對女傭、快遞員和安全警衛的需求也

＊在二〇一九年，總部設在美國的喚醒良知基金會（Appeal of Conscience Foundation）認可新加坡為全球最有宗教包容性的國家。

隨之減少。除非各種性質的移民家庭感覺自己更像定居的利害關係人，阿聯將無法指望他們的忠誠。

在絕大多數人永遠無法變成公民的情況下，阿聯將如何吸引永久居民？數十年來，印度的專業人員——他們占阿聯總人口的三分之一——被視為溫馴的臨時勞工，不保證授予居留權。但近年來阿聯開始給更多外國人長期居留權，甚至允許他們無需與當地人合夥而擁有獨資公司。過去阿聯拒絕發給外僑的老年親人簽證，但二〇一九年的「外籍人士法」允許高所得的印度人帶家族成員來。阿聯不再視老年人為財政負擔，開始提供他們有空調的退休社區，同時正建立醫療觀光業以吸引歐洲人和美國人。如果印度的環境持續惡化——包括生態上和政治上——將有更多富裕和向上流動的印度人出走到阿聯。

同樣的，在阿聯長大但持有印度護照（像我一樣）的外僑小孩最後將遷往美國或加拿大，以尋求更好的工作和公民權。他們也自認是學者烏尼克里希南（Deepak Unnikrishnan）所稱的「暫住者」。但為了留住一些這類出走的人才，阿聯正計畫提供公民權給非阿拉伯人——不管他們信仰什麼宗教。在阿聯的印度移民大多數是來自喀拉拉或塔米爾的穆斯林（以及基督徒和印度教徒），和旁遮普的印度教徒，因此阿聯容許基督教堂和印度教廟宇存在。在阿布達比的薩迪亞特島（Saadiyat Island），一個巨大的多信仰綜合區將包括一個清真寺、教堂和廟宇融洽共處的鄰區。在更廣的層面，阿聯已修改一套公民規範以容許未婚的男女同居、用外僑法律管理離婚，並且容許公開飲酒。

阿聯的商業中心杜拜是這種不斷移動和多重認同的縮影。法律確保其穩定，政策則尋求透過一套稱作「拉希德」（Rashid）的人工智慧城市管理系統來促進和諧，提供享受杜拜生活的指南、授予有良好職場文化的企業「快樂證書」，和一個鼓勵人們用社區服務來替代支付交通罰款的「快樂付」（Happy to Pay）應用程式。

許多城市面臨容許移民進來而未促進同化的危險，導致貧民窟因為無法阻止愈來愈多移民湧入而益加貧民窟化。但現在要克服對「公民權」的誤解而使這些人數龐大的非公民變成忠誠的利害關係人，還不會太遲。在一個世代前，授與非公民投票權是難以想像的事，但紐西蘭允許所有永久居民在任何選舉中投票，多倫多也已對所有不管有沒有公民身分的合法居民開放市選舉。紐約和洛杉磯則是授予身分證給沒有文件的移民以保護他們免於被遣返的「庇護城市」。愈多城市讓所有居民透過貢獻和履行義務而變成有意義的參與者，城市取代國家而變成效忠的對象就愈普遍。

全球連結的城市是是新後民族全球文明的孕育所，因為它們只能透過包容而非排外的政策才能成功。它們藉由推行包容的市民多元主義和自豪感而彼此結合。加拿大學者貝淡寧（Daniel Bell）稱這種崛起中的都市自豪感為「市民主義」，是一種二十一世紀與民族主義抗衡的思想，可以追溯到對所有居民開放政治的古雅典。

隨著人員、產品和資料流進和流出全球城市，今日比以往更難確定人的身分認同。和處於疊加態的（super-positioned）原子類似，人的心智同時處於多重狀態，同時屬於本國和外國世界。我們在哪裡對我們來說和我們是誰一樣重要——而有愈多抓住移動機會來塑造自己命運的人，我們身處何處在定義我們是誰上就變得愈重要。

抵擋魯莽的身分認同政策最好的壁壘就是熔爐城市。擁有跨國企業、後民族勞動人口和「第三文化」（third culture）兒童的全球城市，是年輕世界主義者的溫床。在有許多小孩的父母是異國籍的社會，情況已從每年的「聯合國日」時穿著父母國家的服裝，演變成抗議學校製造身分認同危機。對全球化的年輕人來說，身分認同是累積的，而非替代的。愈多年輕人居住在熔爐城市，世界主義的身分認同就愈成為我們共同的未來。對這些年輕人來說，「尋找自我」不是「回家」，而是感覺「賓至如歸」。正如伊耶（Pico Iyer）優雅的表達：「家可以是未來的產物，正如是過去的產物。」[20]

後現代朝聖：交流即信仰

年輕人普遍感到孤獨是我們這個連結的時代最大的悖論。但年輕人也被推向游牧族交誼網站。對空中飛人族來說，那是蘇荷館（SoHo House）或小世界（A Small World）的會員資格。在娛樂圈，它是像火人祭（Burning Man）、科切拉谷（Coachella）和Ultra等藝術節。主題式和異國情調的休閒會所紛紛冒出，例如僅限邀請的祕密夏至音樂節（Secret Solstice）在冰島偏遠的冰河上舉行，或以烹飪和音樂為主題的納帕谷BottleRock節。這些活動的氣氛有時候介於進步主義者的聯誼和末日式的快樂主義，像是氣候變遷陰影下的胡士托（Woodstock）。

超過一億歐洲年輕人似乎滿足於支付平價的房租、騎自行車上班、隨興地搭乘廉價班機或火車，和不預先規劃生活超過六個月的簡單生活。正如《金融時報》記者甘尼許（Janan Ganesh）寫的，享樂勝於占有。富裕的千禧世代和Z世代喜歡在世界青年領袖峰會（One Young World）和高峰系列（Summit Series）等會議上談論網絡和冒險，或者在TED和它的許多分支做大腦按摩。除此之外，上一次舒暢的健身館（或瑜伽工作室）對他們就像是一次宗教體驗。

數位排毒（digital detoxes）可以讓年輕人面對面交誼，但科技沉浸（或執迷）是與這種新心靈相反的極端。拉斯維加斯一年一度的消費電子展（CES）是科技迷的夢想，每年有近二十萬人參觀。網絡峰會（Web Summit）和蘋果與華為的產品發表會也吸引龐大的群眾。過去我們有一個千禧世代保母，她每到我們旅行所至的城市——從開普敦到杜拜首爾——第一件事就是造訪蘋果商店——諷刺的是，不像有獨特地方形式的教堂、清真寺或寺廟，蘋果商店在每一個地方幾乎都一樣。

如果有一個信仰者的世界社群，那就是足球。足球已發展成一種新宗教，有許多宗門、祕教和黨派。它是一種有許多忠誠追隨者的信仰，他們在它的聖地——溫布利（Wembley）、老特拉福德（Old Trafford）、諾坎普（Camp Nou）——崇拜它的神祇，例如梅西（Lionel Messi）和C羅納度（Cristiano Ronaldo）。雖然一些五旬節教會也舉行大規模的活動，但在世界各地數十個城市的每週足球賽規模是無與倫比的。比起板球（英國後殖民世代的全球運動宗教），足球更是愛好者真正的全球社群，他們花更多時間在玩它、觀賞它，重新觀賞它、分析它和玩電玩比賽，遠超過他們可能花在讀聖經、可蘭經或其他經文的時間。

足球也是一種不分種族的信仰，而且足球移民炙手可熱。輸入外國足球人才沒有遭到詬病，反而受到讚揚，就像一個新彌賽亞來拯救陷於困境的地方球隊。德國國家足球隊有一半球員是移民；英國足球超級聯賽的球員有三分之二是外國人。歐洲國家隊和球會球隊帶領各種全球運動，例如「反種族歧視」（No Room for Racism）、「給種族歧視紅卡」（Show Racism the Red Card），和「踢出去」（Kick It Out），向聯賽施壓要求對有種族歧視行為的球員處罰禁賽。不同於古老的宗教主張平等主義但暗藏階級差別和不公義，足球的教會是英才（或者商業）統治和包容的，不分人的種族或信仰。

從經濟人到工匠人（homo faber）

人未來將做什麼的答案相當大程度取決於他們遷移的地方。這凸顯出我們面對的主要挑戰不是人相對於機器人，而是技術相對於地理。即使當自動化消滅了數以百萬計的零售、物流、金融、法律和其他領域的工作，對能更新基礎設施和社會服務的人才的需求仍十分殷切。因此麥肯錫公司（McKinsey）的邁克爾·崔（Michael Chui）認為，大規模失業的對策是大規模再雇用。

行動文明需要有技術的人，不管他們有沒有大學文憑。一些最關鍵的領域面臨勞工短缺，例如營建業和醫療照顧，但興建或裝設模組房屋或為老年人做物理治療甚至不需要高中文憑。受高等教育者因此將遭遇一場完美風暴。二〇〇八年的金融危機和新冠瘟疫加起來已使數十所大學關閉，因為它們的成本超過它們的聲譽，或者它們未能數位化。到二〇二六年以後，還會有數百所大學消失。我們怎麼知道？因為在二〇〇八年嬰兒荒的十八年後，美國高中畢業生的人數將急遽下降。那些曾計畫在附近大學念書的人可能收拾行李永遠離開，加入那些沒有理由留在地方的大學雇員，他們將一起讓繁榮的城鎮變成沙塵暴區（dust bowls）。美國南方受到的打擊將最大，它占美國高中學歷者的近四五％，關閉的大學也將最多。（在德州，反正會上大學的高中畢業生也只有五六％。）南方將只有藉吸引願意提升這些荒廢社區的人——本國人或外國人——才能恢復地方的經濟。

行動專業人士也可以透過行動教育來訓練。許多年輕人開始記錄他們九年級後的學習履歷，從各種學術和職業課程、校內和校外活動，以及edX和Coursera課程的累積分數。有些人在還不到申請年齡前就已完成一套線上企管碩士（MBA）課程。大多數美國人認為在Google的實習履歷對他們的長期發展會比哈佛學歷有用。[21]谷歌六個月的新「生涯證書」等同於一張四年的文憑，並被各大公司承認。Lamda學院以它涵蓋資料科學、全端網路開發（full stack web development）、UX設計和其他領域的九個月課程，為畢業生安置科技業工作，讓他們從薪水償付學費。這些完全遠距教學的企業教材強調地理位置的重要性：它們的兼職訂戶會選擇他們負擔得起居住、工作和學習的地點。十年後的今天，將有遠超過四%的美國年輕人在家上學以善用這些課程。

今日的年輕人知道他們到任何地方都需要再訓練和提升技術。二〇二〇年，白宮廣告委員會發起一項「做新事」（Do Something New）運動，呼籲美國人利用見習生制度以尋找高薪工作如航太或風力渦輪技師、電腦硬體維護員或合格護理師。皇家特許測量師學會（RICS）招募土地開發、房地產管理、分析房地產利用資料，和策展混合用途空間體驗的人員時，有一套見習計畫。工業3D列印操作員的收入比一般學者高。

華盛頓、華爾街、矽谷和長春藤聯盟的未來世代計畫是，為創業家和小企業打造一個信用和科技平台的生態系。Z世代並不缺少雄心壯志。有金錢意識的X世代過去是用遊戲幣參加投資俱樂部和每週關注股市表現；現在青少年用真錢在羅賓漢（Robinhood）上交易。創智贏家（Shark Tank）這類節目大受歡迎，把「冒險」從一個動詞變成一項事業。在瘟疫爆發後，新事業申請案件比一年前激增七七%，顯示美國對創業的胃口極其巨大。

但成長或創新本身都不是目的。人們若不是打造事物、銷售事物，就是做事情：這些活動能有什麼更高的目的？我們的優先要務必然是擺脫千篇一律的現狀和開始打造未來，從5G基站到都市農場。打造永續而包容的棲息地這個任務將吸引厭倦於老舊基礎設施，並想製造有用的東西、而非只是消費無用東西的年輕人。約翰・謝利・布朗（John Seely Brown）所稱的工匠人（homo faber）——製造東西的人——將取代經濟人。駭客松（hackathon）是真實的。

人本身就有的資本

機器取代人類改變了馬克思所稱的資本「有機組成」。人不再是生產過程的元素，而科技是。過去需要人來操作機器，現在機器會操作自己，只需要很少或無需人的投入。但這不表示人力資本已無關緊要。當諾貝爾獎得主貝克（Gary Becker）提出人力資本的概念時，他是想量化美國二次大戰後幾十年擴張期的中等教育價值。後來經濟學家嘗試把人力資本精簡成像是勞動生產力的統計數字。但即使是像行動電信和雲資料儲存這類普遍存在的科技大幅提高我們的效率，生產力統計數字仍低估這些效益，因為這類科技幾乎是免費的。科技愈有生產力，我們就愈需要把人力資本想成是一種超越教育文憑和生產力統計數字的自我價值形式。

的確，人力資本已變成等同於一個人擁有的所有生活技能。亞里斯多德因此成為一個比經濟學基本原則更有用的賞識人力資本的起點。這位古希臘哲學家聲稱幸福（eudaimonia）——人的繁盛、福祉和快樂——是成功社會的關鍵成分。種類繁多的因素對這種社會幸福做出貢獻：民族精神、社會和諧和平等、教育和才能、秩序和安全。在這層意義上，人力資本可歸結為較無形的問題，例如：你作為一個人有多滿足？你在貢獻社會上多有用？像愛或其他無形因素一樣，我們可以這樣描述人力資本：你看到它就知道是它。

第四章

下一個美國夢

不被困住

在始於二〇〇七年的次貸危機發生後的十年，超過八百萬個美國家庭被趕出他們遭法拍的住宅。許多遭到嚴重打擊的家庭至今尚未復原，只能在今日被稱為「胡佛村」（Hoovervilles）或「川普鎮」（Trump Towns）的地方勉強度日。即使在瘟疫使美國人更加無力支付房租和繳納抵押貸款前，被逐出住宅和無家可歸者就已開始增加。擁有住宅者從金融危機前的七〇%高峰穩定下滑。在此同時，美國全國有近一千四百萬棟空屋，在都會區特別多。[1]如果所有美國的無家可歸者都有免費的住屋，所有囚犯都從監獄釋放，而且移民恢復到每年一百萬人——美國仍然會有過剩的空屋。

和全世界無數人一樣，美國人也被迫移動：當公司倒閉時，金融危機來襲，經濟體陷於衰退，他們必須尋找新工作，換較小的住宅，或遷移到別的城市、別的州或國家。*十多年來數百萬美國人從鏽帶和東北部遷移到生活成本較低的南部和西部，接受零售業、物流業或科技業的工作，離開物價過高的紐約、舊金山和洛杉磯，搬遷到丹佛、奧斯丁和羅里（Raleigh）。

雖然估計有二千萬名美國人在二〇二〇年遷移，但仍然只有很少人有能力搬遷以改善他們的生活前景。從一九四〇年代到一九六〇年代，隨著人口成長和向西擴張，每年有約五分之一的美國人遷移。不過，晚近國內的移民趨緩。諷刺的是，這是因為就業不足導致許多年輕人「困住」：他們應該遷移到住房、醫療照護和教育較便宜的地方，但他們負擔不起遷移。[2]今日有大量失業的年輕人再度尋找工作，他們將必須遷移才能找到工作。

美國夢需要重新定義。新的理想不再是擁有一個家，而應該是擁有移動性——讓每個美國人有能力前往任何他們必須去的地方，前往需要他們的技術和他們可以賺更多錢的地方。哈佛的切蒂（Raj Chetty）做的研究顯示，一旦家庭遷移到經濟機會更好的地方，他們的社經地位就可以在一代間改善。[3]因此，身體的移動是經濟移動的最佳路徑。

行動房地產

二〇一八年秋季，《Gear Junkie》雜誌編輯諾薩曼（Kyle Nossaman）和他妻子鎖上他們在明尼阿波利斯市高檔公寓的門，出發探險美國一年。他們走遍本土四十八州的大多數地方和幾乎所有國家公園。他們騎登山自行車和摩托車，野營和健行，探訪老朋友和結交新朋友，同時還繼續做他們的半職工作，一路上甚至還能存錢。而且他們在這段期間甚至未搭乘飛機——因為他們開車並住在自己改裝的學校巴士上。[4]

疫情封鎖對美國的零售業來說是一場攸關生存的災難——除非你正好賣的是行動住家。

---

* 那些離開郡的人往往與失業有關（從事新工作或搬遷以尋找新工作），在郡內遷移的人則與住宅較有關（尋找更好或更負擔得起的房子）。

霍爾工業（Thor Industries）的大型露營車銷售在疫情封鎖結束後激增，賓士（Mercedes）甚至在美國推出它多年來在歐洲備受歡迎的Camper（可睡四人）。房車工業協會（RVIA）報告這段期間的銷售比二〇一九年同期激增近二〇〇%。[5]拖車住宅崛起成為一種時髦的、具成本效益且可長期持續的傳統住宅替代品。像是Instagram上的#skooliebus（以翻修校車成為行動住宅為主題）和Pinterest上的「微型房屋」（tiny houses）等運動，凸顯出行動住宅和極簡主義生活愈來愈流行。

拖車住宅是新美國移動性的終極象徵。二十五%的行動住宅擁有人為千禧世代，而他們和Z世代愈接近買房子的年齡，行動住宅的銷售也將更熱絡。[6]換句話說，年輕人正有意識地選擇不買房子（反正他們也買不起），而是買行動住宅。他們目睹金融危機摧毀他們父母房子的價值，無怪乎他們對移動性比房地產更有信心。[7]我們是否正在見證美國夢迎向量子時代的再造？

行動住宅是美國傳承的一部分，但也將是美國的現代和未來一個令人意外的特性。老一世代的房車居民已經漫遊於美國，尋找能提供現金和食物的零工，他們往往遭到像移民勞工那樣的剝削，正如布魯德（Jessica Bruder）在她的書《游牧人生》（*Nomadland*）所記載——它改編成的電影贏得二〇二一年的奧斯卡最佳影片獎。拖車住宅社群有一種現在也吸引年輕人的認同感和安全感。史坦南（Gloria Steinem）的回憶錄《路上人生》（*My Life on the Road*）回憶亞利桑納州有一個自豪地僅供女性的拖車公園，裡面有以葛楚·史坦（Gertrude Stein）和愛蓮娜・羅斯福（Eleanor Roosevelt）為名的街道。對女性或LGBTQ（女同性戀者、男同性戀者、雙性戀者、跨性別者、疑惑者）社群來說，拖車公園提供了有大門住宅社區的氛圍，但沒有那樣的高價標籤。隨著美國的學齡孩子減少，有許多校車可供購買——雖然它們的引擎最好能從柴油改裝成電動。

「行動房地產」本身正在變成一種資產類別，在洪水可能捲走你家、大冰雹可能打穿屋頂，或你的車道盡頭可能塌成陷坑的地方是明智的投資。如果你的住宅是一輛大車就沒有這類問題。Sealander公司出產的拖車配備一具馬達，可將它變成一艘船，適合在洪水地區航行。特別是如果你不知道下一個工作在哪裡，一間行動住宅意味你隨時可以搬進去住。移動是再創新的終極表現，也許也是最有效的表達。

美國的年輕人應停止把自己鎖在他們既不需要、也負擔不起的家——如果它們不在需要他們的地方。反之，我們應該為一個永久移動的時代而設計和建造房子。房地產業者繼續把水泥倒進偽豪宅（McMansions），甚至宣稱全美國還缺少二百五十萬棟住宅。但他們的水晶球有沒有告訴他們五年後人們想住在哪裡？他們知不知道工作會在什麼地方？他們確定自己是在氣候韌性（climate-resilient）地區蓋房子嗎？

人口減少的大趨勢意味房地產價格將無可避免地崩跌，而且來自預鑄屋的競爭將使房價跌得更低。美國聯邦住屋貸款抵押公司（Freddie Mac，簡稱房地美，其主要任務是提供流動性給住宅市場）已推出一連串方案以鼓勵初次買屋者投資遠為便宜的預鑄屋——儘管這可能讓市政當局和銀行承受數兆美元房貸呆帳。難怪像巴菲特（Warren Buffett）等投資人默默地變成像Clayton Homes這種預鑄屋製造商的最大股東之一。即使是在物價較便宜的州，一棟預鑄屋的成本仍不到一間雙臥房公寓的一半，而預鑄屋的租金則只要公寓的三分之一。[8]

預鑄屋革命最棒的一點是什麼？它們可以用卡車交運——而且也可以移動。3D列印的微型房屋時代已經到來。亞馬遜銷售自助蓋房子組合，價格低至二萬美元，而且可以太陽能供電或連上地方的電力網。Mighty Buildings的3D列印「casitas」預鑄屋或「祖母小屋」（granny flats）可以搭蓋在後院，出租給數百萬名年老的低所得租屋者或預算拮据的年輕人。Boxabl和Ten Fold等公司生產的房屋，可以在幾分鐘內伸展成貨櫃的三倍大小。數百萬個廢棄的船運貨櫃本身可以輕易翻新成行動住宅。一家愛沙尼亞的新創公司建造拖車交運的預鑄屋單位，可以作為住宅、辦公室、商店、儲藏間、咖啡館、社區活動中心，或許多其他用途。這一切只需要一塊平坦的空間供它們搭蓋起來。

哪些國家將提供土地、補貼成本，甚至提供公共服務給3D預鑄屋營地？荷蘭和法國已成為這種進步主義社會政策的領導國家，而瑞典家具製造商宜家家居（IKEA）和營建公司斯堪斯卡（Skanska）已合資創立BoKlok公司，並在斯堪地那維亞興建超過一萬棟房子。在英國的試點計畫中，新住戶支付給BoKlok他們負擔得起的金額。你可以從宜家家居購買整棟住宅，而不是買宜家家居的東西塞滿你的家。

可移動的住宅正在透過結合3D列印、再生材料和自動生產效益的全新生產程序，創造新的生產線。對在危險地理區的人口擁擠國家，軟體銀行（SoftBank）投資的Katerra公司設計預鑄房屋，並可以在很短的時間興建整座城鎮，而Icon公司已在墨西哥以3D列印打造整個村落，並為奧斯丁附近住在帳篷的遊民蓋堅固的房子。但有一個原因讓這些住宅的設計必須能抵抗災難：居住者可能必須再度遷移。能自給自足、太陽能供電的貨櫃屋可以裝上輪子以順應上升的潮水，採用可攜式廁所，並以微生菌而非水來把人的排泄物轉變成無味的肥料。（這些方法已被用在埃佛勒斯峰上。）這在一個季節性移民的世界來說是極其必要的做法，因為氣候變遷和自然災害就像職業偏好那樣能決定我們住在哪裡。對那些選擇住在移動住宅作為一種生活方式的人，建築師正在設計漂亮的微型房屋，裡面有燃木爐、太陽能電力、屋頂集水器、堆肥式廁所、分隔廚房、臥房、起居間，和大窗戶。它們的擁有者可以在Instagram上發表每一張新風景照片。

流暢的移動性造就偉大的國家

移動性對日常生活不可或缺的程度因為它本身的可預測性而被忽略：通勤上班或走路上學。但即使在單一的地方，移動性攸關我們的福祉。大多數繁榮的城市有綿密的大眾運輸網絡，像是火車和巴士，和端對端共乘平台，它們同時運作構成一個都市的移動系統。對照之下，在道路擁擠和公共運輸落後拖累個人和國家（經濟）健康的城市，移動性是一大苦惱。

往返於主要都市中心的通勤是數億人和整個國家經濟日常仰賴的血脈。紐約和洛杉磯是美國兩個最重要的人口和經濟中樞，兩者都依賴數百萬勞工往返移動於住家和辦公室，以及進出郊區。在黎巴嫩、喬治亞或阿聯等小國家的任何一天，有超過一半的全國人口通勤往返於首都或最大的商業城市，白天賺錢，晚上把錢帶回較貧窮地區的家裡。

流暢的移動性造就偉大的國家。美國的州際公路系統為數百萬美國人移民到西部鋪路，並為美國跨越大陸的廣闊感到自豪。德國的高速公路（Autobahn）不只是一個不限速公路網絡，它更是加速該國創造戰後經濟奇蹟（Wirtschaftswunder）和目前扮演歐洲經濟引擎的動脈。而中國的高速鐵路網絡綿密的程度更甚於歐洲，讓中國人得以在他們的整個疆域暢行無阻。

順應氣候變遷的大趨勢

隨著遠距工作在瘟疫期間開始普及，曼哈頓的金融業富豪立即在免稅的佛羅里達州搶購海灘房地產，以便他們盡可能花少一點時間在他們紐約的高樓大廈。佛羅里達的「跟隨陽光」運動大獲成功——但這些行動菁英多久以後就會被迫放棄他們的海岸豪宅？

自然災害正迫使愈來愈多美國人遷移。隨著海平面上升懲罰大西洋和太平洋沿岸地帶，沿岸生活正從成年禮轉變成有欠考慮的冒險。美國人口最多的四個州——加州、德州、佛羅里達州和紐約州——都面臨氣候的威脅。在資產價格面臨風險最高的全球海岸城市中，紐約和邁阿密分別排名第一和第二。紐約尚未做好準備以因應像珊迪（Sandy）這種可能淹沒其地下鐵和街道的超級颶風，它也未升級在二〇一九年熱浪來襲期間大規模斷電（並導致取消一項重要的鐵人三項運動比賽）的電力網。邁阿密的南灘、市中心，甚至連接其港口的新隧道都曾被淹沒；佛羅里達礁島群將沒入海裡，因為那裡的住戶太少，不值得花錢升高其道路。心理和經濟的衝擊可能遠為巨大：每次有氣候災難從佛羅里達傳出，計畫到那裡置產或旅遊的人就愈減少。

不過，佛羅里達可能成為愈來愈多加勒比氣候難民的家，正如它曾收留二〇一〇年海地大地震的許多受害者。在二〇一七年颶風瑪莉亞造成重創後一年，有超過二十萬波多黎各人逃到美國大陸，其中大部分人永遠留在美國。儘管巴哈馬從觀光和境外金融獲得大量收入，大巴哈馬島（Grand Bahama）在二〇一九年颶風多利安後被宣告「死亡」。該國的四十萬名居民中有數千人已移居到佛羅里達和其他州——也許最後所有人都會如此。

一百多年前，數百萬名解放的黑人佃農往北遷移到中西部，造就了美國史上的大遷徙（Great Migration）。在二〇〇五年卡翠娜颶風迫使近十萬名貧困的路易斯安那州黑人居民離開該州——在該州拙劣的處理新冠疫情後，也許還會有更多人出走。像亞特蘭大、達拉斯、夏洛特和奧斯丁等城市，已開始接收來自美國南方其他地方的氣候移民。[9]下一波大遷徙正在加速中。

每次有一個美國家庭喪失一切，他們就很可能遷移到其他地方。大片的美國房地產已不值它們的價格——十年後肯定還會更不值。隨著海平面上升，位於從康乃狄克州到路易斯安那州「新海岸」的城鎮將必須提高稅率，以支應興建海堤的經費——而且由於災難保險愈來愈少，它們將必須自己花錢建海堤。美國環境保護署最近把阿拉巴馬州、密西西比州、佛羅里達州、喬治亞州和南北卡羅來納州，列為對氣候危險準備最不足的州，因為颶風已能從美國的大西洋岸和墨西哥灣岸入侵到很遠的內陸。但密蘇里河和密西西比河造成的內陸洪水也折磨二十幾個州，沖毀道路和橋梁，破壞無數住宅，甚至危及核子發電站。根據貝萊德（BlackRock）的報告，大多數密西西比州以西的美國房地產位於潛在水患區。大平原州如達科他州、內布拉斯加州和奧克拉荷馬州是美國的麵包籃，是玉米、黃豆、棉花和苜蓿，以及牲口（牛、豬、羊、雞）的主要生產州。但雖然它們遠離海岸，卻是洪水——能改變種植季節——和夏季熱浪交相侵襲的地區。整體來看，這些氣候風險已使產物保險難以負擔，或者沒有業者願意承保。房地產擁有者和勞工已自己計算出數字：遷移更划算（也更明智）。

美國聯邦政府終於採取一種務實的立場。經過從二〇〇五年以來與災難有關的支出高達五千億美元後，適應不再是划算的做法。聯邦緊急事務管理署（FEMA）、美國住房及城市發展部（HUD）和陸軍工兵部隊（ACE）等機構，正聯手推行一項受威脅海岸地區「大規模移民或重遷置」的計畫，特別是在大西洋岸和墨西哥灣岸。接下來它們將徵收土地、拆除有危險的房屋，並提供收購以鼓勵居民遷移。[10]

金融業愈能量化氣候風險，就愈能激勵移民決定。嬰兒潮世代已開始重新考慮退休的地點，一方面是為了自己，一方面是為避免把貶值（或不存在）的資產交給子女。年老的美國人往往希望選一個安養天年的地方，但這已變得愈來愈不容易。過去退休意味搬到海邊去住，現在它愈來愈像應該搬往內陸或進入山區。

美國和加拿大的人口密度圖提醒我們有多大的空間可以供我們分散，以尋找可耕種和生活的地理區。和大部分工業化國家一樣，三分之二的美國人口居住在只占三%全國土地的城市。一半的美國人口住在九個州——但到二〇三〇年、二〇四〇年和二〇五〇年，他們將不會住在同樣那些州。哪些美國的州能同時符合氣候韌性、創造就業，和實施美國年輕人尋找的進步主義政策的條件？

雖然加州已率先採取自由主義治理，甚至（諷刺地）實施減排規定，該州卻還沒有做好因應氣候挑戰的準備。美國西部已歷經二十年的嚴重乾旱，熱空氣吸收更多地面的水分，加上降雨減少，把加州和它南方的內華達州和亞利桑納州變成火絨箱。氣溫逐年升高和愈來愈頻繁的嚴重野火，意味加州同時面臨水、能源和住宅危機的問題。從灣區到洛杉磯，成千上萬棟不分貧富的住宅被燒成焦炭，保險公司延遲支付數十億美元的理賠金。加州公用事業太平洋天然氣與電力公司（PG&E）為避免野火擴散和燒壞電纜線而預先切斷電力，但也阻止住戶把電源轉換成離網太陽能，以便該公司可以繼續收電費，導致包括一些美國最富裕地區在內的用戶數日無電可用。在此同時，洛杉磯郡繼續批准在最易發生火災地區的新屋營建，但愈多好萊塢製片場和電影業者受到氣候變遷或新冠病毒影響，就可能有愈多娛樂業菁英遷往提供稅務優惠和較健康生活方式的歐洲國家。

加州正變得像大西洋岸和墨西哥灣岸的城市：變成一個生存社會，一個仰賴自我重建的經濟體。加州為農業而抽取愈來愈多地下水，以彌補內華達山脈融雪和降雨日益減少。但除非加州藉由注滿米德湖（Lake Mead）和鮑威爾湖（Lake Powell），並增加海水淡化來解決水危機，住在加州將變得愈來愈是一項負債而非資產。對許多人來說，離開加州並在其他較便宜的地方重起爐灶就經濟來說更划算。加州一直以來是美國的應許之地——但它已不再是。

許多加州人已遷往西部內陸，但從蒙大拿州的冰川國家公園到加州優勝美地（Yosemite），他們選擇毗鄰的主要公園已經因為野火而連續關閉數個月。該地區的管理當局將需要更多經費吸引來自海岸的新移民——並避免他們的新住家像他們離開的加州舊家那樣被燒毀。杜克大學的研究人員為每個美國居住區的複雜性建立模型，用以預測人、當地動物、土壤和植物、林木覆蓋、排放和我們生態系其他元素的相互作用，證明我們視為「正常」的微妙平衡多麼容易受到氣溫升高、居民人數或其他因素的影響。[11]當我們移動時，我們也帶來危險。

在這波氣候刺激的居住區競賽中，落磯山脈地區似乎脫穎而出。科羅拉多州擁有高海拔、水資源和吸引愈來愈多千禧世代的進步主義政策。丹佛已擴建其機場，興建一個市中心的輕軌網絡，並推出一個世界貿易中心商業園區。科羅拉多州的滑雪季愈來愈短，但它一年四季都吸引登山健行和參與文化節慶的人。波德（Boulder）拒絕高樓建築，增添了它作為「美國最快樂城市」的氣息。[12]但隨著氣溫上升，科羅拉多州也面臨冬雨和快速融雪、夏季更加乾旱，和供應美國西南地區四千萬人的科羅拉多河河水減少的問題。雪是科羅拉多州最重要的水源，如果降雪減少，該州將面臨嚴重的缺水問題。

在中西部，麵包籃州如內布拉斯加州、堪薩斯州和奧克拉荷馬州，也面對地下水快速耗竭的問題，特別是美國南部和墨西哥是世界最缺水的地區。但也有例外。美國最繁忙的港口城市兼石油首都休士頓每年人口增加約十萬人，但它的排水系統可以追溯到它幾乎沒有任何降雨的時代。難怪休士頓有許多地區還沒有從二〇一七年的颶風哈維和二〇一九年的熱帶風暴伊梅爾達（Imelda）復原，它們都帶來五呎高的洪水。

氣候變遷的複雜性意味我們無法保證任何地方不會發生極端氣候事件。例如，大自然保護協會（Nature Conservancy）二〇二一年的報告指出，長期被忽視的阿帕拉契山區是對抗氣候變遷的「自然堡壘」。在過去，人們可能以為登山季節會更長、滑雪季節會縮短，而中期來看不會有重大的不利影響。然而較晚近的研究顯示，阿帕拉契山脈實際上會出現氣溫大幅上升、生物多樣性減少，和森林火災事件增加。

大湖區附近一個約略的長方形，從明尼阿波利斯下至西部的堪薩斯市，往東到匹茲堡，然後往東北到波啟浦夕（Poughkeepsie），並與北方加拿大的魁北克省和安大略省等經濟大省為鄰，這個更大的鏽帶地區從金融危機以來一直流失人口，但未來將因為氣候移民而重獲人口。今日的伊利諾州是個財政破敗的州，而芝加哥是美國最赤貧的大城市——一旦美國人再度湧進這個地區以尋找更穩定的氣候，這些問題將迎刃而解。明尼蘇達州的杜魯斯（Duluth）已贏得「氣候避難所」的稱號，並據此重新打造自己，以提振其不到十萬的人口。[13]俄亥俄州托雷多（Toledo）居民深知他們居於有利的地理位置，正推動一項「伊利湖權利法案」，讓他們可以控告汙染者。帶進更多居民而不先強化環境保護即使不是犯罪，也是個嚴重的錯誤。

其他氣候韌性地區也正翻新自己，準備迎向作為新工業中心的未來。明尼阿波利斯市和堪薩斯市正招募新創公司，代頓（Dayton）正重振其歷史久遠的市中心區已關閉數十年的拱廊（Arcade）。廢棄的企業城鎮如水牛城正吸引阿拉伯的尋求庇護者、波多黎各氣候難民，和剛下船的印度家庭。羅徹斯特（Rochester，紐約州的第三大城市）和匹茲堡（三十幾個高等教育機構的家，包括卡內基美隆大學）等大學城，正加倍投資於創新園區，並更新它們的水管和汙水處理廠，以迎接未來的人口。密西根州安娜堡（Ann Arbor）的大學人口占其十二萬人口的三分之一多，它也必須採取這些措施，因為這些大學城很適合吸引來自南方的學者和氣候難民。密西根州大急流城（Grand Rapids）的都會區有近一百萬人口（從二〇〇〇年的七十五萬人開始增加），而且正為汽車業和生物醫學業的各種技術人員建立一個生態系。

這對一直很難出售哈德遜河谷（從北威斯特徹斯特到奧爾巴尼）的住宅的退休者來說是一個諷刺。雖然我們可以了解年輕人家庭沒有足夠財力投資於紐約市通勤範圍以外的較大房子（尤其是因為從ＩＢＭ到百事等公司已縮編它們的總部），但很少地理區能提供高海拔、水資源、森林覆蓋、安全和其他優點的綜合條件。氣候變遷和新冠疫情預告了這種氣候適居地區的重生，因為新的遠距工作階級尋求多樹木和寬闊的郊區生活。即使在新冠疫情前，聰明的州如佛蒙特州已推出稅務優惠計畫以吸引遠距工作者。奧克拉荷馬州土爾沙（Tulsa）發給新遷入者每人一萬美元。其他低生活成本的州如阿拉斯加州、田納西州、愛達荷州、懷俄明州和北達科他州，也可以效法這類做法。

人們也會搬遷到在氣候危機後管理當局採取應對措施而非放任不管的地方。波士頓預料到二〇三〇年每年將出現三十天的高潮期洪水，而羅根機場（Logan Airport）將成為美國最快沉沒於海面的地方之一。[14]波士頓市當局現在正計畫收購和重劃土地以興建一座新機場，雖然遭遇到地方的政治阻礙。對照之下，人們最好避開人口流失和面臨連串市政破產的州；它們將與聯邦政府抗爭並將受挫，它們無以為繼的公共服務將進一步敗壞。從北卡羅來納到德州，一些小城鎮已因為州放棄它們而不再收集垃圾，而大城市只提供經費給自己的道路和下水道系統。

美國基礎設施更新的經費不足達到驚人的程度，這種情況可不可能出現逆轉？今日的美國有數十萬座年久失修的橋梁、水壩和電力纜線。美國來自風力和太陽能等再生能源的電力不到一〇%，並且有三個不同的電力網（東部、西部和德州），實施綠色新政（Green New Deal）似乎遙遙無期。但新基礎建設計畫可能納入氣候評估並把再生能源電力列為優先項目，而從南達科他州到密蘇里州、再到賓州地區的道路和住宅區則是最可能人口增加的地區。先翻新這些地區可以讓美國未來的地理區更容易整合。

新社交距離

當疲弱的經濟與無精打采的年輕人和瘟疫偏執狂碰撞時，美國的主要城市會發生什麼事？早在新冠疫情爆發前，上升的房價、錯誤的移民政策，和全球的數位勞動人口就已足夠讓創業家施尼瓦桑（Balaji Srinivasan）預言矽谷的「退場」（exit）。這場「科技出走」（tech-sodus）已進行多年，許多公司在矽谷募資，但把它們的人力分散到全球。無數科技主管把公司遷移到溫哥華，並稱不列顛哥倫比亞省為「新加州」。然後新冠疫情再迫使大型科技公司採用（永久的）遠距工作，刺激一波矽谷住宅出售的熱潮。為了留住矽谷的人才和他們對公司的忠誠，大科技公司不惜提供所得分配契約和貸款，以協助員工償還他們的學生貸款並儲蓄以購買房子。[15] Google、臉書、蘋果和其他公司也已承諾斥資四十億美元在灣區興建住宅，但實際的需求是這個數字的二百倍。不管如何，年輕人不情願被公司奴役，而且在心理上已感到耗竭。他們珍視都市的氛圍和社區，但如果他們必須過著看別人臉色的生活，那就不值得追求。

紐約市和洛杉磯的情況很類似，但規模遠為更大。近幾年來紐約和洛杉磯兩大都會的人才外流因為一群雄心勃勃、富於冒險精神或富有的年輕人移入而趨緩，但大企業總部仍持續縮編，轉向採行較小的衛星辦公室和遠距工作——數位化戰勝群聚效應的證明。在瘟疫前，只有四%的美國勞動力是遠距工作者，這個數字在未來幾年可能增為四倍或更多。許多公司寧可支付薪水或提供顧問合約給家中有高品質連線的遠距工作者，而不願花錢在昂貴的商業房地產上。

那麼，年輕人偏好哪些類型的地方作為他們的生活中心——他們睡覺、交朋友和打發閒暇時間的地方？美國有二十幾個主要都會區，每一個都致力於保有和提升它們的特性，以促進它們的適居性和吸引新居民。千禧世代和Z世代正變得更精明，知道要先計算他們的稅後生活成本才決定在哪裡找工作。[16]他們已經在新罕布夏州、密蘇里州和愛達荷州購買房子，並助長鹽湖城、亞特蘭大、印第安納波利斯和鳳凰城的科技業茁壯。[17]另一個成功模式是所謂「十八小時城市」的模式——例如丹佛、夏洛特、納許維爾、波特蘭、聖安東尼奧、亞特蘭大和聖地牙哥——它們的市中心區有活躍的下班後文化。[18]拉斯維加斯也以全服務業的生活方式中心吸引追求刺激的年輕人，例如十五區（AREA 15）的快閃零售和未來主義娛樂。明尼阿波利斯公布一項二〇四〇年計畫，將藉消除偏袒單親家庭住宅的分區制和興建更多平價住宅來減少住房不平等。這些城市可望成為符合未來地理區的全國模範。

當美國人在國內移動時，他們帶來商務和投資的密度升高。紐約州和加州的中小型企業占全國近一半，但它們正被低稅率的「太陽帶」（sunbelt）市場所吸引，例如德州、佛羅里達州、北卡羅來納州、科羅拉多州和喬治亞州。而西岸和波士頓不再獨占所有的創投投資和科技工作，因為奧斯丁、匹茲堡、納許維爾和夏洛特正逐漸擴張成為像亞馬遜這類藍籌公司的生活實驗室。[19]它們也吸引像Plug & Play或500 Startups等科技孵化所。AOL創辦人凱斯（Steve Case）的Revolution正專注於在美國被忽略的城市建立科技生態系。

今日美國的州可區分為低稅率和低監管（例如德州），以及高稅率和高監管（例如加州），但那些在未來可望致勝的州將是低稅率和高監管，例如華盛頓。西雅圖是美國五十個最大城市中人口增長最快的一個，但它藉大舉投資在鐵路、公車和腳踏車道而保持交通流暢。設在西雅圖的大公司如波音、微軟、亞馬遜和星巴克，以及在它們生態系中的成千上萬家較小公司而自成一個世界，推升該市變成美國十大都會—區域之一。

都市生活成本升高、疫情封鎖和遠距工作盛行，也可能帶來一波顯著的郊區復興。隨著大城市流失居民，郊區可望振興而成為高薪遠距工作主管的全天候綠洲。新冠疫情造成近五十萬名富人從都會中心出走到紐約外圍漢普頓（Hamptons）和卡茨基爾（Catskills）、舊金山以北納帕谷的第二個家，歐洲人則出走到大西洋和地中海沿岸。在那個夏季，成千上萬紐約市大區的居民在紐約上州、長島和新澤西添購住宅，計畫永久遷出該市。過去是度假屋或鄉間小居的房子現在被重新翻修（特別接上光纖寬頻網路），變成遠離都市封鎖和抗議的主要居所。過去大城市居民常得意地向他們的鄉下親戚談論都市較高品質的生活，現在情況可能相反。或者也有一些例外：一些人在二〇二〇年夏季逃離舊金山到納帕谷，但因為野火而被迫疏散回舊金山。下一個侵襲東北部的超級風暴可能也不會放過漢普頓。

在此同時，即使有一〇%的人口從城市遷移到郊區也會對美國二十七兆美元的房地產市場造成重大衝擊。如果郊區變成寬敞的全服務業區，而且有更高密度的活動，那麼新郊區居民將把城市視為使用者付費的地方，並把他們的稅款用於加強所在郡的社區和學校。年輕人尋求有魅力的社區，而隨著他們遠離大城市生活，小鎮美國的理想也變得愈來愈有吸引力。

不管如何，許多千禧世代從金融危機後的主要去處是他們父母家的童年臥房。現在他們的Z世代兄弟姊妹也加入他們的行列：截至二〇二〇年九月，美國的年輕成人有五二%和他們的父母同住。對那些負擔不起搬出去的人來說，遠距工作可能提供足夠的誘因讓他們繼續住免房租的房間，雖然可能幫他們的父母支付部分抵押貸款。美國的住宅蓋得愈來愈大，而家庭則愈變愈小，但郊區的家庭住宅有可能再度變回能負擔得起的多世代共居的窩。許多年輕人最後將變成郊區的服務工作者——烹飪、清潔、當保母、健身訓練員，和為新遷入者從事服務。類似Tinder的應用程式將撮合各郵遞區號的年輕人與工作機會。年輕人沒有別的選擇，只好跟著錢移動。

誰才是未來的美國人

美國令人敬畏有許多原因——它的遼闊、財富和自由。但文化震撼不應該是原因之一。畢竟，美國有世界最多的移民人口，來自地球每個角落的逾五千萬人。不管你們來自哪裡，在美國你一定找得到和你相同的社群。

所以，一個很普遍的迷思就是減少移民可以讓美國專注於改善種族關係和提高就業率。

幸運的是，雖然由上而下的觀點決定了減少移民的政策，由下而上的現實卻是持續擴增的移民。回顧一八八二年的排華法案（Exclusion Act）禁止中國人移民數十年，但中國人在今日的美國仍是亞洲人口最多的族群，而且亞洲人整體來說是新移民中增加最快的群體。亞裔美國人從十九世紀的霍亂爆發到二〇二〇年的新冠疫情一直是種族歧視攻擊的目標，但他們的人數持續膨脹到超過二千萬人。

白人民族主義可能是美國政治一股強大的力量，但它未能改變只有二九%的年輕美國人是白人基督徒的事實，而且到二〇四五年，黑人和西裔美國人加起來預料將占美國總人口的一半以上。雖然只有一八%的嬰兒潮世代是非白人，四八%的Z世代卻是非白人（特別是黑人、拉丁人或亞洲人）。白人民族主義者和自由好戰組織如驕傲男孩（Proud Boys）；以在新冠疫情封鎖期間揮舞著武器衝進國會大廈出名）告訴自己，他們已變成被美國遺棄的人，並在《信息戰》（*Infowars*）、《美國復興》（*American Renaissance*）和《風暴前線》（*Stormfront*）等網站尋找不滿者的支持。逐漸壯大的新納粹團體The Base正尋求打入Z世代的社群平台如iFunny，試圖招募好奇的成員。不管是限制移民必須是白人，或以雅利安國（Aryan Nation）取代聯邦政府，白人民族主義的目標和伊斯蘭國（ＩＳＩＳ）想變成一個新全球哈里發一樣真實。

一個對國家認同有高度共識的社會會有吸收更多移民的集體信心，但如果一個國家（再也）無法對它的身分認同達成共識，那麼它對有關移民的辯論勢必陷於分歧。但年輕人當然不是怪罪移民造成犯罪或全球化導致工作流失的人。蓋洛普（Gallup）二〇二〇年在美國的調查顯示，美國人對開放更多移民的支持度達到歷來最高的水準——七七%。[20]這不應該令人意外，因為就是數十年的移民擴增使得年輕人成長於遠比老一輩記憶所及更種族多樣化的國家；年輕人並不光從種族的角度來看民族性。在二〇二〇年，黑人、拉丁裔、亞洲裔、阿拉伯裔美國人競選國會議員的人數達到破紀錄的三百人。

分歧的認同政治正在傷害美國的證據之一是，過去的「紅」州如科羅拉多州、亞利桑納州、喬治亞州、佛羅里達州，甚至德州，正因為受過教育和多元的年輕人流入它們的城市而開始向更「藍」傾斜。德州的問題不是本地白人和移民整體相處得如何，而是墨西哥裔和印第安人相處得如何——而在聖安東尼奧的答案似乎是：還不錯。更大的問題是白人民族主義：德州的槍擊事件比任何其他州多。被寧靜的風景吸引的移民蜂擁進入俄勒岡州和華盛頓州，卻遭遇到右翼好戰組織和安提法組織（以及持槍的牧場主和警察）的暴力對待。美國漫無章法的處理新冠疫情和黑人佛洛伊德（George Floyd）事件抗議風潮點燃的社會騷亂，導致許多移民對決定來到美國悔不當初。

不過，整體來說，拉丁裔和亞裔移民對在美國的新生活充滿熱情。根據卡托（CATO）研究所的調查，四分之三歸化的移民說他們對身為美國人感到「很自豪」，這個比率高於土生土長的人。[21]印度移民變成愛國的美國人的程度，甚至達到印度的右翼RSS印度運動（RSS Hindu movement）認為他們有許多是叛國者。他們也強化「美國價值」，因為他們較可能維持婚姻、是雙薪家庭，以及上大學。任何非種族歧視的「美國身分認同」觀點都應該完全同意移民更新了美國的本質。

在當前移民減少的趨勢下，很可能富裕的美國人（都市白人和亞洲人）將與美國的其他族群脫鉤。高科技製造業的復興將自動化大多數工業生產，但也帶走大多數低薪非裔美國人從事的基本零售業和物流業工作。拉丁人和白人的情況可能不同。非裔美國人在主要城市被邊緣化將使（又）一代失落的年輕黑人無法在他們的貧民窟以外的地方興盛。隨著白人和少數種族混居，異族通婚也已加速，但白人家庭遷出的鄰區逐漸出現更多黑人、拉丁人和亞洲人，也促使白人離開（白人害怕亞洲人在學校的勤奮用功）。[22]美國因此同時變得更種族混居，也更貧民窟化。低技術移民被容許進入美國來照顧老年人，但有一億以上的美國人需要政府的濟助來獲得基本的醫療和住房。美國人將區分為住在新中世紀飛地的養尊處優者，和被剝奪公民權—聯邦化的其他人，不只是在政治上如此，而是在生活的每個面向。這個美國將變更大，但不會更富裕。

情況可能繼續惡化，直到最後出現轉機。但「轉機」會是什麼樣子？一個比其各部分的加總還大的美國，會透過大規模的基礎設施投資、技術和移動性來再造自己，把它的財富轉變成所有人的機會。而且它將擁抱人口的更新。兩百多年來，移民讓每個世代的美國人更加多樣化，也讓國家的認同意識更加緊密。在今日的美國，你無法輕易判斷誰是和誰不是「美國人」。也許要到最後一刻美國才會發現，最好的方法是讓人們進來變成美國人，而不是預先決定外國人夠不夠美國。根據學者安德森（Benedict Anderson）的說法，民族是「想像的社群」——而每個世代有權利想像一個新的社群。

年輕人，向北走！

當美國為移民政策而動盪時，它北方幅員遼闊的鄰國卻很少這類爭議。加拿大已進入移民的大聯盟，每年接納近三十五萬移民以充實其總數三千萬的人口——以比率看遠高於美國。加拿大的「世紀倡議」明訂出人口一億的目標——到時候加拿大的人口很可能超越俄羅斯。加拿大會是二十一世紀的移民磁鐵嗎？

在一九七〇年代，加拿大的主要國內文化分裂圍繞著半自治的法語省魁北克。杜魯道（Pierre Trudeau）政府倡導的加拿大認同不僅涵蓋盎格魯—法國的雙重性，而且納入所有少數民族，例如原住民因紐特人和愈來愈多的南亞人。從那時候開始，數世代的加拿大人成長在一個官定多文化的國家中。多文化主義是加拿大的認同意識，對新加拿大人授予公民權的儀式有時候在曲棍球體育館（在加拿大最類似大型教會的地方）舉行，有許多群眾呼喊著歡迎他們的新同胞。加拿大人知道他們現在接受的移民會在社會工程上做出重大貢獻。若要讓這個實驗成功，國家的政治與社會支持將必須阻擋刺激美國和歐洲政治的民粹主義。加拿大也將需要一套戰略性的人口計畫，可以超越杜魯道家族的願景和魅力——包括杜魯道父子。

加拿大體現了移民政策就是經濟政策的真實。它老化的人口需要照顧者；它的東部和沿海省分需要新工業的更新，從資訊科技業到水力發電；它冷凍的邊疆需要勤奮的工人來開發，而連接其油田與農地到全球市場需要新油管和一個龐大的貨運鐵路網絡。但現在沒有足夠多的加拿大人來做所有這些事。加拿大目前的人口有五分之一是移民，他們占人口成長的大部分——很快將占全部——尤其是南亞人和中國人。如果加拿大繼續朝向這個高移民的方向，到二〇三六年一半的人口將是在外國出生的，或至少雙親之一是移民。加拿大預測的未來是「半棕半白」的。

大多倫多區的城市布蘭普頓（Brampton）已經是棕色人口多於白人。布蘭普頓的旁遮普人沒有設立自治的飛地，反而正競選公職並要求在公共部門的職位占有更大比例。下議院中一五％的席位由有移民背景的議員占有，顯示出加拿大已無法逆轉地邁向混種的未來。

加拿大對變成一個非白人占多數的國家遠比美國更能接受。加拿大也可能在下一波的移民—創新浪潮中領先各國。加拿大正在招募人才以追求經濟多樣化，而印度人是最容易的目標。從二〇一六年到二〇一九年每年移民加拿大的印度人增加一倍多，達到近九萬人，超過移民到美國的人數。批評川普二〇二〇年以行政命令停止H1-B簽證計畫的人，稱該命令為「加拿大的就業創造法案」。接下來加拿大可能吸引矽谷五十萬名印度裔的居民。美國的民族主義者不應該認為國內的創新與多樣民族的人才無關。沒有後者，有許多前者不會發生。

愈來愈多美國人已被加拿大模式喚醒。畢竟，「加拿大夢」比美國夢更容易達成。加拿大不但是一個系統化的大規模移民和同化的研究案例，也是實驗減少不平等的政策實驗室。加拿大的社會移動性（social mobility）遠高於美國：近二〇%的美國人出生於貧窮線之下，加拿大的這個數字不到八%——加拿大政府給無家可歸者住宅，給飢餓者工作。另一方面，美國將在十年內經歷第二次驅逐危機（eviction crisis），將使貧窮和飢餓問題更加嚴重。

美國人和加拿大人兩個世紀來可以輕易穿越兩國長長的大洋間邊界，一百年前大規模農耕的擴張吸引七十五萬名美國人到亞伯達（Alberta）、曼尼托巴（Manitoba）和薩斯喀徹溫（Saskatchewan）等加拿大草原省分。今日有多達二百萬名美國人住在邊界以北，而且這個數字還在增加。二〇一六年後，川普的當選驅策了一波往北越過邊界的人潮。加拿大人開玩笑說，他們必須沿著邊界築一道牆以阻止美國人進入。至少加拿大在二〇二〇年明智地禁止了攻擊武器，把這項最醜惡的美國特色擋在國門外。

歐洲人的人數也可能和美國人一起增加。和美國一樣，加拿大有大量東歐移民，而且東歐國家因為失業率居高不下而持續流失人口，許多失業者可能越過大西洋來加入他們的親戚。別忘了加拿大議會式的政府和福利制度比美國或英國更像歐洲大陸，這一部分解釋了金融危機後加拿大的政策一直保持著類似荷蘭、法國和德國的中間路線，而非美國和英國充滿敵意的民粹式民族主義。

還有另一個原因讓年輕人偏好加拿大：絕大多數創造的新工作是全職工作而非只是臨時工作。加拿大的移民增加正值石油價格大跌，這意味該國押注在較多樣的經濟上，同時專注於製造業和服務業。為了因應人口增加和避免反移民的反彈，加拿大需要建設更多的住宅社區、學校和醫院。大多數前往加拿大的移民集中在靠近美國邊界的大城市，例如多倫多、蒙特婁和溫哥華，但即使溫哥華是世界最熱的房地產市場，海平面上升和森林大火仍威脅它溫和的氣候和昂貴的房地產。

因此，老一代和新一代的加拿大人可能分散得更遠和更北方。加拿大內陸省分安大略省和曼尼托巴省的城鎮——例如邱吉爾、曼尼托巴等——正隨著氣候變暖和哈德遜灣變成北極的門戶而漸受歡迎。大多數加拿大人不熟悉他們的北方省分育空省、西北地區和努納武特地區（Nunavut）——把它們視為廣大的空曠地——但它們蘊藏極其豐富的能源和礦產，而且有遼闊的松樹和雲杉等針葉林。加拿大人未來將更了解他們富藏的資源。隨著加拿大變暖，它的農業生產將大幅增加，數百萬公頃的有機農耕和輪作將生產更多的小麥、豆類、玉米、亞麻和大麥。富含蛋白質的黃豆耕作面積也將在加拿大各地激增。一架Flash Forest製造的無人機每月就能種植十萬棵樹，意味到二〇三〇年將增加數十億棵樹。加拿大的能源業、農業和科技將與它的人口同步擴張。

但加拿大也有氣候風險。沿大西洋岸省分紐芬蘭（Newfoundland）的海平面正在上升，森林火災正在增加，而如果美國把大湖區的水分流（違反二〇〇八年的一項條約），加拿大可能必須從北方的淡水盆地和落磯山脈的冰河引水。目前的農業榮景雖然前景樂觀，未來的路途卻可能崎嶇不平。氣溫上升是全球平均的兩倍：今日的農場可能變成明日的灰燼，而新農業帶將只能維持短期的穩定。

這也是為什麼有人建議加拿大選擇「零成長」的道路：保持低人口、穩定排放，和專注於國內的社會問題。成長將降低一段期間，但最終將穩定下來，而既有人口的生活水準最後終將藉由升級科技而非引進人口而獲得改善。當然，加拿大也可以只靠使用既有的技術來綠化其惡名昭彰的油砂開採，進而降低碳足跡。這可以不靠恢復過去沉悶的低移民社會——或放棄世界需要的高移民社會路徑——來達成。

第五章

歐洲聯邦

歐洲之道

有時候適應一面新旗幟需要一段時間。十二顆星星的歐洲旗在一九八〇年代中期開始使用，但直到一九九二年的馬斯垂克條約（Maastricht Treaty）後才被掛在歐盟各地的建築前。不久後，我記得我們在「歐盟二〇二〇」會議的陶醉氣氛中喧鬧地模仿歐盟的外交儀式，把模擬聯合國（Model UN）擱在一旁。但由於歐洲的年輕人不知道歐盟之前的時代，他們也把這麼做視為理所當然。[1]只有在歐洲晚近邁向更緊密的財政整合——並且可能參考大西洋對岸的做法——歐盟的接受度才逐漸恢復。根據Pew的調查，從二〇一二年到二〇一九年，對歐盟的支持度在整體懷疑歐盟的希臘上升了二十六個百分點，達到五三％。在德國、西班牙、瑞典和荷蘭，歐盟的支持度接近七〇％；在波蘭更達八〇％。英國脫歐四年後，歐盟在英國的支持度諷刺地達到歷來最高點。[2]

歐盟今日的人口大約是美國的兩倍，包括兩倍於美國的青少年和年輕成人（一億八千萬人）。雖然美國和歐洲有重大的差異——美國人嘲笑歐洲地緣政治上的弱點，而歐洲人則輕蔑美國極度的不平等——但他們過於注意彼此以至於理念也受彼此影響。奧卡西奧－科爾特斯（Alexandria Ocasio-Cortez）提倡「民主式社會主義」不過是重新包裝數億歐洲人數十年來享有的社會民主福利國。另一方面，從占領華爾街和黑人的命也是命到Google，歐洲人也受到美國無拘無束的社會能量和創業主義的激勵。

但在反映年輕人的偏好上，歐洲有凌駕美國的內建優勢。最明顯的是，美國有眾議院議員（二十五歲）、參議院議員（三十歲）和選舉總統（三十五歲）的最低年齡限制，歐洲人卻沒有這類限制。如此多的歐洲年輕人擔任市長、國會議員，甚至總理，在美國是難以想像的。歐洲也有多黨政治體制，而非美國僵化的兩黨政治，這意味聯盟中的妥協是避免僵局的必要之舉。這也意味美國的年輕政治人物被迫接受黨紀時，歐洲人卻能自組新政黨，例如從北歐到東歐都極為成功的海盜黨（Pirate Party）。這些都有助於解釋法國和歐洲各地綠色政黨的崛起。在幾個德國的州和在奧地利，現在有保守派和綠黨的「黑—綠」聯盟，迫使這些看似極端的黨派在提高退休年齡、支持更有彈性的勞工保險和促進清潔能源等議題上合作。

這些政治差異源自分歧的哲學基礎，並對一般人造成極為不同的結果。美國的權利法案和憲法列舉個人免於聯邦政府和州級權力的侵害，而歐洲的憲法則保障人表達意見、福利以及免於權力濫用的權利。一般歐洲國家花費近三〇%的ＧＤＰ在社會服務上，遠高於美國的一五%。歐洲人因而享有免費教育和醫療，同時銀行不能壓榨人民，科技公司不能竊取資料，能源公司不能汙染土地和水。在新冠疫情封鎖期間，歐洲政府確保失業者獲得他們薪水的絕大部分，不必像美國人那樣等著政府寄來微薄的支票。許多公司改用德國人所稱的短時工作制（Kurzarbeit），讓所有員工縮短工時，以避免任何人遭到解雇。歐洲人不會以提高「競爭力」為名放棄他們的進步主義規範。

對美國人來說，歐洲的社會架構一定看起來像烏托邦：全民醫療保險、全民基本收入、補貼大學學費，以及儲蓄帳戶。歐洲國家在教育水準、平價住宅和公共運輸上也表現得更好，這些全都是社會流動性的關鍵因素。*據全球和平指數的調查，全球最安全的二十五個國家幾乎全都在歐洲（再加日本、紐西蘭、新加坡和不丹）。

不過，歐洲人不習慣的是在零工經濟中工作。其結果是，和美國人一樣，大多數歐洲人沒有儲蓄，或儲蓄不夠三個月的開銷。但和美國人不同，大多數歐洲人不持有會導致債台高築的信用卡。他們使用簽帳卡時很儉省，並使用Revolut或Klarna等行動銀行服務以分期和延遲付款。此外，更多歐洲人繼續住在父母的家裡，這提供了高度的基本穩定。歐洲千禧世代的生活是文明的，但充滿倦怠感。

歐洲人如此習慣於免費教育、穩定就業和全民福利，以至於削減福利遭遇到工會和學生的大規模街頭抗議。但歐洲也是真正實驗終身社會穩定措施的地方，例如芬蘭的終身帳戶制度不對儲蓄課稅，還有荷蘭的可攜式年金由國家管理，但由雇主提撥。歐洲國家不但有對個人勞工薪資的震撼吸收機制，同時也對中小企業而非大公司提供強力的支持。雖然歐洲人平均繳納四〇到六〇%的所得稅，他們的國家包辦了華頓學院最適合經營企業國家排行榜的前幾名。

歐洲沒有創新的科技巨人，但它把創新應用在公眾福祉上。例如，高效率且開放原始碼的作業系統Linux發明於芬蘭。和美國的企業或中國的國家控制資料不同，歐洲在個人資料保護上最進步，容許對市民友善的資料市場發展。共用工作空間（Coworking）也遠比WeWork歷史悠久。比利時共用工作空間先驅IWG（舊名為Regus）一九八九年創立於比利時，在沒有財務後盾的情況下擴張的範圍也遠比酷炫的獨角獸WeWork廣。歐洲的後疫情復甦計畫包括投資數十億美元以促進清潔能源、資訊科技和其他歐洲強項的成長，以凸顯歐洲不受美國和中國支配的自主性。諷刺的是，華盛頓人士高談闊論兩個模式的世界，但世界大多數國家想模仿的是歐洲的模式。

永遠不要和美國對賭，但美國真的能令人耐心盡失。這確實是過去十年來移往歐洲的大量美國人的觀點，他們終於放棄美國極有創意的自毀，以及支持規範資本主義和有節制自由的憤怒政治（politics of outrage）。許多美國人不再願意等待美國變成一個歐洲式的福利體制——他們只要遷移到歐洲就能得到它。愈來愈多美國的學生不再願意累積六位數的債務，而是在高中畢業後直接前往歐洲，攻讀可拿到大學學歷的英語課程。而由於歐洲的教師薪水較高，被吸引到大西洋對岸的英語教師也愈來愈多。

* 從一九八〇年以來，底層五〇%的美國人所得只增加三%，相較於底層一半歐洲人所得增加了四〇%。根據喬治城大學二〇一九年公布的研究，美國是一個生來就富裕遠比生來就聰明重要的國家。參考Abigail Hess, "Georgetown Study: 'To Succeed in America, It's Better to Be Born Rich Than Smart,'" CNBC, May 29, 2019。

每年遷移到歐洲的美國人大幅增加，至今總數已超過一百萬人。英國是大多數美僑的落腳處，但德國和法國正逐漸成為熱門地點。*無數網站和部落格冒出，記錄買了單程機票前往愛爾蘭、荷蘭、義大利和半打其他國家的美國人洋洋得意的自敘，讚揚歐洲的公共安全、平價醫療、對消費者友善的法規，和對家庭友善的雇用政策——並提供如何追隨他們腳步的步驟指南。在十九世紀，歐洲移民帶給美國工業和社會源源不絕的人力資源。美國人在二十一世紀能帶給歐洲同樣的影響嗎？

亞裔歐洲人的崛起

在過去三十年，西歐國家間有一場軟競爭，目的是吸引從前蘇聯（特別是俄羅斯）出走的最優秀和最聰明的人才，而德國和英國（加上美國和以色列）是最明顯的贏家。但在亞洲人方面，美國人吸聚了最大比例的日本、韓國、中國和印度人才。亞裔美國人（略高於二千萬人）是「亞裔歐洲人」的兩倍多——這也是這個詞不存在的原因。但未來幾年亞裔歐洲人人口將激增，讓它不僅自成一個類別，甚至人數可能超過亞裔美國人。

隨著東歐人大舉離開自己的根前往西歐，他們的家園已變成從東方更遠地方移向西方的移民的沃土。不過，要保持土地肥沃需要一些努力：在二〇二〇年，乾旱迫使波蘭和羅馬尼亞禁止穀物出口。它們和該區域的其他國家將需要投資更多錢在水力工程計畫，以維持其作為東方和西方麵包籃的地位。但隨著來自西方的資金乾涸，將需要更多來自東方的資金——

以及更多農民和其他移民。

羅馬尼亞正變成一個這種情況會如何發展的測試案例。該國自稱為一個低成本的科技中心，薪資水準和印度資訊科技業相當。事實上，克盧日市（Cluj）延聘印度軟體業主管和工程師教導它如何變成羅馬尼亞版的班加羅爾。羅馬尼亞仍然短缺約一百萬名技術和非技術工人——因此它計畫吸引這麼多來自印度、巴基斯坦、斯里蘭卡和越南的移民，以從事營建、醫藥、科技和農耕等行業。[3]其中有多少人將永遠不返回亞洲？

捷克已經是歐洲最熱門的遷移地點，外國人占該國勞動力的比率高達一〇%。大多數新移民是俄羅斯人、烏克蘭人或美國人，他們強化了布拉格作為熱門海外留學中心的地位。該國學生總人口已有四分之一是外國人。隨著捷克的教育制度逐漸採用英語，將有更多來自世界各地的學生被成本低廉和風景如畫的求學環境所吸引。此外，和其他歐洲社會一樣，捷克的生育率也極其低。雖然政府資助三個週期的體外人工受孕（ＩＶＦ）對捷克的生育率毫無助益，卻促進了迎合有成本意識的準父母的ＩＶＦ產業欣欣向榮。

＊估計有八十萬名美國人居住在歐洲，其中英國有二十一萬六千人、德國十二萬七千人，法國、義大利和西班牙各約有五萬人，另有五萬人分散在東歐。United Nations, "International Migrant Stock by Origin and Destination," Department of Economic and Social Affairs, Population Division, 2019。

學生和年輕家庭的湧入幫助了封閉的歐洲小國迎向開放，並填補了它們的勞力短缺。那也給了外國人在遠比他們母國更穩定的社會一個立足點。

在歐洲的低出生率下，諷刺的是幾乎全球最適於撫育小孩的國家（根據女性賦權和兒童營養的排名）都在歐洲。歐洲有大量的閒置住宅和高品質的基礎設施，如果未來的世代不來享受歐洲生活的好處將是十分可惜的事。的確，歐洲國家想維持慷慨的福利國——即使是為了自己——的唯一方法是，進口能回報它們的新納稅人。

只有波蘭設法穩定了它的人口，主要靠吸引估計約二十萬名毗鄰的烏克蘭人。為了扭轉人才流失，波蘭也取消年輕勞工的所得稅。波蘭和克羅埃西亞已變成一些最火紅的電子學習新創公司的家，而烏克蘭（和直到晚近局勢動盪前的白俄羅斯）則以低成本的科技後勤辦公室吸引來自愛沙尼亞和俄羅斯的投資。一帶一路倡議已使中國成為許多東歐國家最大的投資國，也為長期居留的亞洲商務人口打開大門。

一場東歐國家間的軟競爭已經展開，它們不再排拒外國人才，而是競相吸引他們。但儘管年輕的俄羅斯人繼續向西方尋求更自由的生活，但離開母國為歐洲——包括東歐和西歐——挹注新人口的年輕斯拉夫人仍不夠多。但在更遠的東方，有數億受高等教育和半技術的亞洲人渴望變成亞裔歐洲人。

南歐大拍賣

一九六八年一月，一場地震襲擊有許多歷史瑰寶的西西里島，奪走二百多人的性命，造成逾十萬人無家可歸。一些城鎮如波焦雷亞萊（Poggioreale）遭到的破壞如此嚴重，羅馬必須委託著名的建築師設計全新的城鎮以供倖存者遷居。附近薩萊米（Salemi）的市長有另一個構想：他可以吸引市民參與重建他的城鎮，方法是免費贈送新家。四十年後的二〇〇八年，他的繼任者修改這個政策，並配合義大利使用的新貨幣，正式推出一項出售廢棄房屋的計畫，價格只要一歐元。

一開始這只是一種地方政府的促銷花招，後來卻變成全國各地村莊、小鎮和中型城市吸引新居民的軍備競賽。一些市鎮提供退稅、甚至二萬五千歐元給任何願意創立企業的人。許多這類措施先是向全國人口推出——但反應不熱烈。如果不能說服更多外國人遷移到空曠的省分，南義大利將無法度過難關。由於卡拉布里亞（Calabria）和阿布魯佐（Abruzzo）等省分未受到新冠病毒侵襲，像欽奎夫龍迪鎮（Cinquefrondi）推出的「美麗行動」（Operation Beauty）得以引發迴響，吸引各式各樣想在鄉野之處尋求安全的歐洲人。義大利人不只希望個人和夫妻進駐，還要吸引那些會帶進更多親戚和朋友的人：你可以在一個廢棄的義大利小鎮重建你的整個社交圈。

即使是人口眾多和富裕的地區如西班牙的加泰隆尼亞，也從這得到靈感並推出自己的售屋計畫。你可以在那裡用二十八萬歐元買到八十公頃、有十四棟房屋的整個村莊——並自動變成村長，因為你擁有那裡的一切。從一九九二年主辦夏季奧運後，巴塞隆納已經歷一次大復興，再加上它聞名於世的歷史使得它變成西班牙最世界化的城市。不過它監管過嚴的房地產——導致營建成本太高和租戶權利太大——已嚇退西班牙的開發商。其結果是，即使是黃金區如緊鄰該市風景優美港口的巴塞羅內塔區（Barceloneta）也日漸破舊，由老年（甚至已亡故）的屋主囤積許多破舊的建築。為什麼不為年輕勞工和有才幹的創業家興建負擔得起和可永續的住宅？

這不會是西班牙第一次需要進口勤奮的移民來填補其勞力短缺。在一九九〇年代和二〇〇〇年代，許多年輕的巴基斯坦人以短期許可證進入該國，長期之後受到巴塞隆納地中海氣候的吸引，他們逐漸定居下來、組織家庭，並學習西班牙語和一些加泰隆語。現在他們勤勞地經營電子商店和藥局，過著舒服的勞工階級生活。在晚近的一次旅行中，我一整週的行程只搭過一次非巴基斯坦裔司機的計程車。巴塞隆納的拉巴爾區（Raval；離著名的蘭布拉大道不遠）已變成一個哥德式的拉合爾（Lahore）。

西班牙繼續隨興地拼湊它下一個世代的組成。西班牙現在有約二百五十萬拉丁人，但它可以輕易地吸引更多墨西哥人或哥倫比亞人。與德國和義大利一樣，針對來自與西班牙有同樣歷史傳承國家的移民，西班牙已把出生公民權制修改為較寬鬆的授與公民權制。只要在西班牙居住滿十年就可取得居留權，然後二〇一五年通過的一項法律也根據文化和歷史的關聯，授與塞法迪猶太人（Sephardic Jews，他們在十五世紀被逐出西班牙）公民權。

葡萄牙也有很好的理由成為尋求長期安定的歐洲人和其他人喜愛的地點之一。氣候變遷預料將對它的淡水資源影響較小，因為該國北方波多（Porto）附近和南方的阿爾加維（Algarve）地區有豐富的水源。葡萄牙傾向社會主義的政府已扭轉危機後的經濟衰頹，提振公共投資於火車和地下鐵，並提高薪資。它也尋求吸引逾二百萬名海外葡萄牙人回流。在二○○○年代，失業的葡萄牙貧民前往他們繁榮的前殖民地巴西尋找工作——現在情勢已經逆轉。在瘟疫封鎖期間，葡萄牙給所有已經在國內的移民和尋求庇護者完全的權利，以便他們接受新冠肺炎測試。其他國家可以借鏡這種進步主義式社會主義。

歐洲面臨同化移民或跌落人口斷崖的選擇。和美國一樣，歐洲需要低技術移民來修補基礎設施、收集垃圾、照顧老人、協助整合其他外國人，和執行無數其他機能。歐洲仰賴波蘭水管工人、羅馬尼亞農民和非洲下水道工人。儘管英國的失業率上升和短少七萬名農作物採摘工人，在疫情封鎖期間只有一百名英國人響應加入農場工作的政府號召。不願接受需要人數和種類的移民以填補勞力短缺的國家，最後的結果是變得更貧窮。

即使是南方的歐盟成員國如希臘、義大利和西班牙，都短缺農場勞工、廚房員工和清道夫。與其對載滿敘利亞庇護尋求者的船以機關槍掃射，它們應該想出如何善用他們的方法。來自阿富汗和奈及利亞這些遙遠地方的難民住在雅典的空屋，但正當他們開始找工作時，希臘政府把他們趕出來並關進帳篷集中營，讓他們無所事事。相反的，政府應根據地方需求、就業水準和住宅容量的評估，把移民分配到不同的省分和城市，不僅可以藉分攤移民的福利來平衡負擔，也可避免形成死氣沉沉的貧民窟。

從西班牙到義大利，再到保加利亞，南歐是非法移民的天堂，是一個先到先贏的廢棄城鎮與村莊的世界。它廣大的肥沃土地和可以修理的房屋實際上正吶喊著想被數千萬名移民占有，而渴望安定新生活的移民則可望重振病弱的經濟。最終，這將賦予這些土地勝於悲情墳場的更高目的。埃及億萬富豪薩維里斯（Naguib Sawiris）提議以一億美元向義大利或希臘購買一座遷空人口的島嶼，以安置阿拉伯難民。一個無人居住島嶼的主權應該比它能發揮的功用更重要嗎？

一個同化緊急事件

在過去十年，超過一百萬名來自敘利亞和利比亞的阿拉伯人和一百萬名非洲人（主要來自剛果、厄利垂亞、索馬利亞和蘇丹）進入歐洲，大多數取道土耳其或渡過地中海。雖然歐洲過去大體而言歡迎斯拉夫人和巴爾幹人，但在吸收阿拉伯人、非洲人和整體來說的穆斯林卻較為困難。的確，歐洲內部開放邊界的先決條件是地中海的路徑必須關閉。

然而現在歐洲必須應付已經進入境內的幾百萬名移民，包括在城市中心閒逛的年輕阿拉伯人，和隨時在分享哪些城鎮正變得更包容而非嚴苛的小道消息、並隨時在遷移的非洲人。販毒、盜竊和其他犯罪已急遽增加。巴塞隆納已因為其多用途都市設計和善用資料感應器的交通設施而贏得「智慧城」的美名，但正如許多旅遊網站的事先警告，它也是「扒手的世界首都」。截至目前西班牙當局仍抗拒採用像紐約和北京那類更侵入式的「智慧」方法：無所不在的監視攝影機。但巴塞隆納磁吸地位的缺點可能是需要更強力的治理以維持法律和秩序。

雖然英國已變成某種程度的監視社會，犯罪在那裡依然上升中，光是二〇一八年就發生四萬件持刀攻擊事件，加害者大多數是年輕的黑人或穆斯林男性。潑酸攻擊也在增加中，主要加害者和受害者是白人、非洲—加勒比裔，或巴基斯坦人。顯然許多逃離褊狹國家的移民未必本身就有不包容的傾向，或一旦定居下來就採用了當地的褊狹態度。

在英國，老一輩的巴基斯坦人和阿拉伯人建立他們自己的平行社會，以安排式婚姻強加在他們西化的子女身上。所謂「誘拐幫派」（grooming gangs）間的郊區地盤戰到未成年娼妓等問題凸顯出，住在英國的巴基斯坦穆斯林社區有許多成員似乎不知道他們生活在一個以人權和法治自豪的國家。在倫敦東部的行政區，來自反十字軍穆斯林組織的巴基斯坦激進分子倡議以伊斯蘭律法自律，實際上是要求自己的伊斯蘭統治區禁止飲酒、賭博和音樂，通姦將被處以石刑，偷竊則砍斷雙手。這些都有助於解釋二〇〇五年七月七日殺死五十二人的倫敦爆炸案，四個犯案者中有三個是在英國出生和長大、並參加激進清真寺的巴基斯坦人。

不管移民來自何處，同化的挑戰是世代性的——而且遺憾的是解決的時候總是晚了一個世代。和在美國的拉丁裔一樣，歐洲的阿拉伯和非洲移民往往居留得比預期久，出生率也比原住民人口高。有最多穆斯林人口的城市——布魯塞爾、伯明罕、安特衛普、阿姆斯特丹、馬賽和馬爾摩——有些社區完全只住移民。伊斯蘭恐懼症的恐怖攻擊逐漸升高，反移民團體縱火清真寺、水煙館和其他穆斯林聚集的地方。在此同時，移民群體間也有摩擦。在二〇一九年，一段在擁擠的倫敦雙層巴士上拍的紅火視頻顯示，一名戴頭巾的索馬利亞女人激烈地責罵一名印度男人，譴責他的臭味並要求他回家。他們可能都已經是英國公民。國籍不能保證彼此以文明相待。

雖然敘利亞人和土耳其人、印度人和巴基斯坦人、中國人和越南人都定居在歐洲，他們並未忘記彼此國家的敵視。反而他們的敵意轉變成在歐洲街頭上演的國內爭議。在一九九〇年代，庫德人和土耳其人丟炸彈到彼此的店鋪和加油站；今日庫德族人上街抗議土耳其入侵敘利亞。在歐洲的土耳其人本身為埃爾多安總統而分裂，土耳其裔的足球員為向他敬禮而遭到羞辱，因為歐洲政府強烈批評他的獨裁主義。過去在雅典衛城影子下日子通常很平靜，但現在已經很習慣看到一群穿著傳統服裝的巴基斯坦男人在一輛廂型車後遊行，車上的擴音器大聲讚美阿拉並譴責印度在喀什米爾的行動——說的話全是在雅典沒有人聽得懂的烏爾都語。

我們該怪罪誰造成了歐洲城市街頭有時候好像出現的文明衝突？罪魁既是未同化的父母，也是本土沙文主義不願意平等對待來自前殖民地——甚至任何地方——的人。不管罪責由誰承擔，解決方法之一是執法機構應雇用更多了解他們想保護的移民的人，以了解他們的文化差異，進而讓他們更能融入社會。另一個明顯而且早該採取的措施是，補貼針對移民的密集語言訓練，以便他們有足夠的就業能力。

歐洲沒有移民問題，而有同化問題，這個問題可以藉由明智的社會經濟政策解決。在人口減少和同化挑戰之間，後者應該是較容易的選擇。移民將持續進入——唯一的問題是文化同化會不會成功。

新德國人

從二〇一五年到二〇一六年，德國接受超過一百萬名阿拉伯庇護尋求者，令人驚訝地展現了德國的待客之道，並獨得舉世的讚揚。在德國強大的後勤運作下，移民被分配到全國各地的城市和鄉鎮，並以冷戰時代的柏林滕珀爾霍夫（Tempelhof）機場作為臨時庇護所。但隨著聚光燈逐漸暗淡，處理數十萬名新住民的工作卻還沒結束。在一個曾幾乎是種族認同同義詞的國家，要如何才能同化數百萬名移民？

在德國的土耳其人是定居人數最多的外僑之一，雖然他們在心理上從未完全被同化。戰後客籍勞工的第一代靠辛勤工作獲得德國社會的接納，並爭取到土耳其語言與文化更廣泛的官方認可。這帶來一個雙文化的X世代族群，其中包括備受尊敬的演員、運動員和政治人物，但整體而言仍屬於一個平行的土耳其社群。人數更多的千禧世代土耳其裔德國人無法確定他們是否應該被稱作土耳其裔德國人。他們因為出生於德國而擁有德國公民權，但不敢為取得土耳其公民權而放棄它，而且他們說德語比土耳其語更流利。

土耳其裔現在占德國人口的五%，是一群勢力龐大的外僑，埃爾多安政府一直透過土耳其領事館和各協會積極在土耳其裔年輕人中，推廣土耳其語和可蘭經課程。面對土耳其的影響力，許多德國公立學校也已開始教導土耳其語，雖然他們缺少能強化土耳其裔年輕人「母語」技術的土耳其語教師。不過，受到埃爾多安近來攻擊土耳其自由派的影響，有許多土耳其的教師願意移民——這表示將有更多土耳其人移居到德國，和土耳其人的雙重身分認同將繼續存在。

德國政治提醒我們，移民問題辯論與經濟的關係和文化一樣重要。雖然歐洲的其他首都城市也是國家經濟的引擎（例如倫敦或巴黎），但柏林是個貧窮且充滿反資本主義民粹情緒的首都。追隨風潮的年輕人趕走了Google，雖然它將帶來數千個新工作。他們宣稱為「社區」打了勝仗，但他們的主要成就是讓自己永遠依賴該市負債的政府。柏林居民在二〇一九年支持一項把該市最大私人房地產業者（Deutsche Wohnen）國家化的倡議，理由是房租太貴；到二〇二〇年，地方議會通過一項延遲五年支付上漲房租的立法。通常這會給該市更多時間來利用廣大的空曠土地興建平價房屋，但柏林仍需要為開發商吸引更多居民才能說服它們蓋房子。遲緩的政治和疲弱的經濟是主要問題；投資以吸收移民是解決之道。

比起歐洲大陸任何其他城市，柏林證明自己擁有最世界化的都會環境。在柏林圍牆倒塌後的三十年間，該市穩定地吸引一波波的土耳其人和東歐人、西德和西歐的雅痞、亞洲的學生，以及現在的阿拉伯移民與難民。在德國整體生育率持續低迷的情況下，柏林卻是出生率最高的歐洲城市，這從東柏林以千禧世代為主的鄰區不斷新開張的日間托兒所可以得到證明。該市今日的人口終於追上了一百年前的水準。在一些政治人物公開表達厭惡在柏林許多街頭聽不到有人說德語之際，許多居民已經把英語當成他們的共同語言。對柏林的年輕人來說，摻雜一半英語的「德英語」（Denglish）就是德語。

柏林的周圍呈現鮮明的反差。柏林四周是前東德地區，那裡的低生育率和人口外流意味有數十個很少德國人會自願搬進去的荒廢城鎮。從兩德統一以來當局已花費數兆美元在提振前東德的經濟展望，但隨著勞動力萎縮，政府也失去再花更多錢的興趣。在此同時，許多遷移進來的勤奮移民正被右翼的德國另類選擇黨（AfD）嚇跑。

德國另類選擇黨是不能怪罪民粹政黨造成不團結的重要教案。雖然它的崛起製造出許多問題，但它大部分的支持者是老年人——就像那些支持英國脫歐或川普的人——並住在人口較不密集的地方，例如薩克森邦（Sachsen）的較大城市萊比錫和德勒斯登。當我在一九九〇年代末到德勒斯登探訪朋友時，那裡是一個繁榮的大學鎮，有熱鬧的廣場，晚上有許多歌舞劇秀（就像《週六夜現場》〔Saturday Night Live〕）。但德勒斯登和前東德其餘地方此後人口大幅減少。德勒斯登官員沒有更努力吸引新居民，反而在二〇一九年因為極右翼政黨的知名度愈來愈高而被迫宣告「納粹緊急狀態」。德國另類選擇黨的反移民情緒現在正獲得符合其議程的獎賞：沒有人遷進德勒斯登，而且任何找到機會的人都會離開那裡。隨著德勒斯登凋零，德國另類選擇黨已轉向半社會主義，向它的仇外選民承諾將繼續開放游泳池和圖書館，雖然使用者已寥寥無幾。德國另類選擇黨從反歐盟和反移民出發，現在它也反風力發電。

人口和政治的達爾文主義最後都導致德國另類選擇黨應得的命運。而也許在那些仇外者死去後不久，他們放棄的城鎮將變成一百萬或更多移民的家。已經有數萬阿富汗和敘利亞的庇護尋求者被安置在馬德堡（Magdeburg）等城市無人居住的公寓區。如果他們獲得庇護權並被允許工作，他們可以修建德國逐漸退化的基礎設施——也許也能爭取到政治和財務上的支持來重建他們自己的母國。另一個假想情況是，中年的仇外者和年輕的新納粹極端分子聚居於德國東部讓他們感到安全的飛地——等到他們老了後，他們會開始感激照顧他們的移民。

極右翼政黨在德國已接受大量移民的人口眾多城市幾乎乏人問津，例如在柏林和漢堡，它們在西南部靠近司徒加特的工業大邦巴登－符騰堡（Baden-Württemberg）也沒有政治影響力，那裡有數萬名難民和移民已接受製造汽車和火車頭的職業訓練，直接對該邦最重要的出口做出貢獻。拜這些城市——以及湧進那裡的移民——所賜，德國二〇一八年的勞動力出現三十年來首見的擴增。

德國的金融中心法蘭克福也提供一個移民帶來回春的絕佳例子。該市長期以來就有光鮮亮麗的高樓大廈，但缺少文化上的熱鬧氣氛。直到近來英國脫歐的出走者、金融科技新創公司，和一批批亞洲和阿拉伯移民，共同讓該市的國際學院、餐廳、夜生活和藝術活動更上一層樓。歐洲最大軟體公司思愛普（SAP）的總部感覺起來已經像是矽谷的思科（Cisco）：一個玻璃帷幕牆和工業化的小印度（Little India）。特別是在過去十年，印度知識工作者舒服地定居在德國的中世紀學術中心海德堡（Heidelberg），他們的子女則就讀當地學校。由於德國提供幾乎不限名額的「歐盟藍卡」給亞洲科技人才——進而讓他們也可以進入歐盟其他國家——一個新微世代的亞洲人正在歐洲一個遠比倫敦紹索爾（Southall）的南亞店主高很多的階層生根。過去德國的反移民運動常用的口號「要孩子，不要印度人」（Kinder statt Inder），但今日德國在招募後者上做得遠比製造前者好得多。

德國和法國都有反移民運動，但這兩個國家經過幾個世代都已變成移民社會。對移民會有反彈的原因是情況已經無法逆轉。記得法國禁止戴頭巾，德國的移民職業仲介計畫，和荷蘭的語言要求，它們都不是驅逐移民的策略——而是同化政策。而從較大的層面看，它們確實奏效。

德國人大體上感謝崛起成為部長和政黨領袖、和占二〇一四年男子世界盃足球賽冠軍隊隊員一半的移民所做的貢獻。從阿爾及利亞裔的席丹（Zinedine Zidane）一九九八年為法國贏得世界盃足球賽以來，到二〇一八年由喀麥隆裔的姆巴佩（Kylian Mbappé）領軍再度奪得冠軍，法國國家足球隊也是完全的多種族化，而且事實證明因此而更有實力。今日德國的唱片排行榜由土耳其、中國和厄利垂亞背景的饒舌歌手掄元。在現實中，族裔「自我」的部族定義已不再是多文化主義所反對的標準，反而是想彰顯的內容。

德國已是數百萬名土耳其人和波斯人的家，他們從出生以來就持有德國護照，儘管他們不符合歷史定義的德國人。二〇%的德國人是移民後裔，不管是來自歐盟鄰國、巴爾幹半島、俄羅斯或中東，而且有十分之一德國人口是外國公民（一半來自其他歐盟國家，一半來自世界各地）。在德國估計有一百萬人是非洲裔，他們的影響力在二〇二〇年已大到他們要求官方做黑人人口普查。

現在印度人、阿拉伯人和越南人也加入了變成「新德國人」的旅途。每一個社會都要經歷從地名到代表一群人的過程：從美國（America）到美國人、德國到德國人、加拿大到加拿大人，等等。但經過數十年的人口稀釋，今日那種身分認同已經模糊化。德國不再假設每個人必須遵循古老的種族理想，而是正在為「德國性」（German-ness）究竟代表什麼做嚴肅的討論。被視為德國人——或至少足夠成為德國人——的門檻是什麼？「德國人」必須是白人、基督徒和日耳曼人嗎？或者只要喜歡足球、汽車和臘腸就足夠？或者兩者中間的某些特性？我們經常聽到太多移民可能破壞一個國家的價值觀，但不常聽到的是清楚地表達那些價值觀是什麼。

無疑的移民增加會帶來頻繁的文化衝突。舉例來說，近幾年來德國發生過數十起穆斯林的名譽殺人（honor killings）事件。但長期來看，一旦穆斯林進入歐洲，實際上放棄伊斯蘭教的人愈來愈多。雖然歐洲還有一些薩拉菲教派資助的清真寺活動，荷蘭和德國的政府都積極地巡查它們，並支持較溫和的競爭者。在柏林，土耳其裔德國女性主義者阿提斯（Seyran

Ateş）是第一位清真寺女性教長，而這所清真寺是以中世紀伊斯蘭哲學家伊本·魯世德（Ibn Rushd）和德國詩人歌德（Johann Wolfgang von Goethe）命名的，它歡迎同性戀者並且男女都可進入禱告。德國現在希望所有新教長都說德語。

當移民不會說移居國語言時，他們無法對社會有所貢獻，也無法護衛自己的權利——社會對他們產生憎惡也是因為如此。梅克爾支持移民，但也承認德國的多文化主義逐漸失敗，因為外國人學德語不夠快而難以融入社會。中國藝術家艾未未二〇一六年在柏林尋求庇護，並在二〇一九年宣稱他發現德國社會不包容，理由包括曾遭遇不友善的計程車司機。但無疑的如果他能與眾多的波士尼亞、土耳其、波斯和阿拉伯計程車司機以共同的德國方言溝通，他就會有更愉快的遭遇。法蘭克福機場從來就不是一般人會喜歡的過境機場，但近年來我每次過境時不經意聽到機場員工——來自奈及利亞到伊朗的新德國人——以德語彼此分享生活故事，就會發出會心微笑。

阿爾卑斯山綠洲

氣候模型預測歐洲的溫帶緯度將出現壓縮的雨季，意即降雨將減少或出現短期的洪水——繼之以較長、較熱的乾旱。但儘管歐洲大陸夏季經常出現熱浪，阿爾卑斯山一直是世界上最接近緯度和態度理想組合的地方——再加上高度的好處。

阿爾卑斯山國家——瑞士、奧地利、德國、法國和義大利——得利於世界最乾淨的水源。（不意外的是，它們也是世界瓶裝水的首要來源。）而隨著阿爾卑斯山的冰河融化加速，將有更多水從山區流下——最後一併帶走那裡的滑雪產業。即使有像一些度假中心推出雪上飛行運動這種不尋常的趨勢，那也有其極限。

全世界有冰河的山區中——安地斯山脈、阿爾卑斯山脈和喜馬拉雅山脈——只有阿爾卑斯山國家有工程的能力和跨邊界合作把冰河融雪引入蓄水池（特別是地下蓄水池，以免水蒸發），還有水管線路可以服務地區人口——而且無疑的未來這類水管線還會增加。在閒置的石油管線日增的情況下，歐洲未來將需要更多水管從阿爾卑斯山脈和庇里牛斯山輸水到西班牙南部和義大利等乾旱地區。

但瑞士和奧地利也是堡壘國家。由於面積小和經濟多元化，瑞士已經是歐洲外國出生人口最多的國家之一，但嚴格的移民政策獲得廣泛的政治支持。只有人才或富人才有機會入籍。瑞士二十幾個州的每一州出售住在該州一年的權利（不包括居留權），價格高達三十萬瑞士法郎。除非你受雇於一家公司在瑞士工作，你每年必須投資類似的金額以維持你的個人投資移民身分。

也許瑞士會考慮一套更開放的投資人居留權計畫，就像斯洛維尼亞的做法。位於阿爾卑斯山東部邊緣的斯洛維尼亞是第一個加入歐盟的前南斯拉夫共和國，並且已提升其地位成為世界最公平和永續的國家之一。只要有七千五百歐元，斯洛維尼亞就提供投資人居留權，並在五年後可以申請成為公民。初期的申請者中有些是想把握該國公司稅較低的義大利公司。

而未來北義大利也可望變成一個阿爾卑斯山熔爐。

歡迎光臨帕達尼亞

在一次清晨穿過波隆納（Bologna）的慢跑中，我觀察年輕的非洲男孩在指定角落就各自的位置，他們站在那裡觀察並等待。波隆納是世界最古老大學之一的所在，充滿年輕的熱鬧氣息，但奈及利亞的黑手黨正在尋找一些垂死老人過世後空出的公寓以便占用。當一天接近黃昏時，男孩們把任何有用的訊息轉達給他們的老大，和準備交班給輪晚班的其他同夥青少年——和他們在拉哥斯（Lagos）的做法一樣。

在最新一波阿拉伯和非洲移民潮之前很久，義大利在同化外國人上已遭遇嚴重的困境。想想約二十萬名羅姆人（吉普賽人）已住在隔離的貧民窟數十年，雖然他們之中半數有義大利國籍（另一半則來自巴爾幹國家）。義大利政府不能合法地驅逐他們，所以不採取任何措施。事實上，政府未提供他們融入社會的住房，而是展開一項「游牧人計畫」，強迫羅姆人遷出他們靠近大城市的非正式居住地，把他們安置在鄉下的營地。

義大利公民權法律仍然極其嚴格，即使對出生於該國的人也是如此：世系公民權（citizenship by descent）的分量遠比出生公民權重。截至二〇一八年，法律已變得更嚴格，以便限制移民或移民的子女可以申請公民權的人數。然而一旦第一代移民生根並取得居留權後，他們的子女變得更習慣於他們的新家，超過他們在母國的家。例如，北義大利已經是來自印度旁遮普省的錫克教徒長期的社區。受到波河河谷（Po Valley）平坦而肥沃的土地吸引，錫克教家庭從一九八〇年代以後就在這裡擠牛奶和製造乾酪，現在生產所有義大利出口帕馬森乾酪的六〇%。其獎賞是，諾韋拉拉鎮（Novellara）的錫克教社區獲准修建一座教徒朝拜和聚會的謁師房（gurdwara）廟宇。正如該鎮鎮長說的：「如果沒有來自印度的鎮民支持，這個產業不可能建立起來。」

不管這些移民是否獲准取得義大利公民權，他們都是這個北方「帕達尼亞」（Padania）地區——波河河谷跨越北義大利的主要省分——重新崛起成為義大利心臟的重要原因。但由於聯邦政府的移民策略是如此不一致，帕達尼亞各省的做法更像是一個自治的城邦。畢竟，帕達尼亞曾在一九九六年象徵性地宣告脫離義大利獨立。

如果帕達尼亞有首都，那必然是米蘭，一個在一九九〇年代逐漸衰頹的城市，到了二〇〇〇年代慢慢甩掉債務，然後在改善公共運輸和擴建腳踏車道、興建新活動場館和平價現代住宅後終於開始全面復甦。擁有溫和的氣候、來自阿爾卑斯山脈的淡水、大型工業公司、改善的道路和連接法國與瑞士的鐵路，米蘭對義大利的未來已經遠比羅馬重要。不令人意外的是，米蘭已經吸引遠多於義大利其他城市的移民（尤其是年齡介於十八歲到三十五歲者）。

米蘭和該地區其他城鎮週六早上的跳蚤市場，是北義大利擁有新全球化人口的表徵。義大利、非洲和阿拉伯裔的夫妻搭檔比鄰販賣尼龍上衣、塑膠涼鞋和家庭用品，給想買便宜貨的老年人、學生和其他攤販。在不遠處，孟加拉人開的雜貨店剛開門營業，隔壁是中國人的乾洗店。他們白天是鄰居，晚上則回到他們族裔人口愈來愈多的街坊。米蘭的唐人街估計有三萬居民，市區內的菲律賓人還更多，斯里蘭卡人的人數也不斷增加。隨著義大利人年老過世或移往北方，他們的空缺也被來自南方和東方的非洲人和亞洲人填補。這片中古歐洲的心臟地帶已變成新中世紀的原型，移動的人口和各色人種的洋流連結了地中海到南海。

年輕世代的義大利人已經相當融入多文化的都市生活。晚近的藝術電影《孟加拉人》（*Bangla*）描述一位第二代孟加拉裔義大利男孩與一位活潑的義大利女孩的愛情，生動地捕捉了許多移民變成主流和融入義大利的現況——就像在美國的印度人雖然帶著衝突的文化包袱，最後還是融入當地的習俗。最重要的是，這些新人種景觀最年輕的居民——在米蘭的幼兒園裡父母來自義大利、非洲、委內瑞拉和南亞的幼兒——將記不得曾經有過一個完全住著義大利人的義大利。他們會記得的多文化以前的義大利，就像是數位原住民記得的網際網路之前的生活：一片空白。

今日受教育的義大利小孩將成長為醫生和工程師、教師和新聞記者、政治人物和技術官僚、軍官和運動員、建築師和時裝設計師，但他們已經仰賴移民擔任他們的垃圾收集員和髮型設計師、計程車司機和雜工。在米蘭郊外的貝爾加莫鎮（Bergamo）一所「整合學院」接受從奈及利亞到巴基斯坦的移民，讓他們參加一個學習義大利文和基本技術的訓練營，從熨衣服到餐廳服務和開垃圾車，然後給他們工作以便獲得申請居留權所需的財務獨立。然後，到了下一代，他們的孩子將成為義大利的醫生和運動員。

英國能再度偉大嗎？

二〇一六年的英國脫歐公投持續攪擾英國政治，但它對英國人口組成的影響最後可能極其重要。近三十萬移民在二〇一八年進入英國，以年度來看人數僅次於美國和加拿大。根據目前的趨勢，英國人口預料到二〇五〇年將達到約八千萬人（相較於今日的六千六百萬人）。[5]如果英國脫歐的目的是控制邊界和移民，它是否讓英國更接近其目標？

已故牛津哲學家達米特（Michael Dummett）認為，一個國家應該只拒絕罪犯進入，或者限制會導致人口過剩或淹沒其文化的大規模移民。達米特認為這種情況將很罕見，但這個邏輯巧妙地變成主張脫歐者反移民偏執的掩護。然而工業基地破敗的英國將不得不調整其經濟到更依賴服務業——而且將需要更多人口才能達成。從醫療照顧到公共事業，英國的勞動力已出現嚴重短缺，這意味英國承擔不起因為脫歐而每年損失超過八萬名公民，除非它能吸引遠超過這個數字的人才和財富。

英國需要更多移民的理由之一是善加利用英格蘭中部的氣候機會。倫敦和南英格蘭的環境面對長期乾熱和缺少淡水的問題，同時約二〇%的倫敦居民遭到泰晤士河漲潮的威脅。倫敦將需要分散其財富。在英國脫歐和瘟疫前，英國「其餘的地方」正經歷從數十年的忽視基礎設施和人才外流復甦的初期階段，年輕和受過教育的英國人被吸引到曼徹斯特、利物浦和伯明罕，工程公司和科技公司為節省成本而紛紛前往那裡。現在英國將必須在外來投資減少——除了法國人正在重新開墾英國農地以轉變成葡萄園，因為他們自己的氣候開始變得不利於葡萄酒業成長——的情況下自求多福。

如果英國能擬訂長期計畫以整合從里茲到利物浦的「北方走廊」，那將是明智之舉，特別是因為想住在大都市的英國年輕人比率已萎縮到略超過二〇%。反之，新冠疫情的封鎖刺激對農村房地產的興趣大幅升高。英國可能正在重返其根源。英國經濟最破敗、靠近蘇格蘭邊界的郡無疑的將因農業和輕工業的勞工增加而受益。

蘇格蘭本身已感覺到氣候帶來的機會，因為它擁有石油財富和水資源。雖然已有三萬個淡水湖的庇護（湖裡並沒有水怪），蘇格蘭的降雨量還大幅增加。蘇格蘭也每年種植超過二千萬棵樹。愛丁堡是一個自由思想、歷史古蹟和國際美食的匯聚地，吸引來自世界各地的頂尖學生和學者。蘇格蘭人正積極發展一套北極戰略，以連結他們的港口到加拿大和斯堪地那維亞的港口。如果英國不能迎合蘇格蘭的利益，分離運動將再度壯大。在此同時，北愛爾蘭可能選擇與它較務實的表親再度聯合。英國已脫離歐盟，但可能很快又被歐盟成員國從各方包圍。英國脫歐將仍然名義上多於現實。

天然的北歐

即使以歐洲的標準看，北歐人過著美好的生活。因為富有和團結一致，挪威、丹麥、冰島、芬蘭和瑞典等北歐國家長期以來一直是世界「最快樂」的國家。它們的平等主義社會政策有許多令人欽佩的優點，讓它們的人民充滿自豪，也讓來到這裡的外國人賓至如歸。瑞典給私人部門勞工六個月的休假進修期以嘗試創業，萬一失敗重回崗位可免受責罰。芬蘭給無家可歸者永久的家，並協助他們尋找工作。丹麥藉由帶市民聽音樂會來對抗寂寞和憂鬱。慷慨的退休年金和負擔得起的全民醫療是區域各國的標準——是權利而非特權——雖然逐漸上升的成本有待財政改革。斯堪地那維亞人了解，縮小中的稅基需要削減福利或進口納稅人是基本經濟學問題。他們明智地持續選擇後者。

北歐國家的幅員都相當大，但各國人口都很少。儘管它們都是同質性社會，卻對增加移民相當開放，即使移民會帶來明顯的文化衝突。然而它們對自由社會契約的承諾在面對老化的退休人口、低經濟成長、高負債和種族多元性升高時，還能長久持續嗎？

和柏林人、米蘭人一樣，年輕的丹麥人成長於移民是他們社會一部分的時代，他們也喜歡日常生活元素中的外國食物和音樂。他們非但不反對移民，反而堅持嚴肅的同化努力，即使那意味禁止穆斯林女性戴頭巾。為了支持開放邊界，丹麥人認為必須實踐他們珍惜的自由主義。

面積更大許多的瑞典人口是丹麥的兩倍，並且已設法提高出生率到歐洲國家中最高的水準。瑞典數十年來接受了許多阿拉伯移民，包括著名的阿拉伯裔主流演員、音樂家和運動員。儘管如此，該國在二〇一五年接受來自敘利亞、伊拉克和阿富汗等國家的十六萬名庇護尋求者（以人均來看在歐洲國家中最多）卻敲響警鐘。移民社區裡的暴力已經升高，仇恨犯罪如攻擊庇護中心也是如此。在二〇二〇年八月，馬爾摩（Malmö）的右翼團體焚燒可蘭經引發暴動。瑞典極右翼政黨在二〇一八年的選舉中攫取近四分之一選票。只要庇護尋求者的母國恢復安定，瑞典便加緊遣返他們回國。

瑞典和挪威也是數萬名印度人和巴基斯坦人的家，每年兩國各有約一千名印度人申請公民權。在挪威，巴基斯坦人是第三大移民族群，次於波蘭人和瑞典人，人數遠超過印度人。從一九六〇年代最先來到挪威的旁遮普人到其後數十年延伸的家族，已有數個世代變成同化的挪威人，甚至進入到高階層的政壇。在奧斯陸或斯德哥爾摩，你碰到的計程車司機有三分之二是南亞人。我的兒女過去認為北印度語和烏爾都語只有在印度、巴基斯坦、杜拜和新加坡有用——直到我們到北歐各國度假才發現並非如此。

芬蘭的幅員和瑞典或挪威約略相當，但只有五百萬人。基於軍事動員和從俄羅斯邊界撤退的歷史，芬蘭修建了完善的全國基礎設施網，讓它得以比鄰國瑞典更有利於控制自然災害（例如森林火災）。芬蘭也計畫延伸鐵路到挪威北部，以連結希爾克內斯港（Kirkenes）和加速出口到亞洲。不過由於人口老化，所有這些計畫都需要更多移民。在阿拉伯難民危機前，芬蘭最大的非歐洲人少數民族只有四千名索馬利亞人，但保守的政府仍然對移民採取強硬立場。另一方面，即使是芬蘭最重要和全球化的產業也需要更多外國勞工。例如，行動科技先驅諾基亞（Nokia）不但有印度裔執行長，而且需要眾多的印度資訊科技員工和人手才能在裝設全球5G網路與華為競爭。

隨著北歐逐漸變成一個四季宜人——冬季不會太冷，夏季也不會太熱——的旅遊地點，它們的觀光業經濟正在欣欣向榮。尋求逃脫地中海悶熱和大陸酷暑的南歐人，在北歐的能見度逐漸上升，和過去北歐人到南歐避寒大相逕庭。冬季運動將從阿爾卑斯山脈轉移到挪威、瑞典和芬蘭的北部地區，而且該地區夏季的戶外活動也會增加。北極區的搭郵輪、露營和求生戰鬥營每年增加數萬名新觀光客。芬蘭—俄羅斯邊界原始的卡累利阿（Karelia）地區有六萬座湖泊，那裡也提供冬季為期一週的狗雪橇探險和夏季的露營和釣魚。幸運的是，在新觀光客大量湧入之際，富裕的北歐國家負擔得起維護永續的棲息地。

從挪威北部的希爾克內斯（Kirkenes）到丹麥首都哥本哈根的環遊北歐之旅可以發現，這個世界上同質性最高的角落正在變成一個蓬勃發展的跨國公社。如果斯堪地那維亞證明它歡迎氣候難民一如過去歡迎政治和經濟難民，這個過程將愈滾愈大。北歐人如童貝里（Greta Thunberg）在呼籲採取氣候變遷對策上已變成全球偶像，但由於氣候效應對這個地區的影響將很溫和，北歐人與世界的團結真正的考驗將是他們願意吸收多少氣候移民。北歐國家的人口總和不到三千萬人，他們願意讓它擴增為五倍嗎？

如果北歐變成數百萬新移民的家，北歐國家將必須像加拿大那樣發展一個後國家的身分認同。由於英語已被普遍使用，北歐國家可以變成以英語為共同語言的多語言熔爐。這些最後可能就是往北移民最直接的現實。大規模遷移到北歐的確會遠比畫一條直線到該地區的美麗首都城市還複雜。首先，哥本哈根、斯德哥爾摩和赫爾辛基正面臨海平面上升的威脅，儘管它們都有雄心勃勃的碳中和計畫。很可能這些城市在食物供應和採用再生能源電力的成功，最後會在最遠的北方和遠離波羅的海的內陸發揮最大的效用。的確，瑞典最北方的北博滕省（Norrbotten）已經完全採用水力和風力發電。而在強力的法治基礎下，北歐國家不會容許外國的土地掠奪。事實上，瑞典已宣告，大面積土地持有者不能禁止人們越過他們的產業以享受自然。適宜居住的空間已變成寶貴的公共財，正如自由在這些空間移動的權利。

第六章

架起地區的橋梁

涼爽的高加索

在東土耳其偏遠的高地上有許多座湖泊數千年來一直是美索不達米亞文明的血脈。正如美國人遠離加州前往洛磯山脈，土耳其創業家正湧向這個有濃密橡樹和松樹林的多霧地區，重新整修像是埃爾祖魯姆（Erzurum）等城鎮，讓它變成安那托利亞的亞斯本（Aspen），一個一年四季體育活動熱鬧滾滾的高山滑雪勝地。

但在這個底格里斯河和幼發拉底河發源地繼續滋潤東安那托利亞豐富的景觀時，下游的土地已不再像當初吸引農耕定居的「肥沃月彎」。乾旱拖垮了四千年前的阿卡德帝國，同樣的今日該地區的國家如敘利亞、伊拉克、伊朗和巴基斯坦都面臨嚴重缺水問題。經濟衰退和社會動盪肆虐土耳其的整個南疆，而伊拉克和伊朗部分地區氣溫超過攝氏七十度，我們不難想像阿拉伯和波斯難民會一路探尋並遷徙到這個安那托利亞的綠洲。

沿著黑海往東，安那托利亞延伸進入高加索，這裡曾經是數個鄂圖曼被保護國，較晚近則是三個十分同質性的蘇聯共和國：喬治亞、亞美尼亞和亞塞拜然。喬治亞在一九九〇年代和二〇〇〇年代花很多時間在假裝它的基督教傳承讓它比突厥鄰國優越，事實上它的表現更像一個領導無能的失敗國家。但很少國家在過去十年像它們做出如此戲劇化的轉變。今日在首都提比里斯（Tbilisi）仍有許多政治鬥爭、反政府示威和憲法疑義，而且俄羅斯仍占據其二〇%領土。但喬治亞已設法強化它的道路網絡，變成土耳其和亞塞拜然間的主要鐵路轉運走廊，並設置多產的製造業專區。喬治亞曾在一年內舉辦過多達二十次的歐洲式文化節慶，而且正努力敲歐盟的門以恢復入會談判。

提比里斯今日散發著古代的魅力和現代的新潮。它技術純熟的泥水匠招募了德國開發商，把上世紀的建築升級為精品公寓和旅館。像活潑的東柏林一樣，它已變成西方年輕人喜愛的低成本英語區。喬治亞的河流網絡由超過二十條厄爾布魯士山（Mount Elbrus）——歐洲最高的山，位於與俄羅斯的邊界——冰川供水，使它居於抵抗氣候變遷的優勢。今日的喬治亞是背包客的首選國家；明日它可能是他們的家——特別是該國最近推出吸引人的「游牧族簽證」（nomad visa）。

亞塞拜然代表一個更有趣的例子，它預告了經濟和環境趨勢可能驅使大量移民前往一個被世界遺忘的角落。亞塞拜然的人口約是喬治亞的四倍，石油財富也使亞塞拜然人的人均財富四倍於鄰國的喬治亞人。從白雪皚皚的高加索山脈到首都巴庫（Baku）外的沙漠，亞塞拜然擁有各式各樣的微氣候，包括濃密的森林和濕地。為阻止沙漠的侵蝕，該國推行一項植樹運動，並從高加索山脈引冷水灌溉和為都市地區降溫。

巴庫大手筆的重開發已為它贏得實至名歸的「裏海濱的杜拜」稱號，許多阿聯人（以及沙烏地人和卡達人）已在當地買下豪華的房地產，作為遠離波斯灣燠熱的避居處（當然也善用亞塞拜然更自由的飲酒法律）。由於亞塞拜然人在人種和語言上屬突厥系，但宗教上是與伊朗關係密切的什葉派，亞塞拜然已變成一個重要的——雖然迂迴的——波斯灣阿拉伯人與伊朗做生意的門戶。

伊朗人也可能把亞塞拜然視為他們國家扭曲的政治和炙熱氣候的安全港。伊朗的亞塞拜然人已經比亞塞拜然的人口還多，主要居住在伊朗北部的邊界省分。在敘利亞內戰之前常到大馬士革的外國大使館申請西方簽證的伊朗人，現在也嘗試在巴庫這麼做，因為巴庫已變成裏海地區的外交中心。這種情況並非第一次發生。一八七〇年代的石油榮景把大量歐洲人帶進巴庫，讓它的裏海街景增添閃亮的維多利亞外觀，許多建築裝飾得富麗堂皇以款待今日來自阿拉伯、土耳其、法國、德國、印度、和中國的貿易商和承包商。看他們在巴庫可溯及中世紀的老舊相處和爭論，提醒我們高加索曾經同時是東—西和南—北絲路的走廊——雖然在十九世紀這些不同國家的人都更加融洽地說彼此的語言。

三個高加索國家中最貧窮、最多山且陸封的亞美尼亞有著乾旱的氣候，而且未來還會更乾旱。由於與更強大的鄰國土耳其和亞塞拜然關係惡劣（包括二〇二〇年一片具戰略重要性的領土遭亞塞拜然占領），亞美尼亞繼續依賴俄羅斯的軍事和經濟支持。的確，俄羅斯境內的亞美尼亞人已經多於亞美尼亞本身的人口。除了計畫加倍森林的面積外，亞美尼亞目前的三百萬人口最好的氣候韌性策略可能是遷往俄羅斯。亞美尼亞的另一個策略是追隨愛沙尼亞的腳步並進行數位化。該國總統薩奇席恩（Armen Sarkissian）是一位理論物理學家和電腦科學家，他希望亞美尼亞分散的僑民在雲端保持團結。他團結國人的下一步計畫是他所稱的「量子國家」（quantum country）。

下一次俄羅斯革命

世界面積最大的國家也想復興它的黑海腹地。在二〇一四年，俄羅斯在黑海度假勝地索契（Sochi）舉辦冬季奧運會，較晚近也完成伏爾加格勒（Volgograd）的支線道路和跨越窩瓦河（Volga River）的橋梁，以處理莫斯科和與中國為鄰的東部地區間龐大的貨運量。儘管俄羅斯人口減少和經濟疲軟，它仍然占據全球十分之一的土地，且擁有豐富的石油和天然氣蘊藏，對歐洲和特別是中國的工業生產極其重要。即使在未來無可避免的後石油世界，不但俄羅斯的石油化學產品對塑膠、橡膠、纖維和其他材料不可或缺，而且它占有世界鈾蘊藏量的一大部分，是核子反應爐的關鍵原料。俄羅斯已不再是傳統的超級強權，但在功能地理學上很少國家的重要性比得上它。

俄羅斯的故事將遠比它在二十世紀還更精彩，尤其是北極區的重要性正與日俱增。在地緣政治上，俄羅斯是一個歐亞大陸「心臟地帶」（缺少全年進出無冰海域的通路）的強權，但在十年內，它的核子動力破冰船隊將需要別的用途，因為可能不再有冰可破。經過數世紀處心積慮取得南方海洋的通道後，氣候變遷正在賦予俄羅斯「邊緣地帶」（rimland）強權的地位——它不需要一發砲彈就可獲得。

從毗鄰挪威邊界的莫曼斯克州（Murmansk）到白令海峽邊與阿拉斯加相望的楚科奇自治區（Chukotka），俄羅斯正在軍事化其數千公里的北極區海岸，部署新的軍隊，升級其北方艦隊，並興建浮式核電站以供應近二百萬名每年會季節性與南方道路斷連的俄羅斯人穩定的電力。北極區的礦藏創造二〇%的俄羅斯GDP，而隨著永凍層融化，將有更多礦藏被發現和挖掘。俄羅斯的生態地景潛力正在大幅升高，而俄羅斯希望善加利用它。

不過，俄羅斯缺少的是開發這些潛力的人。雖然俄羅斯人口是加拿大的三倍，但老化、酗酒和出走等因素導致人口正以令人憂慮的速度下降。然而加拿大尋求變成移民大國，俄羅斯總統普亭卻表示移民是毒藥：他退化的族裔民族主義讓俄羅斯在許多方面恰好是加拿大的相反。但在冷酷的政治表面下卻是一個渴望維繫強權的國家，扮演著有七億人口的歐洲和四十億人口的亞洲間的橋梁。為了實現新的歐亞大陸野心，俄羅斯將必須招募移民，最可能是突厥人、中國人、阿拉伯人和印度人勞工，因為他們都願意離開各自貪腐或汙染的土地以發展俄羅斯的資源和工業。今日看似不可能的事明日可能變成常識；俄羅斯需要成為歐亞大陸的加拿大。

不過，如果你今日遷移到西伯利亞中部的雅庫次克市，你會發現它在冬季仍然冷得難以忍受，春季地面往下沉，夏季則飽受熱浪和失控的野火侵襲（進而從土壤中釋出更多碳）。永凍層融解的速度如此快，以至於居民必須加長住宅的柱基；而其他地方的水塘紛紛崩陷，湖泊的水洩光，露出巨大的水坑。數百萬平方公里曾經堅實的地面變成濕糊的沼澤，土地再也無法承受用來採掘大量地底天然氣蘊藏的道路和機器。石油湧出和有毒的氣體外洩正在毒化曾經原始的地帶，數百公里內找不到可以清理它們的公共服務。

不過，美國太空總署（NASA）對未來數十年的估計顯示，八五%的西伯利亞可能變得適宜居住且土地肥沃，不但可以生產小麥，還能種植蘋果、葡萄、玉米和豌豆。俄羅斯已經是農產品種植區增加最多的國家之一，它廣大的森林（占全球森林面積的二〇%，僅次於加拿大的三〇%）是極其重要的碳儲槽。各式各樣的種籽都可以栽種和繁衍以擴大北極區的農業，供應者可能是荷蘭的科學家和貿易商，以及有類似緯度經驗的加拿大農企業。世界的糧食供應需要俄羅斯一如需要加拿大。

在幾十年的忽視後，俄羅斯終於開始利用中國的基礎設施投資和資源潛力，重新思考它的空間組織和人口需求。西伯利亞鐵路已經升級，而中國資助的新鐵路線將使歐亞大陸的商務更有效率。在俄羅斯南方靠近哈薩克和蒙古邊界的城市如新西伯利亞（Novosibirsk）、克拉斯諾亞爾斯克（Krasnoyarsk）和伊爾庫次克（Irkutsk），政府已擬訂修築公路、鐵路和河港的計畫，並把蘇聯時代的祕密核設施轉變成「科學城市」。隨著氣候變暖，年輕人才喜歡的工作正在他們父母曾經放棄的地方出現。新西伯利亞和克拉斯諾亞爾斯克都有在俄羅斯排名前十大的大學，充滿想要利用數據科實現多元經濟的學生。（他們還利用充足的能源供應進行比特幣挖礦和其他加密貨幣。）正如我在前蘇聯看到的那樣，年輕的技術官僚正在繼承管理基礎設施、電信、城市規劃、金融監管和其他重要領域的任務。他們不想生活在人口稀少的失敗國家。

如果有一種俄羅斯極其富饒的東西，那就是幾乎人跡罕見的資源豐富的土地。俄羅斯西部有水資源豐沛的共和國坐落於窩瓦河和烏拉山脈間，例如韃靼斯坦和巴什科爾托斯坦（Bashkortostan，以多樣的花和野蜂蜜著名）。更往東的阿爾泰地區是一個俄羅斯、中國、蒙古和哈薩克交會的偏遠四角地區。俄羅斯的阿爾泰共和國（西伯利亞管轄區的一部分）只有二十萬人，是俄羅斯人口最少的共和國。但阿爾泰是一個風景壯麗的冰河山脈區，有卡通河（Katun River）和比亞河（Biya River）匯聚成向北流入北極海的鄂畢河（Ob River），和巨大的淡水湖，以及黃金、白銀和鋰等礦藏。由於冬季漫長和近五〇％人口是突厥阿爾泰族，該地區一直很少受到注意。不過，今日它的優美和資源已吸引商品經紀商和房地產開發商，以及更多俄羅斯新富的頻頻造訪。隨著連結性和氣候變遷使這些共和國更適於居住，很快它將變成十倍人口的家。

俄羅斯的遠東地區今日也呈現人口減少，但未來可能變成一個人口遠為稠密和多樣的地區。像馬加丹（Magadan）這類港市從蘇聯解體以來已流失半數人口，但隨著冰凍的冬季縮短到只有二到三個月，未來將需要更多年輕人來開採該地區的豐富礦產。俄羅斯已推出類似美國一八六二年公地放領法（發放一百六十英畝土地給西部的移民，如果五年內達到生產目標就授予地契）的措施。近來的另一個優勢：保持社交距離在這些人口稀少的地區很容易。但有多少俄羅斯人會響應政府的招募？

很可能俄羅斯的遠東地區將吸收大量面臨缺水和食物壓力的中國人和其他亞洲人。他們一年大多數時間將留在俄羅斯，但冬季時回到自己的母國。中國正準備派遣數百萬名就業不足的年輕人和中年男性，跨越黑龍江以協助俄羅斯的重建，和承擔餵養並提供居所給大量亞洲人的責任。俄羅斯有全球第二大的淡水供應來源（次於巴西），但巴西的水無法輕易運送到另一個大陸，而俄羅斯的河流則可能引流到中國東部的河流和運河計畫。

俄羅斯有理由對它南方強大的鄰國保持戒慎。中國人在西伯利亞東部穩定增加令人聯想到蒙古人統治的元朝。八百年後，中國的氣候民族主義可能形成一波新的統一主義。德國地理學家拉采爾（Friedrich Ratzel）對馬爾薩斯謎題——人口數量將超過資源——的回答不只是控制人口，還要擴大生活空間，這個論點在一九三〇年代因為納粹據以合理化其擴張主義而聞名。

未來的俄羅斯遠東地圖會不會印上「中國—西伯利亞」（Sino-Siberia）的名稱？在聞名的貝加爾湖（Lake Baikal）湖岸，中國人曾興建非法的旅館和規避當局的課稅。和許多中國的邊界協議一樣，中國認為一八五八年割讓領土給俄羅斯的條約為不公平條約——中國仍把貝加爾湖稱為「北海」。中國尚未在俄羅斯進行任何土地掠奪，但已在那裡濫採木材並傾瀉有毒工業廢水到松花江；松花江流入兩國共有的黑龍江邊界。

如果沒有其他主要強權的支持，俄羅斯將無法維持與中國間的主權平等——也許最終甚至需要美國的支持。就目前而言，俄羅斯正在吸引更多來自日本的投資，而且在二〇一九年，普亭在其遠東的首府海參崴舉行的遠東論壇上，把印度總理莫迪奉為首席貴賓。印度企業人士一直在俄羅斯遠東的各州更新鋼鐵廠房設施，興建藥廠，並進行農場和糧食流通中心的現代化。俄羅斯嘗試從遠至南非等地招募農民，但只有印度長期以來是俄羅斯的朋友：印度農民認為俄羅斯是「北方的旁遮普」。西伯利亞的印度人甚至被當作防堵中國人控制的絆網。

在未來幾個世代，多樣的種族將在廣大的西伯利亞邊疆共同相處，使亞洲的混種人口大幅增加。那不會是第一次發生：三萬多年前，這裡是西方的歐亞大陸人和東亞人融合為一個共同種族的地方。貝加爾湖附近發現的一萬四千年牙齒化石顯示，這些古代亞洲人是最早通過白令海峽陸橋到阿拉斯加的人，並且是美國原住民的親戚。[1]俄羅斯的遠東可能再度成為共同的亞洲邊疆。有著崎嶇火山地形的堪察加半島將很快變成全年無休、熙來攘往的滑雪和登山度假地區，預告著被其多雨氣候和肥沃土壤吸引的大量居民湧入。海參崴的亞洲人住宅區更新可能讓它變成太平洋對岸溫哥華的鏡像。

俄羅斯似乎對大規模移民不熱中，但在俄羅斯需要時，它只要揮揮筆就可以輕易吸引勞工。有兩百萬名烏克蘭人住在俄羅斯，據估計其中每年有三十萬人往東移動。為了懲罰烏茲別克的新政府不屈服於俄羅斯的關稅聯盟計畫，普亭提供俄羅斯護照給所有想遷移到俄羅斯的烏茲別克人。在二〇二〇年，俄羅斯通過一項雙重國籍法，以說服更多人加入俄羅斯國籍而無需放棄母國國籍。（美國吹哨人史諾登〔Edward Snowden〕是最早入籍者之一。）俄羅斯也已加入人才爭奪戰，包括從它的前衛星共和國和其他地方。

下一場俄羅斯革命將與誰統治俄羅斯無關，而是關係到誰居住在俄羅斯。不像一世紀前布爾什維克的迅速接管，目前的革命將是一篇慢動作的史詩，俄羅斯的人口將逐漸白髮化，地理景觀慢慢變綠，而人種也將變棕和變黃。

你會考慮蒙古嗎？

蒙古不幸的夾在俄羅斯和中國間，它已不情願地接受作為新絲路通道的命運。蒙古北部有馴鹿農場，在氣候上可以與西伯利亞南方融為一體，同時蒙古南方的戈壁沙漠地區最後可能變成像中國的內蒙古自治區——不是沙漠化就是透過像中國的綠色長城計畫來再造森林。蒙古也已推出一項大規模植林運動，以重新種植已萎縮到只占領土七％的林地。只有三百萬人口——和六千六百萬牲口——的蒙古今日面對一個礦業耗竭其地下水和恢復其游牧傳統及高級喀什米爾羊毛等手工業的權衡取捨。如果蒙古能在氣溫上升將使其酷寒冬季變暖之際平衡這些利益，它可望吸引和其牲口數量一樣多的人口。

中亞的興起

中亞是一個有很年輕國家的古老地區。廣闊的草原和沙漠從裏海延伸到西方和北方的俄羅斯。中國在東方，印度文明在南方，數千年來中亞一直是個匯聚和移居的地方。游牧的粟特人是初始絲路的記述員，翻譯波斯文、突厥文和中文，甚至亞歷山大大帝在公元前四世紀來到此地的古希臘文。伊斯蘭教徒在第七和第八世紀從阿拉伯半島抵達，繼之以希瓦、布哈拉和撒馬爾罕（在今日的烏茲別克）的商旅驛站變成從土耳其到蒙古往來商旅的休息站——也是十三世紀成吉思汗的劫掠部落發源的地方。在突厥—波斯將軍帖木兒從蒙古人手中收復這個地區後，他的曾孫巴布爾建立了後來的蒙兀兒帝國，從根據地德里統治阿富汗到印度的大部分地方。即使在俄羅斯掌控逾一個世紀後，仍能看出中亞的多種族融合超越各國的邊界。

中亞最大的共和國哈薩克面積和澳洲相當，同樣也是人口稀少和商品推動的經濟使它擁有超過鄰國的財富和地位。作為富藏石油的裏海周邊主要國家的哈薩克已很快變成跨歐亞大陸的主要門戶，有從中國到歐洲的高速貨運鐵路經過。首都努爾蘇丹（舊名阿斯塔納）是快速成長的區域金融中心，也是多所大學和壯觀建築物的所在地，例如二〇一七年萬國博覽會的展覽館。

在派遣專業人士和勞工出國——主要到俄羅斯——二十五年後，哈薩克現在本身已成了地區的磁石。隨著俄羅斯的經濟冷卻，超過三百萬名中亞人已在該國欣欣向榮的營建業和其他產業找到工作。在鄰國俄羅斯和中國出生的哈薩克人也紛紛回到新哈薩克。晚近的人口流入是未來發展的跡象，因為哈薩克可望成為世界真正的氣候綠洲。今日哈薩克只有二千萬人，它是否準備好要再接納一億人？

哈薩克坐落在天山山脈的山麓，其商業中樞阿拉木圖受益於一連串市長的施政（可追溯到作為俄羅斯軍事要塞的年代），包括不間斷的植林計畫和禁止興建高樓。今日該市的二百萬居民享受處處賞心悅目的景觀：新遊戲場、有人行道的馬路、腳踏車道，和可降低氣溫的噴霧裝置。

哈薩克人升高的信心不僅展現在該國相對較高的出生率，還可從漂亮的汽車經銷店、新潮的購物商場、時尚的夜總會，和造型鮮明的公寓大樓看出。齊貝克羅利街（Zhibek Zholy Street）看起來像貝爾格勒的米哈伊洛大公街（Knez Mihailova），有音樂表演者、霹靂舞者、街頭藝術家和供應各式美食的咖啡館。處處可見貨幣兌換商，能為日增的商務旅行者和觀光客迅速交易所有的地區貨幣。這裡將是一個亞洲高山區世界主義的孕育地。

在阿拉木圖的典型夏日裡，人們很難不注意到成群的印度觀光客在此逃避南亞的悶熱，同時探尋他們自己的遺產。中亞人和印度人間的文化淵源可以追溯到很早，從蒙兀兒的遺跡到蘇聯時期變得流行的寶萊塢經典電影。我只觀賞過一齣哈薩克的連續劇，但劇中每一段城市遇見鄉村和語言不通的情節都像是在孟買編寫的。在距離不遠的烏茲別克首都塔什干，我遇見過不少能說流利北印度語的店鋪老闆。烏茲別克允許印度人免簽證入境，而似乎有不少中年印度男人搭機前來進行週末的性旅遊。

我們是否正走在蒙兀兒帝國的反方向——一批批印度人穩定地從南往北移民，定居在他們祖先的土地上？一些富於冒險精神的印度醫生已經在阿拉木圖和塔什干設立私人診所。印度廚師在印度旅客最常光顧的旅館擔任主廚。在英語國際學校成為新流行的趨勢下，來自印度的合格教師需求也日益殷切。印度變得愈不適居住，往北尋找溫和氣候及創業機會的印度人也愈多——反轉了他們祖先南下的足跡。

哈薩克和烏茲別克提供豐富的證據，證明中亞的文化融和可望從該地區的突厥部族吸引許多新居民，而且有潛力從橫跨今日伊朗、巴基斯坦和中國的文化匯聚區再吸引數百萬人。想想新疆的二千萬名維吾爾穆斯林遭到中國再教育營的折磨和羞辱。數千人逃離新疆邊界，移民到哈薩克，數百萬人可能接踵而至。在一九九〇年代和二〇〇〇年代，許多人擔心伊斯蘭主義運動可能在該地區坐大，特別是在阿富汗動盪不安的情況下。但哈薩克和烏茲別克加起來人口有五千萬人，伊斯蘭教看起來更像是一個文化特色而非宗教套索。學生參訪清真寺和伊斯蘭學校就像觀光客那樣：去學習歷史。

這一定也讓伊朗人感到寬慰些，他們既受到他們什葉派伊斯蘭教神權政治的壓制，也面臨該國的環境危機。伊朗人過去逃往北美洲或歐洲，但他們與塔吉克在人種和語言上關係最密切——兩國被描述為「共有一個靈魂的兩個身體」。伊朗在塔吉克興建電廠和隧道，並在分隔兩國的阿富汗北部「達利帶」（Dari belt）走廊繼續合作，其目的是貿易，但那也可能變成尋求高海拔庇護地的波斯人移民的路線，因為塔吉克有許多冰川。伊朗和中國已簽訂二十五年的戰略夥伴協議，專注於伊朗的商務交易，但隨著伊朗的氣候危機迫近，兩國可能合作把帕米爾山區的冰川融雪引入噴赤河（Panj River），並合成一個準伊朗—阿富汗—塔吉克的「法爾斯」省（Farsistan）。

截至目前，中亞移民增加是出於偶然多過於計畫。哈薩克政府特赦數十萬名過去沒有身分的非法移民，並招募地區的學生，但未積極與國民討論該國人口組成未來將面對何種根本的影響。這是說，除了中國人以外。中國勞工和房地產投資人湧入哈薩克和吉爾吉斯已導致反中國人的抗議和工地罷工，各方都想要在顧及顏面的情況下找到解決勞工和合約爭議的方法。

但中亞吸引愈多旅客和居民，政府就將把移民視為商業模式的一部分和邁向經濟多元化的路徑。外國勞工將在拓寬道路、修築鐵路、興建住宅社區、擴大灌溉渠道和打造大規模太陽能電廠上，扮演不可或缺的角色。哈薩克已為太陽能電廠計畫發行綠色債券以吸引投資。

如果中亞的人口從目前的五千萬人增加為五倍或六倍，它也必須尋找餵飽所有人的方法。該地區正從過去數十年蘇聯強制棉花生產導致鹹海（Aral Sea）幾近消失的災難中復原。哈薩克正在鹹海地區種植數億棵耐旱的作物，以恢復曾經欣欣向榮的農業。烏茲別克（國土的八〇%是只有灌木叢的沙漠）現在提供減稅給有能力汲取地下蓄水層、興建新水道和裝設滴水灌溉設施的投資人。溫室不斷冒出，以擴大生產西瓜、小黃瓜、番茄、石榴、櫻桃和其他水果與蔬菜，而食品加工業正在更新設備以延長產品效期和該國農業的市場範圍。有著太陽能面板屋頂的長排預鑄房屋沿著阿姆河興起，證明烏茲別克將有足夠的能源、水和食物以度過未來數十年的氣候變暖。

中亞的大陸型氣候意味季節性的極端特性，從夏季氣溫高達攝氏五十五度到冬季降至零下二十度。隨著平均氣溫上升，該地區預料冬季將不再酷寒，但夏季將更熱。在二〇一九年夏季，烏茲別克政府首度發布公共服務宣告，提醒人民從中午十二點到下午四點留在室內。（我個人建議從上午十一點到下午五點。）根據我經常每天暴露在攝氏四十度氣溫下的經驗，乾燥讓人較能忍受熱，但必須待在有遮陰處，而在潮濕的情況下這種熱度讓人難以忍受。該地區的夜晚十分宜人；日落後街道便活躍起來。

較高緯度和更多變化的高度將使哈薩克更有機會順應氣候的變化。該國現在是世界最大小麥出口國之一，同時也種植大麥、向日葵、亞麻和稻米。新農企業和合作社補貼協助農民獲得更好的飼料、肥料和設備，用以生產更多牛奶和農作物。但面對未來更長的乾旱季節，哈薩克將進一步投資在擴大從天山山脈引水的灌溉水道，並截取更多冰川融雪進入蓄水庫。

哈薩克廣大的面積也讓它成為以大氣硫處理減少陽光烈度、人工降雨以增加雨量，以及大規模植樹造林的理想地點。哈薩克的草原森林——大小相當於英格蘭——面積愈來愈大，歸功於政府補貼造林計畫。在這個森林帶持續改善老舊的基礎設施將可創造一個充滿活力的生態庇護地。

雖然中亞有帕米爾高原和天山山脈的庇蔭，是聞名的「亞洲水塔」，但光是高海拔在像吉爾吉斯這樣貪腐的國家不足以確保適宜居住。儘管有「中亞瑞士」的稱號，吉爾吉斯在保護原始環境如伊塞克湖（Lake Issyk-Kul）卻未能成功。伊塞克湖是一個鹹水湖，是高海拔版的死海，在蘇聯時代發展出療養院產業，但未能執行環保法律導致過度漁撈和環境汙染。吉爾吉斯的前途端看它的緯度（latitude）和高度（altitude），但它的態度（attitude）仍有很大改善空間。

整體而言，如果中亞的人口從今日的六千萬人增加到二億人或更多，中亞各國的名稱將變成誤名：國名字尾的「-stan」表示「之地」，但這些國家的人口將不再以突厥部落為主。它們的原住民人口相對於外國人比率將類似於阿聯——阿聯人只占阿聯人口的十分之一，而九〇%人口是移民。正如阿聯是管理一個熔爐的小部族，哈薩克也將變成管理全球游牧人的游牧部族。

如果俄羅斯和哈薩克都採取大規模增加人口的政策，哈薩克將變成一個比現在更重要的南—北向過境國。與俄羅斯近七千公里的邊界——全世界第二長——可能恢復到十九世紀和二十世紀的暢行無阻，雖然將是在強大的守門人俄羅斯的嚴格管理下。氣候變遷加諸於該地區政權的沉重責任將提供它們繼續施行高壓統治的充分理由。哈薩克已經與國際移民組織合作促進移民權利；接下來它可能向國際機構要求協助共同管理外國人口區。

哈薩克和其毗鄰國家適合居住的部分具備吸引比現在更多人口的條件：它們有廣闊的空間，需要勞動人口來現代化其經濟，可以永續地安度未來幾十年的氣候變遷，而且在政治上很可能保持相對的穩定。就目前來說，這些國家投資的道路和鐵路、農業和食品加工業、住宅以及醫療照顧似乎足夠，但對未來而言，投資的金額還差很遠。

第七章

北方主義

北方的大陸

世界人口的四分之三居住在北半球，其中住在北美洲的只有略多於五億人，而住在歐亞大陸的則略多於五十億人。北半球也是所有強國所在的地方，具有面積、資源，以及善用這些條件和吸引更多人的能力等優點。北美洲和歐亞大陸因此是過去和未來世界人口和地緣政治的重心。在十九世紀和二十世紀，歐洲科技和移民協助北美洲的財富迎頭趕上，在第二次世界大戰後美國的經濟就占世界的一半。但由於歐亞大陸的歐洲和亞洲部分的人口都遠比北美洲多，因此在達到同樣財富和科技的水準後，北美洲占全球經濟的比率已降至一五%。

然而北美洲的優勢是它戰略性的穩定和可管理的人口規模。雖然它的三個主要國家在工業政策和移民上關係緊張，美國與加拿大和墨西哥的貿易都超過中國，而且美國在這兩國的投資遙遙領先其他國家。北美大陸的兩條主要邊界只有象徵性的作用，重要的是三個國家在能源、農業和工業的高度互補性。北美洲的多個地區具有高度的氣候韌性，例如洛磯山脈、大平原和大湖區都是美國與加拿大共有的地理區和拓撲區（topological zones）——進一步凸顯無可避免地將趨向一個更整合的北美聯盟。

美國與墨西哥的人口混合也推翻了邊界圍牆無法穿越的概念。墨西哥裔美國人和同時有兩國國籍的人已超過三千七百萬人，他們在加州、亞利桑納州、新墨西哥州和德州建立了愈來愈多混合人種的社區。厄爾巴索（El Paso）和華雷斯城（Juárez）由跨越邊界的一座橋連接，每天有數千人往北上學、購物或生小孩，或往南探訪親戚和購買便宜的醫療照護。由於美國的退休者和年輕人都在尋找更低成本的生活方式，住在墨西哥的「美裔墨西哥人」已從二十年前的只有二十萬人激增到今日的一百五十萬人。[1] 在未來數十年，來自中美洲的氣候移民可能以遠比以往更大的規模向北移動。[2]

俄勒岡大學知名地理學家墨菲（Alec Murphy）指出，人類的長期移動會改變我們對世界各地區的宏觀描述，人文地理學因而讓我們得以探究一些更深刻的問題，例如：面對氣候變遷加速，北美洲及其人口將在一個複雜的地球社會扮演何種角色？

我們也必須以相同比重的關注探究歐亞大陸的未來。歐亞大陸對中世紀絲路的再發現在蘇聯解體後的過去三十年已經加速。在一九九〇年代我開始搭乘歐洲鐵路南下進入巴爾幹半島，並觀察歐盟往俄羅斯東擴，其影響力達到毗鄰裏海的高加索國家。到二〇〇〇年代，我從另一個方向跟隨中國人修築的道路和油氣管，穿過哈薩克也來到裏海。而在過去十年，歐洲、俄羅斯和中國已積極合作（和競爭），促成連結倫敦和上海的高速貨運鐵路。

在未來數十年，跨歐亞大陸的基礎設施投資將促進許多經濟體的現代化、提高都市化，和增進工業勞工的流動。長期休眠的城市如撒馬爾罕可能再度繁華，來自四面八方的商販將設置商店並銷售他們的器具。加密貨幣將大量穿越邊界，讓金錢流向各處。黃豆、蔬菜和稻米將種植在遠為多樣的地理區，改善的物流將確保供應滿足需求。除了天然氣管線和鐵路，高壓電纜傳輸太陽能電力以及連結主要河流的運河，也將形成一個遍及從俄羅斯到印度各地

糧食地理學

今日的全球農業大致上與我們的人口分布重疊。除了阿拉伯世界以外，糧食生產集中在人口最多的地理區，例如中國、印度、美國和巴西。但氣溫上升和降雨模式的變化正在改變最適宜的農業生產地理區。

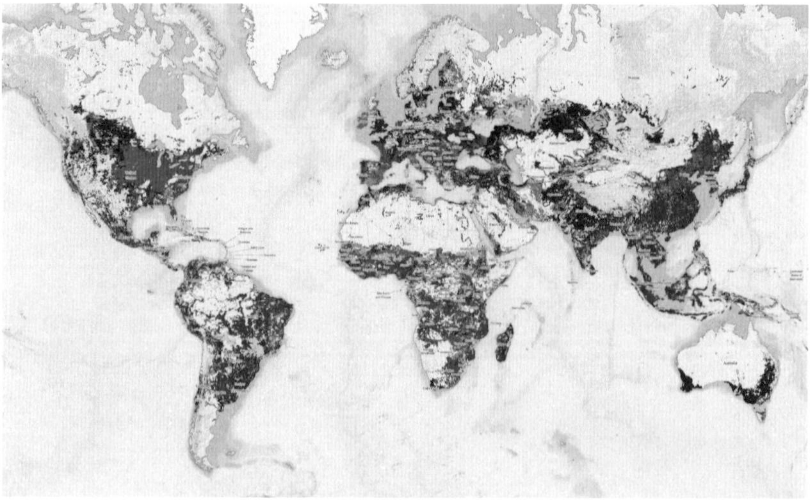

區的新基礎設施網絡。

北極區的大轉變

愈來愈多人群聚在北緯二十七度線，超過任何單一的緯度線。更廣泛地說，在過去六千年，我們已經習慣於北緯二十五到四十五度是最適宜人類居住的肥沃而舒服的地帶。當氣候變遷把我們推出這個理想地帶時，我們是否應該遷移到氣溫更低和人口較稀少的北方？杜克大學數學家貝揚（Adrian Bejan）在他的著作《演化與自由》（*Evolution and Freedom*）中解釋，人口和群眾如何從狹小的點流向寬廣的地區。今日我們密集地聚居在赤道和熱帶的緯度區；未來我們可能分散到廣闊的北方曠野。人類居住的地理區注定要從赤道的起源演進到北方的未來。

將近五百年前，小冰期刺激了西班牙、葡萄牙、荷蘭和英國的探險，讓航海的歐洲成為全球權力的中心。不過在今日，這些昔日的全球帝國經濟積弱不振。在此同時，德國、斯堪地那維亞和俄羅斯——在小冰期受害最大的地區——現在氣候逐漸變暖，並吸引日增的人口。北美洲和歐亞大陸的大國——加拿大和俄羅斯——支配廣大的地理區，且占有水源豐沛的河流和融化的永凍層，可以出售大量淡水給缺水的南方鄰國：美國和中國。加拿大和俄羅斯的另一個共同點是，它們都支配一個過去從未在全球地緣政治和人口扮演如此核心角色的地區：北極區。

科幻文化和外星任務長期以來激勵把其他星球地球化、改造成人類棲息地的願景。在這些夢想開始嘗試前，我們必須先為大規模殖民準備好我們地球上崎嶇而人煙稀少的地方。亞利桑納州的生物圈（biosphere）設施三十年前被認為是用來模擬人類可能在月球上建造的生態社區，現在它已被改造成用來試驗我們如何適應嚴酷的環境條件，例如乾旱和熱浪。

我們會忍不住誘惑宣稱全球暖化的解決辦法就是遷移到北極圈。北極區正以兩倍於其他緯度的速度暖化，而那裡的糧食生產（特別是小麥）正在增加。森林正向北擴張進入苔原。在一個相當於非洲大小的地理區只住了約五百萬人，北極區容納十億或更多居民的潛力似乎很可信。北極區的城鎮正快速增加，正如我在夏季和冬季旅遊特羅姆瑟（Tromso）和希爾克內斯（Kirkenes）等挪威北部城鎮所目睹。挪威甚至已有葡萄酒產業。

但別忘了雖然北極區的夏季可能很宜人，你必須為二十四小時的陽光戴護目鏡，而且雖然冬季可能不再酷寒到無法忍受，那裡仍然是永夜而不適合因為缺乏維生素D而生病的人久待。死於酷寒的人正在減少，但與熱有關的死亡案例逐漸增加。從阿拉斯加到北歐國家的許多地方發生森林火災，但只有少數消防隊（或其他基礎設施）可以因應。在挪威，暴洪淹沒小城鎮，而夏季乾旱則造成牛隻飢餓。甚至優美的島嶼也遇上麻煩：景致壯麗的斯瓦巴（Svalbard）面臨永凍層融化和雪崩；冰島的冰川融化意味河流正逐漸乾涸。

我們也無法逃避我們在地球其他地方製造的汙染：極北地方的原始降雪現在含有微塑料。更糟的是：在永凍層和冰之下有長期休眠的細菌和疾病，例如幾世紀前殺死數百萬人和動物的瘟疫，它們正在解凍並可能再度傳染。融化的永凍層不但釋出溫室氣體如高度易燃的甲烷，也釋出具有危險神經毒性的水銀。另一方面，我們修建的任何道路都將冰凍數個月，然後像陷入流沙那樣被泥炭沼吞沒。所以轉化北極區牽涉會沒入沼澤的道路和可能害死你的化學氣體。

但我們還是會嘗試。美國唯一有一部分在北極圈的州阿拉斯加州，已被美國環境保護署的氣候韌性篩選指數（CSRI）列為有最多郡已準備好因應氣候災害的州。阿拉斯加的人口密度低，也是美國新冠肺炎感染率最低的州。但目前阿拉斯加每年仍在流失人口，因為南方的四十八個州提供更好的就業機會。無疑的阿拉斯加將吸引尋求低稅率的強悍美國人來此展開新生活，並享受較不炙熱的天氣。但即使是在阿拉斯加，數十個海岸城鎮正在被上升的

遷移到北極區？

如果氣溫升高攝氏四度，加拿大、北歐和俄羅斯將是地球上唯一全年適於人類居住的地區。今日人口最多的國家如中國、印度和美國，將因乾旱和其他環境危險而不適人居，雖然美國和世界其他地方仍然是太陽能、風力和其他可再生能源生產者。

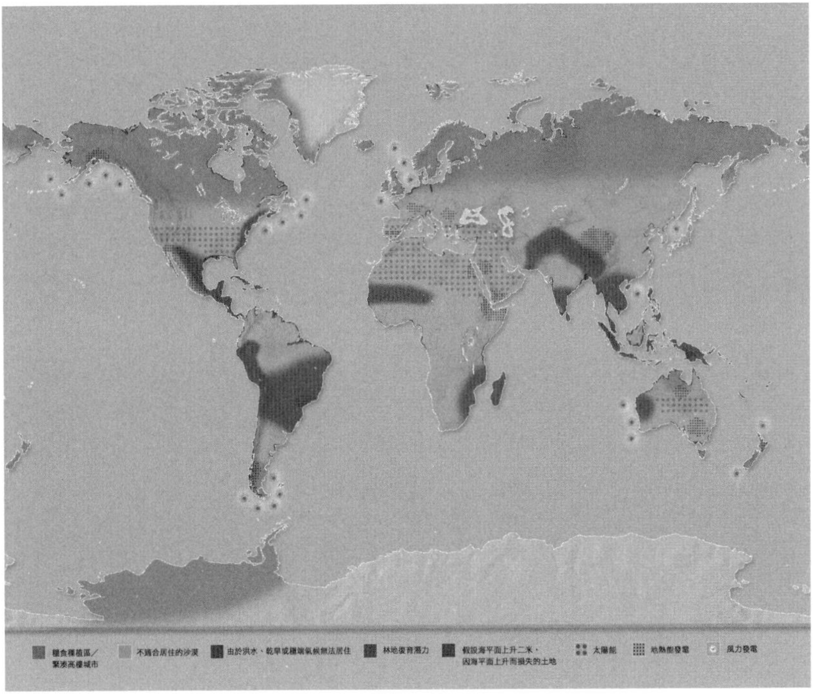

太平洋潮汐吞噬，同時熱浪已在河流中殺死尚未產卵的無數鮭魚。往內陸走，石油鑽探和伐木已危及該州的自然保育。重新開始可能意味打造全新的城鎮。在阿拉斯加和邊界另一邊的加拿大，未來我們將看到一個新北極大熔爐的城鎮集群。

在歐洲，北極區房地產的淘金熱已經開始，驅動的力量不只是來自非洲撒哈拉沙漠往北吹的熱風。

在二〇一九年漫長的熱浪抵達前，一位西班牙的氣象學家宣布：「地獄快來了。」德國布蘭登堡地區的漫長乾季導致野火四起和柏林籠罩在煙霾中，出現類似莫斯科熱浪期間的暗紅色天空。斯堪地那維亞的房地產開發商熱切地推薦夏季別墅給南方遠處的歐洲人。第一家宣布在北極區設立據點供員工夏季居住的公司將需要人工智慧，以掃瞄湧進其收件匣的所有履歷表。畢竟，在有二十小時以上白晝的夏季，會有很多時間工作和玩樂。

北極區的領土將發揮新用途。遷移到那裡本身就是遷移到那裡的理由：在之前只有大自然的地方為人類興建新事物。就像十九世紀率先西進的美國阿米希（Amish）或門諾會（Mennonite）社區，一些小公社將在沒有電網的地方辛勤開拓，利用地方的水源和農業以減少他們對遠方動盪世界的依賴。北極區也將吸引科學家、工程師、環保人士和金融家來此建立研究居留地。他們已經藉由虛擬建築把他們的社區搬上數位世界，並以無現金的區塊鏈合約進行交易。接下來他們將向投資人募集資金，並與政府談判要求授予殖民的土地，以交換投資這些新事業和獲得利益的權利。借用施尼瓦桑（Balaji Srinivasan）的用語：那將是「先雲端，後土地」。

一個人口較多的北極區可能變得類似資源豐富的南美洲大陸，那裡的原住民、西班牙殖民者、非洲奴隸、歐洲人和逃避饑饉的亞洲人，以及逃避內戰的阿拉伯人數世紀來已交織成一個獨特的環境。長期來看，我們可以預見北極區不但有歐洲人、俄羅斯人和北美洲人，還會有敘利亞和印度的農民，中國和土耳其的工業工程師，以及數十種國籍的勞工在種植樹木、興建住宅和挖掘資源。還有比荒蕪的極北地區更好的地理區更適合宣揚一種新人類的身分認同嗎？畢竟，那裡數世紀以來都是無國家的領域。

在此同時，以開採資源、農企業和房地產開發為目的的土地掠奪將加劇。因紐特人和薩米人已因冰層融化而難以在陸上和海上生存。新的商業湧入進一步迫使他們退至保留區，就像美國原住民和澳洲土著的情況。這將是加拿大過去幾十年賦予第一民族（First Nations）重大自治權的反轉。礦業公司、億萬富豪環保家，和原住民可能為主權而在法院爭鬥。

地緣政治也可能讓已經暖化的北極區溫度進一步升高。新航運路線容許北美人、歐洲人和亞洲人避開蘇伊士運河或麻六甲海峽的傳統航運瓶頸。另一方面，俄羅斯正部署武裝破冰船和核子潛艇以主張它發現礦物蘊藏的領土主權。過去北極區國家爭議的是冰原的主權，現在它們將開始捍衛海床。由於北極區代表獲利豐厚的資源和貿易路線，也許海盜也會往北方移民。

中國對北極區的興趣也日益升高，宣稱它是一條「冰上絲路」。中國投資人尋求在冰島和挪威收購戰略土地，但北歐民主國家已拒絕不牽涉控制地方和民主監督的收購提議。

一個混合這些趨勢的假設情況指向涵蓋數億人最後可能相互流動的北半球貿易中心網絡的興起。這個中世紀初漢撒同盟（Hanseatic League）的復興——成員包括漢堡和塔林以北到聖彼得堡、雷克雅未克、希爾克內斯、亞伯丁、努克、邱吉爾和其他性質類似的轉口港——意味城邦和它們的商會再度驅動務實的貿易強權間締結重要的全球關係。

我們能否預先設計我們以漸進探索的方式遷移進入北極區，為這個地區做好吸引人口而不摧毀我們所仰賴資源的準備？或者我們將帶進貪婪的壓榨、瘟疫和地緣政治紛爭，就像我們過去在世界其他地方的做法？如果我們在北極區做不好，那麼就不會再有其他選項了。

當格陵蘭（Greenland）變成地如其名

由於北極區由美國、加拿大和俄羅斯，以及斯堪地那維亞國家等強國支配，它的道路、機場、住宅和電廠等基礎設施可以很快建設起來。格陵蘭是一個例子。它從十九世紀初起就是一個丹麥殖民地，儘管位處崎嶇和偏遠的地點，居民已享有相當高的發展水平。

格陵蘭從白色轉變為綠色是一個致命的諷刺。格陵蘭的冰蓋（大小僅次於南極洲）融化使許多赤道附近的熱帶島嶼面臨生存風險（那裡海平面上升速度最快）。但對格陵蘭而言，這個過程意味重生——也許隨著它的因紐特人口對自治的信心漸增而脫離丹麥獨立。在太平洋島嶼終將被放棄的同時，這個北極區的巨大島嶼人口可能從六萬人暴增至六百萬人或六千萬人。

和冰島一樣，格陵蘭有豐沛的水力、地熱和風電潛力。它的冰蓋融化一年可以提供足以讓世界三分之一人口使用的水。全球暖化讓島上夏季植被得以快速擴張（夏季熱浪期間已經有野火發生）。

隨著格陵蘭變得愈綠，它吸引的地緣政治興趣就愈高。美國一百多年來嘗試收購格陵蘭，但哥本哈根嘲弄地說：「它是非賣品。」雖然美國在卡納克（Qaanaaq；舊稱圖勒〔Thule〕）設置雷達站，格陵蘭領導階層正周旋於從軍事盟國到礦業公司的眾多追求者，以從它的戰略地理位置獲得最大的價值。土地投機者應該不必費心：私有房地產權在這裡被禁止，而市政當局也精明地不讓外國房地產交易商有機可乘。

格陵蘭的發展將無可避免地帶它愈來愈接近加拿大而遠離丹麥。格陵蘭和加拿大有相同的因紐特人口和風俗習慣，而北極區工業化和建立棲息地將需要加拿大更頻繁的合作。最終，格陵蘭的命運不是作為一個丹麥殖民地，而是興起的北美聯盟的一員。

四季適宜的城市

二〇〇四年破壞力驚人的海嘯吞噬斯里蘭卡海岸之前約一小時，象群慌忙地從海岸線撤退並向北闖進鄉間地區。牠們的第六感警告牠們地表的震動表示出了什麼事。隨行的象群照料者也倖免於暴漲的海牆。在此同時，數千名未察覺的海灘客遭到海嘯衝擊致死並捲到海中。

習於現代科技的人類已喪失感覺地球的能力，但面對氣候變遷時，我們不應該再措手不及。我們已經事先獲得警告，而且有科學模型告訴我們接下來會如何。我們可能已失去第六感，但我們能藉科技來協助本能的戰鬥或逃跑反應，向內陸和北方移動以逃避大自然的雷霆

明日的氣候綠洲？

今日人口最多、最富裕和穩定都市集群包括倫敦、紐約、東京和上海。哪些地理區在未來幾十年能成為愈來愈大的人口集群？這些新地區和走廊較可能隨著人口移動加速而崛起。

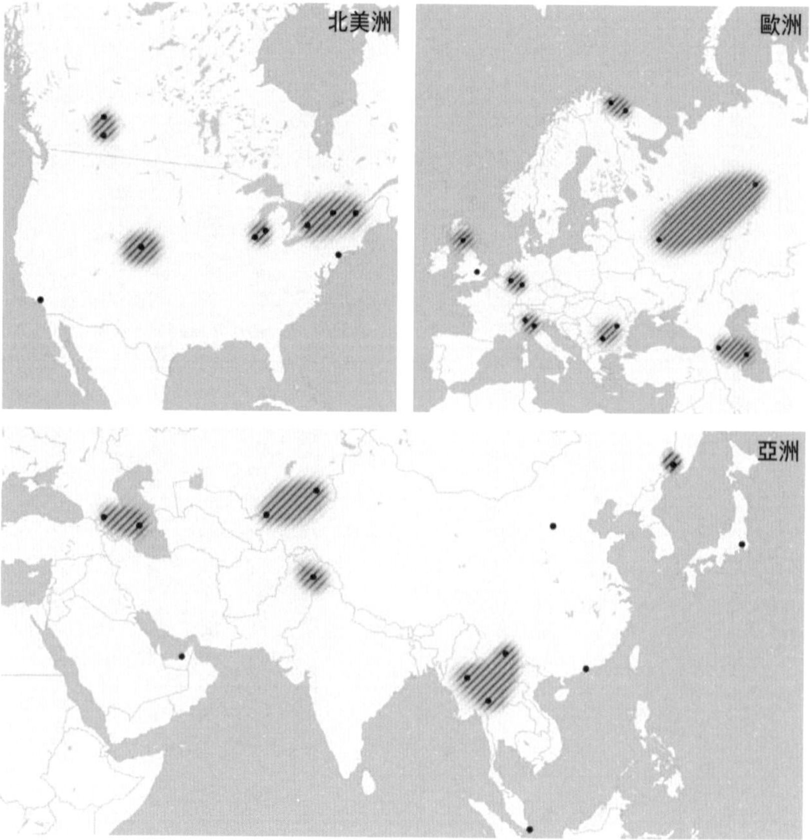

之力。在未來數十年，我們將需要結合原始的生存本能和拓荒者的精神，才能移居到新邊疆和躲避大自然的打擊。

如果最早的原始人類乘坐時光機來到此時，他們很可能認為自己來到另一個星球。在他們的時代，他們漫遊於地球只為尋找季節性的穩定。對照之下，今日我們可以改造自然，讓它順應我們的需求。但我們對大自然的漠不關心在歷史上將只有短暫的兩個世紀，現在大自然正在反擊，迫使我們從定居的日子重回游牧的生活。

氣候的敏感性已迫使鯨魚、北極熊、海龜和蝴蝶改變牠們的遷徙模式。兩種特殊的鳥類藉由改變牠們的季節性棲息地而維持龐大的數量：北極燕鷗（Sterna paradisaea）從北極遷徙到南極（格陵蘭到南極洲），和短尾水薙鳥（Ardenna tenuirostris）從澳洲的塔斯馬尼亞島遷往俄羅斯的堪察加半島，然後再遷往阿拉斯加的阿留申群島再回澳洲。當所有物種都受到威脅時，牠們因為移動而繼續生存。人類也很習慣於季節性移民，不管是在美國和墨西哥工作的農場工人、往返於洛磯山脈和阿爾卑斯山脈的滑雪教練、來回於高原上的帳篷和首都的蒙古人，或輪流住在都市頂樓、郊區別墅和假期小屋的富人。

在一個量子人（quantum people）的世界，居住地會是什麼樣子？答案不是以居住時已經過時的設計、並花上十年來完成的傳統房地產計畫。我們已經有科技——取暖和冷卻、淨水和電力儲存——以使沙漠、高山、森林或苔原能適於居住。我們將需要它們來因應移動的生活。我們已經能安裝模組化的3D列印多功能行動房屋和可攜式聚光太陽能發電器，為什麼還要繼續興建多餘的高樓大廈和連接輸電纜線的鐵塔？

想想孟加拉的氣候移民。這個國家絕大部分土地只略高於海平面，熱帶氣旋和洪水定期讓它近一億七千萬人口的三分之一流離失所。該國總理哈希納說：「絕望的感覺籠罩所有國人。」所以他們開始遷移——帶著太陽能面板、行動電話、淨水系統，以及他們的小孩和衣物。

但大規模人口遷移到相對未遭破壞的地理區帶來更多人為破壞的威脅。解決方案是建設永續且能帶到任何地方的基礎設施。與其留下深刻的都市足跡，不如預先設計可攜且自給自足的住屋，它們不打地基但可以根據土壤情況而調整。研究網絡AudaCities已推出一種「移動村莊」的原型，把淨水系統、水栽蔬果設備和其他必需的裝置內建在移動住宅和其他設施。自給自足的城鎮將有水塔可以貯存雨水，擁有鹽水淡化設施和大氣製水機、住宅用太陽能中心和電池交換站，以及廚餘堆肥、汙水處理和物質回收中心。為了協助復育濕地和農業，歐洲已拆除數千座當初因為需要而建造、但已年久失修的水壩。美國愈快轉換到太陽能、核能和風力發電，就能愈快做到這一點。

對只有特定季節適於居住的地點，我們可以設置快閃城市。約旦的札塔（Zaatar）難民營是一個遠離電力網的村莊，裡面有許多居家大小的帳篷、醫療診所、太陽能電力站、海水淡化設施、學校、傭工介紹中心和其他服務，提供給八萬名主要是敘利亞人的難民。它是一個難民「營」或半永久的城市？另一個例子是印度的宗教節慶大壺節（Kumbh Mela）每十二年輪流在四個聖城舉辦一次，有超過七百萬人住在節慶場地，在整個節慶期間有一億名朝聖客來訪。竹子、塑膠、輕金屬和紡織物被用來組合全套的基礎設施——然後完全拆除——從供電設備和監控攝影機到水供應和汙水道。哈佛設計學院教授梅洛特拉（Rahul Mehrotra）形容這個曼哈頓大小的場所是一個「臨時巨型城市」，但它的機能遠比任何印度城市多。都市化應該被想成一種「有彈性的條件」，依需求而組成，而不是會朽壞和荒廢的購物商場和體育館。正如梅洛特拉說的：「既然唯一不變的是改變，為什麼要執著於永久性。」[3]

梅洛特拉的洞見同時適用於富裕世界和貧窮世界。諷刺的是，雖然我們大幅高估未來的世界人口，我們卻低估了對基礎設施的需求，不管是電力或住宅。一九五〇年代到二〇〇〇年代在許多地區見證了持續的基礎建設榮景，包括被戰火破壞的西歐、超級強國美國（例如州際公路系統），和崛起的亞洲（先是日本和「小龍」經濟體，繼之以中國和印度）。超過一百兆美元被投資於公路和鐵路、油管和電網、機場和辦公室、學校和醫院——所有現代文明的標誌。在同一時期，大多數開發中國家從未有過足夠的基礎設施，尤其是從後殖民的一九五〇年代到二〇〇〇年代它們的人口翻漲為三倍。不管是哪一種情況，對大多數世界來說基礎設施始終不夠，因為不管我們建設什麼，永遠必須維護和升級、部署像是網際網路纜線等新科技，以及得滿足人口增加的需求。

但從海灘房地產到短路的電網，有那麼多我們的基礎設施因為氣候變遷、替代能源和人口移動而變得毫無價值。這些「擱淺的資產」現在是政府和喪屍公司背負的數兆美元債務。

正如過去的文明因為乾旱和其他災害而放棄它們的高聳紀念碑，我們目前文明模式的代表包括象徵國家虛榮的摩天大樓。但這些都不是移動性導向的未來人類需要的基礎設施。波斯灣國家已無法負擔它們；中國已禁建超過五百公尺的建築。

我們必須建設的不再是指向天堂的陽具崇拜建築，而是能順應大自然反覆無常的結構物。反覆使用既有的基礎設施有一個範例：我們在搭蓋建築物之初用來支撐建築的營建起重機。在十年前全球營建榮景的高峰時，估計有十萬座起重機矗立在上海、利雅德、雪梨和其他城市的天際。西雅圖一直比紐約或洛杉磯更積極地打造新建築。我女兒在二〇一〇年代中期在新加坡、杜拜和柏林度過她的一段童年歲月，她的感想之一是：「營建正在接管世界！」但等城市蓋好後，起重機就被拆解，放在平板拖車上，運到需要它們的其他城市。我們現在應該規劃以同樣方式利用建築物本身。正如Google的「登月船長」泰勒（Astro Teller）所言：「我們可能需要自動駕駛建築就像需要自動駕駛汽車那樣。」

正如軟體或人工智慧技術的突破，人類在地理測繪工程上令人刮目相看的能力是今日我們最需要的。像荷蘭這些沿海小國不容許在對極端情況的規劃上犯微小的錯誤。從一九五三年的大洪水後，荷蘭興建了龐大的海牆、抽水站、堤壩和其他可調整的基礎設施，以管理來自北海和萊茵河的洪患。雖然大規模填土造地擴大了該國的面積，它也重新劃分整片地區作為氾濫盆地以拯救阿姆斯特丹、鹿特丹和海牙。其他國家也重劃公園地以保留洪水時期的濕地，並鋪設可滲水的瀝青路面，以導引積水進入地下水層。哥本哈根計畫興建一座稱作林內特荷爾曼（Lynette Holmen）的住宅島嶼，有阻擋海岸暴潮的山丘，同時應對氣候變遷和解決住宅短缺問題。但我們對自己的計畫不能太有把握：雖然我們可能看不到海平面上升，海水的侵蝕把地下淡水推升進入土壤和湧上街道：來自地下的洪水。也許這是丹麥建築師英格爾斯（Bjarke Ingels）提議興建一系列互相連結的浮動城市島（city-islands），可以隨著海平面上升的原因。*

超過九〇%的地球表面沒有人居住。我們能否從聚集大部分全球人口的沿海巨型城市疏散？當我剛開始搜尋去都市化的案例時，我發現不但案例很少，而且規模也很小。但現在我們已能居住較小和較自給自足的社區而無需犧牲全球的連結性，所以那是較可能辦到的假想情況。當我們開始規劃遷移人口時，我們應該把他們遷移到較遠的內陸和較高的海拔，最好是靠近農業區以避免依賴長途的糧食供應。例如，蘇黎世的外圍有許多以農業、木工、3D列印精密機械、電腦模型和其他高科技及低科技為特色的城鎮，它們共享著清潔的空氣、淡水和低噪音汙染——每個城鎮都以鐵路連接瑞士和其他國家的主要城市。對大量的人口，我們應挖掘長距離的運河或鋪設水管，興建以核能為電力的鹽水淡化廠和廢水處理設施。即使是三百萬到五百萬人的城市，我們也可以善用它們周圍的生態區而避免破壞它們。

* 讓我們祈望它們比郵輪對生態更友善；郵輪的每名旅客平均排放碳數高於汽車或飛機，並且拋下無數噸廢棄物到海洋。

億萬富豪的「B計畫」

許多慈善家和名人紛紛保證將把他們的財產投資在碳捕集、再造林、替代能源和其他氣候干預計畫。在此同時，富裕的嬰兒潮世代和X世代已經開始為最糟的情況做準備。他們的「末日保險」包括買下偏遠的夏威夷島嶼或附帶堅固地下碉堡、離網電力、淡水貯存槽、武器窖、機動車輛和直升機的堪薩斯大農場。瑞士的私人地下碉堡不但是堅不可摧的堡壘，還能確保數位韌性，讓你得以使用比特幣。遊艇主人正在強化船隻的裝備以便可以在公海上存活數個月、甚至數年；他們正投資新等級的超級遊艇，具備船艦和潛水艇的雙重功能。其他人正計畫興建浮動私人島嶼，在上面執行自訂的法律，只在友善的管轄地停泊。由於紐西蘭遠離騷亂的海岸，並有可靠的政府、富饒的農業和充沛淡水供應，所以它是有能力購買房地產和公民權的人理想的世界末日地點。但紐西蘭的人口只有五百萬人，而且它對增加人口興趣不大——除非你是億萬富豪。

第八章

「南方」能否倖免於難

衰敗的國家，流失的人口

我第一次有意識地注意到無所事事的年輕人日趨墮落，是我十二歲時探訪北方邦（Uttar Pradesh）——印度人口最多的省分——的親戚時。我們騎速克達逛勒克瑙（Lucknow；北方邦首府）、坎普爾（Kanpur；我出生的地方，高度汙染）和瓦拉那西（Varanasi；印度教的聖城）時，看到小孩們在路邊、店鋪前面、巷子裡或恆河旁遊蕩。就好像他們正等待某件有意義的事發生在他們身上。這種事直到現在還沒發生。北方邦現在有超過二億人口，是中國人口最多省分廣東的兩倍。不過，廣東的人均所得約為五千五百美元，北方邦居民一年所得卻只有九百美元，不到印度全國平均的一半。

許多阿拉伯年輕人的日子也不好過。在一九九〇年代，歐洲國家承諾投資並外移更多工作到北非洲的阿拉伯國家。九一一恐怖攻擊之後那段期間，許多專家指出阿拉伯國家人民飽受獨裁專制的壓迫；有更多錢被花在發表有關阿拉伯「年輕人口膨脹」（youth bulge）的報告，但卻沒有採取對策。美國繼續花數兆美元侵略伊拉克和阿富汗，同時發動無助於改善阿拉伯人生活的公關宣傳。

二〇〇〇年代中期我開始在阿拉伯世界各地旅遊，為我的第一本書做研究，走遍摩洛哥到利比亞，以及敘利亞到伊拉克。我與數百名和我年齡相近的二十幾歲年輕人談話，他們都沒有專業職涯的機會。那些年齡夠大能開車的人會到處打零工；年輕的孩子往往到處閒晃吸強力膠。二〇一一年「阿拉伯之春」的反叛似乎無法避免。

「年輕人口膨脹」報告之後二十年，許多阿拉伯國家情況比當時還惡化——那些已長大的年輕人既未受到有用的教育，也沒有工作。在此同時，歐洲人已有機器人為他們做僕役工作，並且專注於出口到亞洲——和阻擋任何安全渡過地中海來到歐洲的阿拉伯小船或橡皮筏。阿拉伯人只能自求多福。阿拉伯年輕人調查的回應者絕大多數仍認為工作和生活成本是他們最關切的問題。阿拉伯年輕人失業率高達三〇%，為全球之冠，大學畢業生也是如此。[1]年輕人邊緣化不是一個插曲，而是永久的情況——他們對往外移民的渴望也將如此。

阿拉伯人大體上有共通的語言和宗教，且過去幾千年來被共同的哈里發和鄂圖曼帝國統治。儘管他們在現代分屬於由邊界區隔的國家，他們從後殖民時代的民族主義跌落到混亂的內爆卻幾乎是不分邊界的。我在伊拉克擔任美國特種作戰部隊顧問時，我們每天看到突尼西亞、約旦等國家忿忿不平的年輕人游走於區域內各地。從伊拉克叛亂和敘利亞內戰崛起的激進化「伊斯蘭國世代」，最早是由不滿的伊拉克阿拉伯復興社會黨，和沙烏地瓦哈比派支持的伊斯蘭主義者組成的，但經濟凋敝讓更多人難以避開激進分子的誘惑，因為他們承諾賞賜從異教徒（美國人）占領區搶來的性奴隸與土地，以及天堂的處女。現在這些被徵召者已變成「離散聖戰士」——在世界各地發動攻擊的不滿戰士。

阿拉伯地區的失敗國家最好的希望是跟隨摩洛哥的模式：該國藉由投資於村鎮的太陽能、高速鐵路、海水淡化廠、振興農業和植樹而讓年輕人繼續有工作和發展。由於大多數阿拉伯年輕人無法渡過地中海到歐洲，他們應該被用於過去兩個世代大多數國家忽視的國家建設，否則他們只能遷移到波斯灣國家，特別是阿聯。過去阿拉伯人才的移動相當流暢，一國的隕落可以促成另一國的崛起。黎巴嫩內戰從一九七五年持續到一九九〇年，造成大批熟練多國語言的專業人士出走；今日離散的黎巴嫩人是留在黎巴嫩者的兩倍。走進阿聯政府的會議室，很可能裡面也會有一個黎巴嫩銀行家。

黎巴嫩人、埃及人和其他時運不濟的阿拉伯人，也流落到那些支持他們國家財政的波斯灣產油王國：沙烏地阿拉伯。但目前正處油價大跌，而且對他們所能提供服務的需求不大。千禧世代的王儲穆罕默德・本・沙爾曼（Mohammed bin Salman）已推出宏偉的計畫想再造利雅德，和在紅海沿岸興建數十億美元的度假中心和娛樂區。為了滿足占人口八〇%的四十歲以下人民，他也推動社會改革，包括賦予女性開車、旅行和離婚的自由。如果他的計畫成功，那麼另一代的約旦人、埃及人和黎巴嫩人將湧進餐旅業。他們甚至可能重新興建失去的連結，例如鄂圖曼時代連接伊斯坦堡、經由黎凡特（Levant）到伊斯蘭教聖城麥加和麥地那的漢志鐵路（Hejaz Railway）。這是對阿拉伯復興的樂觀假想情況。

但如果波斯灣國家未能自我再造，富裕的沙烏地人和阿聯人將移往歐洲，而較窮的阿拉伯人將回到（或留在）母國——和走上街頭。在從阿爾及爾到貝魯特、再到巴格達各地的激烈抗議中，年輕人聰明地學會放棄派系歧見，而以一個團結的世代挑戰貪腐的統治階層。事實上，在阿拉伯世界各國——包括沙烏地阿拉伯——愈來愈多年輕穆斯林正在放棄伊斯蘭教而變成無宗教、甚至無神論者。[2]和西方的大多數年輕基督教徒一樣，他們名義上信仰宗教多過於實質的行動。年輕的阿拉伯人對宗教領袖和伊斯蘭主義教派的信心已大幅滑落。二〇一九年《阿拉伯新聞》的調查顯示，大多數伊拉克人和黎巴嫩人厭惡宗教在他們的政治上扮演過大的角色，並支持專注於經濟政策的政府。他們視宗教為個人偏好而非一種政治監獄。他們不想等到死後才享有尊嚴。

阿拉伯國家的政府以它們最了解的方式對反抗做出回應：壓制。這些政權對二〇一一年阿拉伯之春和二〇一九年對它的報復顯然沒有學到一件事：別阻斷網際網路。在二〇一一年，穆巴拉克的政權切斷湧進解放廣場的群眾的網路連線後，短短三週他鐵腕掌握三十年的統治就土崩瓦解。在二〇一九年底黎巴嫩政府提議對數位傳訊服務課稅，當「WhatsApp稅」這個詞傳開後，黎巴嫩年輕人很快在貝魯特市鬧區展開激烈抗議，讓該市的活動陷於停頓。他們甚至形成一條一百七十公里長的人鍊，從的黎波里延伸到泰爾（Tyre）。這項課稅最後無疾而終，反而許多部長被迫大幅減薪。

沒有一個阿拉伯國家面對像葉門這麼慘淡的情況，該國的內戰已變成世界上最惡劣的人道災難，它的三千萬人民無水可用。葉門人將很快湧入攻擊他們的沙烏地阿拉伯，並已開始乘坐橡皮筏橫渡紅海，逃到非洲的蘇丹和埃及。但埃及是一個同時面臨政治、經濟和環境風險的定時炸彈，一個瀕臨崩潰的文明。尼羅河本身就是埃及社會的最佳寫照：這條埃及農業命脈流入地中海的三角地帶已經變成一片沼澤。埃及已從一個棉花大國淪落到嚴重的缺水，以至於它最重要的工業正在消失。很快蘇伊士運河將不再舉足輕重，因為歐洲和亞洲間的船運將取道較涼爽和快速的北極航線，以及橫越歐亞大陸的貨運火車。該國的結婚率正在下降（因為男性負擔不起娶妻），而離婚率正在上升。男性被鼓勵在結婚前投保贍養費險，以免他們在離婚後必須支付四〇%的所得給前妻。當然，這會使他們再婚的機會更渺茫。

埃及長期以來自認為尼羅河的守護者，但事實上它和蘇丹（另一個軍政府掌控的國家，人口近五千萬人）從尼羅河獲得的水有近九〇%源自衣索比亞，而衣索比亞正在尼羅河上游興建一座巨大的水力發電水壩，以便為其一億一千萬人口、快速成長的經濟增加發電。未來幾年埃及、蘇丹和衣索比亞必須改變許多事情才能生存：跨邊界的電力和水資源共享、有效率的灌溉和海水淡化、減少貪腐和為數千萬名無所事事的年輕人創造就業。由於期望並非策略，所以我們可以有把握地說，這個不安的世代會有許多人離開非洲，成為其他國家的問題。

和埃及一樣，伊朗代表一個有眾多年輕人口卻對未來沒有明確策略的社會。從伊斯蘭革命以來的四十年，有才能的伊朗人紛紛遠離故鄉前往杜拜、倫敦和洛杉磯，大多數人因為可能遭到無理逮捕而不再回來，甚至不探訪家人。在四十幾年自我挫敗的與世隔絕中，伊朗不但面臨更嚴厲的制裁和油價下跌，而且絕大多數的年輕人口因為貪腐的神權政治和停滯的經濟而感到窒息。二〇〇九年「綠色運動」以來的暴動雖然零星，但規模都不小。二〇一四年我在德黑蘭四處探訪並會見數十名伊朗的活動分子，我讚揚他們為「做就對了」（Just Do

It）世代，因為他們克服萬難進口設備展現了無比的膽識。現在他們呼籲稱作「公共廣場」（madaniyya）的市民運動。烏克蘭二〇〇四年的「橘色革命」以基輔的公園為中心，而在伊朗政權二〇二〇年初擊落一架飛往基輔的烏克蘭航空班機後，伊朗的年輕人把基輔的精神帶上德黑蘭街頭。但每次他們從又一次徒勞無功的抗議回家後，就有更多人計畫逃離伊朗。

齋戒月生活與地下生活

正午時間一到，電就停了。在巴基斯坦——和埃及、黎巴嫩、伊拉克、奈及利亞和許多其他國家——幾乎每天都是如此。水龍頭也經常停水，即使氣溫不斷上升。這就是北非洲和中非洲、中東和南亞各地數億人的生活。在地下水位下降和電網故障下，被困在炙熱亞熱帶緯度的人日常生活能不能更好些？隨著全球氣溫上升，所有信仰的人可能都必須遵循齋戒月式的規律：早點起床吃飯，待在有空調建築的室內，或休息度過炙熱的白天，只有在日落之後外出。也許我們也應該穿得像波斯灣的阿拉伯人：簡單的白色寬鬆棉袍以反射日光，讓我們略微涼快些。

熱浪和缺水也可能恢復西方早已拋棄、但在中東依然盛行的共同行為。例如，更多人可能樂於享受幾百年來被視為尋常的澡堂文化。為了避免在沒有空調的住家過於悶熱，歐洲人將聚集在溫控的公共活動場所，或藉由地下水循環冷卻系統降溫的共用工作空間。這可能有助於強化已經隨著鄰居變成陌生人而消失的社會和諧感。

許多澡堂建在地下以方便汲取自然的溫泉或冷泉。也許整個居住地也將蓋在地下。數十年前，一些習慣於嚴寒冬季的城市開發出大面積的地下購物廣場、美食街，甚至電影院。莫斯科以其藝術裝飾的地下鐵聞名，基輔也有著名的地下市集。蒙特婁的地下步道在人行區延伸三十二公里，甚至連接住宅區建築。類似的計畫已在赫爾辛基、多倫多、北京和新加坡進行，雖然沒有把住宅包括在內。人類仍然偏好住在地面，不願意讓自己陷於幽閉恐懼症。但想像熱浪、破壞力強大的暴風和其他自然災害定期——或以無法預測的頻率——降臨在我們身上。建在地下以避寒的城市也可以用來提供抵擋地面天然災害的緩衝。

困在移動途中的非洲人

非洲是羅馬俱樂部一九七二年的訊息沒有提及的大陸。非洲證明了成長的人口可以是一件好事——但也可能是壞事。非洲的人口已經增加到遠超過經濟所能負擔，因而將它推入無法治理和生態危機的深淵。非洲需要更多生產力，而非它無法負擔的更多人。現在的問題是：占非洲大陸六〇%的二十四歲以下人口將何去何從？

在過去三十年，非洲的糧食和礦產資源已變得與全球經濟更緊密連結，使得許多人預測二十一世紀可能是非洲的世紀。但提升非洲的趨勢都無法保證長久持續。中國和印度都在分散它們的商品進口，讓非洲作為供應者的地位下降——而且隨著石油和礦物價格下跌，非洲國家可能無法償付債務，並被迫放棄它們用來擔保的油田和礦場。從吉布地到尼日，非洲積欠中國最多債務的國家可能在中國上門要債時陷於內戰。歐洲移民危機有一部分是中國製造的，因為中國的開發計畫正在遷移社區和改變河流系統以種植供出口的糧食，驅使非洲人往北移動。但歐洲的投資——儘管不斷重申支持非洲的大戰略——卻停滯不前，甚至歐洲還對未來的移民關上大門。

但是移民仍然想盡辦法來到歐洲。數億名非洲年輕人生活在貧窮中[3]，特別是從剛果和尼日等中非洲國家往北逃向利比亞的非洲人，而肆虐利比亞的民兵組織則從中牟利，容許暴徒和海盜勒索和餓死那些想偷渡越過地中海的人。許多人沒有到達彼岸：溺死在地中海的非洲人（從二〇一四年以來有近二萬人）遠多於穿過墨西哥沙漠前往格蘭河（Rio Grande）時中暑而死的拉丁裔人。非洲大陸激增的人口和環境壓力已引發人道呼籲，要求歐洲開放更多移民進入，但北半球的回答一直是：留在國內，少生小孩。

非洲人口最多的國家奈及利亞是預測非洲人口持續爆炸性增長和經濟崛起的關鍵。但奈及利亞也是一個資源緊張和衰敗的故事，未來很可能變成一個內戰區而非三億人口的繁榮市場。它是一個經常被描繪成瀕臨內爆邊緣的國家，而非更直白地說它的內爆正在加速。非洲最大城市拉哥斯也面臨海平面上升的風險；像是馬可可（Makoko）等搭蓋在沼澤的貧民窟很快將被進逼的大西洋淹沒。奈及利亞是世界上最凶惡的恐怖組織之一博科聖地（Boko Haram）所在的地方，還有無數其他民兵團體與基督教徒和其他少數族群對立。奈及利亞將人口走私定罪化，使年輕的奈及利亞走私客失去生計，自己也被迫出走，加入赤道非洲人口外流的浪潮。

如果有一種人注定要移動，那必定是厄利垂亞人。極度貧窮、數十年的乾旱，和一九九〇年代末與遠為強大的衣索比亞的戰爭，迫使約一百萬厄利垂亞人逃到毗鄰的蘇丹。二十年後，厄利垂亞難民、庇護尋求者和移民的數量仍然超過七十五萬人，約占總人口的四分之一。一些人取道蘇丹進入利比亞，然後乘船筏到歐洲。其他人前往烏干達，從那裡一連串危險的飛航帶他們在烏拉圭著陸，然後他們徒步或搭便車到巴西、安地斯山國家和中美洲，直到他們抵達美國並在加州安頓下來。隨著渡過地中海和大西洋變得愈來愈危險，厄利垂亞人也可以選擇穿過蘇丹進入埃及，或乘船筏渡過紅海到沙烏地阿拉伯。絕大多數是年輕人的厄利垂亞人成長過程都看到，那些比他們年長的同胞一有機會就會離開自己的國家。往外移民就是他們的生活——而且他們不知道那會把他們帶往何處。

非洲人正爭先恐後想到歐洲去，但大多數人將只能暫時滿足於頻繁的內部移民。即使是內部移民也因為新冠疫情對公共衛生系統的衝擊而倍加困難。儘管如此，非洲人在非洲內部移動已代表全世界最大的移動人口之一，而且非洲國家間不合理的邊界已成為人員、產品、糧食、礦物、毒品和武器的轉運區。非洲政府都已同意到二〇二五年讓整個大陸變成自由貿易和移動的區域——這個協議是承認既成的事實，也代表拆解非洲被強加的殖民邊界的努力。隨著二美元電話和行動支付普及到每個國家，非洲有機會利用各種形式的行動性作為再造自己的跳板。

非洲發展的前途明顯的是製造業和貿易、服務業和技術、都市化和數位化。肯亞首都奈洛比的喧鬧透露出這種積極的跡象。但大多數非洲年輕人甚至並不喜歡這種最低程度的創業熱。非洲還需要更多人陷於交通堵塞中，或販賣中國玩具和雀巢（Nestlé）巧克力嗎？

非洲開發銀行有一個更好的想法：它想把農業區轉變成主要的就業創造區，用再生能源來提高食物生產的效率。非洲有近半數世界未開墾的可耕農地，而且是最大的硫酸鹽肥料出口地，但卻有數千萬人面對嚴重的糧食短缺。聰明的國家如迦納已推行計畫，以專業方式訓練更多農民和為他們引進更好的設備。與其為歐洲種植鮮花，非洲應該為自己種植更多食物。

為了達成這個目標，非洲將必須保護它的水。逐漸乾涸的查德湖加劇了查德、喀麥隆、奈及利亞和尼日間的部落緊張，迫使近三百萬人離開他們的家園。乾旱也已減少了尚比西河的水量，尚比亞和辛巴威邊界過去無比壯觀的維多利亞瀑布可能漸漸變成一個小瀑布。這表示農耕減少、觀光業萎縮，和水力發電減少。蘇丹等國家出售農地給沙烏地阿拉伯，和其他波斯灣國家收購上尼羅河地區的農地，也表示非洲出口它的水，這使得蘇丹必須借錢從其他國家進口小麥。當東非洲國家無水可用時，它們的人民可能往南逃到肯亞，往北到埃及，或往西渡過紅海到有海水淡化水的沙烏地阿拉伯沿海城市。那就像十萬年前非洲大乾旱歷史重演。

非洲部分地區有中期適宜居住的潛力，例如雨林占國土面積八〇%的加彭，以及沿海的剛果和波札那自然生態仍然相對平衡。這些是非洲人可以建立永續新飛地的地方，就像未來電影《黑豹》（*Black Panther*）裡瓦干達的想像情節。[4]如果真是如此，非洲的年輕人肯定會往那些地方遷移。

南方的假想情況

大多數人可能永遠不會離開自己出生的國家、區域或大陸，這特別對十二億非洲人和四億五千萬南美洲人是一大苦難，他們較可能沒有能力或不被允許離開。這是一個悲慘的諷刺，因為專家預測非洲和南美洲將有最多人口因為氣候變遷而遷徙。開發中國家近幾十年的經濟成長略微縮小了南北半球的差距，但氣候變遷和新冠肺炎將加倍拉大這個差距。一位聯合國官員曾說：「我們正面臨『氣候隔離』的風險，富裕國家用錢逃避過熱、飢餓和衝突，而世界其他國家只能受苦。」[5]

地球「南方」的前途有各式各樣的假想情況。如果南方往北方的移民仍然受到嚴格限制，那麼南美洲和非洲將繼續成為氣候變遷（主要是北方的錯）和政治腐化（大部分是自己的錯）的受害者。南方可以投資在基礎設施、工業、農業、教育、清潔能源和醫療照護，讓自己更自給自足，同時有餘力出口到世界，否則可能承受生態滅絕和彼此傾軋的苦難，為稀少的水資源和糧食來源爭戰，並因而每年死亡數百萬人。

不管是哪一種情況，北方仍然會希望魚與熊掌兼得：開採南方的礦產、談判獲得南方的糧食供應，但汲取更多來自南方的投資利得、償債和非法洗錢——超過對南方的投資和援助。北方國家將快速地把過去它們從南方進口勞力的大部分功能自動化，否則它們將必須選擇性地招募南美洲和非洲移民，以填補還未被亞洲人填補的功能。最可能的結果是所有這些假想情況的組合。

南美洲：永遠的「失落大陸」？

南美洲有全世界最豐沛的淡水存量，但這對水龍頭已經流不出水的南美最大城市聖保羅沒有多大意義。要讓亞馬遜河及其支流通達該大陸絕大多數住在海岸的人口，它們必須被允許自由流動——而砍伐森林和乾旱這種致命的循環卻是河流無法自由流動的主因。巴西仍然在左翼社會主義和右翼民粹主義間擺動，而後者正在加速亞馬遜森林的破壞。巴西可以善用亞馬遜的資源以提升生物醫學和藥品創新，但隨著它焚燒自己的未來，愈來愈多巴西人正帶著家人和財物遠走他鄉。

幾乎沒有拉丁美洲國家（除了較小的哥斯大黎加和烏拉圭）沒有叛軍團體和凶殘的幫派；該地區有全世界最高的謀殺率。拉丁裔年輕人珍惜讓他們表達自己的數位媒體工具，但網際網路也讓他們看到如果能擺脫貧窮、暴力和貪腐的不幸，他們將得以過更好的生活。

南美洲的其他大國都沒有理由給這個大陸樂觀的理由。在十九世紀，阿根廷對它的經濟躍升如此信心滿滿，使許多人懸掛上下顛倒的世界地圖，把南半球置於上方。但數十年的意識形態擺盪讓它的經濟跌落谷底、債台高築，而無法不靠對已經生活困頓的人口增稅以進行基本的投資。難怪走投無路的人民轉向比特幣以規避資本管制和把錢轉移到國外。更糟的是，人口占全國三分之一的首都布宜諾斯艾利斯必須擔心海平面上升。在此同時，阿根廷其餘的地方大多飽受暴雨侵襲——兩週內降下一年的雨水——帶來牛隻必須學習游泳的嚴重水災。冰川融化將使河流進一步暴漲，直到它們完全消失——然後極端的乾旱可能接踵而至。阿根廷生產足夠一億人吃的糧食，但它將必須善用農業工程在它豐饒的巴塔哥尼亞地區，才能保持作為世界的雜貨店——和吸收來自南美洲其他國家的氣候移民。

在二〇〇〇年代，在查維茲（Hugo Chavez）掌政下的委內瑞拉幻想自己將取代阿根廷和巴西的地位，然而今日它是世界上難民危機最嚴重的國家，大批的委內瑞拉人逃往哥倫比亞和其他安地斯山國家。原本水量豐沛的奧利諾科河（Orinoco River）因為過去十年每年降雨減少五〇%而水量驟減，導致用水匱乏和水力發電銳減。該國西部的山脈過去有五條冰川，現在已完全融化。不難想見委內瑞拉人有朝一日可能由新領導人來管理該國龐大的能源蘊藏，但沒有人知道那會是什麼時候。

即使是前景較好的安地斯山國家如哥倫比亞，也即將因為乾旱和過度採礦導致地下水層耗竭而面臨缺水。祕魯的冰川都在快速融化——先是帶來洪水，然後是乾旱，該國的一千萬名農村貧民將一無所有。厄瓜多、祕魯和哥倫比亞的人口可能必須遷移到它們的三角邊界地區，以便從僅存的雨林獲益——但他們必須先控制當地的森林火災。

安地斯山國家智利表現出資源與人口錯置的情況，將必須修正以協助人民順應氣候變遷。該國北方不毛地區的長期乾旱已迫使農民把牲口遷移到南方較肥沃的土地。首都聖地牙哥在過去十年增加了超過一百萬人，現在人口占智利總人口一千八百萬的一半。但該市不僅缺水，而且因為位於高海拔而經常乾旱。智利政府將必須引導安地斯山脈的冰川融水和增加太平洋岸的海水淡化，但該國仍會有許多人口必須往南遷移，前往面對南極洲、有著壯觀峽灣的麥哲倫省（以十六世紀首度環繞世界航行的葡萄牙探險家麥哲倫命名），那裡可望成為南半球的挪威。降雪減少已迫使滑雪者轉移到安地斯山脈南部，而雖然智利南部的夏季正逐漸變暖，但山脈和海洋使熱度降低（讓它遠低於南太平洋對面澳洲的酷熱）。許多德國移民在十九世紀開始遷移到智利南部，智利人將需要借助他們傳承的工程能力以擴充目前只有兩線道的南北向Ruta五號公路，也就是泛美公路在智利的三千四百公里路段。

你能住南極洲嗎？

南極洲剛經歷它有紀錄以來最熱的一年（二〇二〇年二月超過攝氏十八度）、冰帽加速融化、降雨量增加，和植被面積擴大。南極洲目前還沒有永久居民，雖然在夏季月分有許多研究站容納約五千名科學家和職員，同時紐西蘭已開始擴充其史考特基地以使它成為全年適於居住的設施。不過，半年時間缺乏直接日照讓自給自足的農業難以維持，雖然室內光照的水耕生產是可行的方法。儘管如此，南極洲還是可以協助南半球國家因應淡水短缺：南非已嘗試拖冰山到其海岸。這個冰大陸的採礦潛力最吸引中國，但一九五九年的南極洲條約禁止採礦活動。到二〇四八年續約時，中國可能推動修改這條規定——甚至提早。

澳洲：太熱的下方

數十年來南、北半球的兩個最大的國家走過非常類似的軌跡，兩國都有橫跨大陸的豐富資源，加拿大和澳洲的商品榮景為它們稀少的人口帶來數十年不中斷的經濟成長。但現在它們的路途開始分歧：加拿大很可能是氣候變遷下最大的贏家，而澳洲將是輸家。

在二十世紀中葉，澳洲學者示警全球人口過剩和糧食短缺會促使國際機構尋求接管該國豐饒的農業。但這將不再是澳洲人需要擔心的假想情況。相反的，和加拿大擁有茂密的森林和廣大的可耕地不同，澳洲大部分地方是沙漠並且正快速擴大到影響沿岸地區的生活。野火和海平面上升也是如此。澳洲的氣候危機會不會嚇阻長期以來的移民湧入——甚至讓其初始移民的後代逃離？

氣候變遷正在肆虐這個幸運國度。澳洲內地的河流和水源已經乾涸；沒有栽種新作物，動物紛紛死亡，人口開始離開。二〇一九年的叢林大火蹂躪維多利亞州，燒光一個比瑞士大的地區，燒死數十萬動物和幾十個人，數千棟住宅變成灰燼，澳洲不得不進行歷來最大規模的承平時期疏散。大火如此熾烈，製造出的「積雨雲」會產生自己的風暴和閃電，進而造成新火災。一位學者說，人類世（Anthropocene）比較像是「燃燒紀」（Pyrocene）。[6]在澳洲人口最多的州新南威爾斯州各地，叢林大火切斷進出雪梨的主要道路——然後強大的龍捲風襲擊該地——引發二〇二〇年初的洪水。不過，澳洲的水庫一年大半時候處於低水位，居民受到嚴格用水限制，雖然當局縱容工業活動吸光水供應並製造巨大的碳足跡。

澳洲是一個富裕國家，它的人口稀少，但從礦產和天然氣出口創造龐大的收入。澳洲的財富和能源可以用於海水淡化以恢復其農業。但澳洲也有懷疑氣候變遷的政治人物和強大的工業遊說，導致前瞻的監管受到干預。其結果是，戰略性的水利工程計畫如北南向連接昆士蘭州和新南威爾斯州的運河遭到擱置，雖然它們需要許多年才能完成。誰知道移民或澳洲人會不會堅守澳洲那麼久。

澳洲向來是中年英國人、地中海國家和阿拉伯移民，以及雄心勃勃的亞洲人最偏愛的地點，吸引了放棄社會階層、僵化的教育體制或高壓政治（或所有三項）的中國人、日本人和南韓人。澳洲在經濟合作發展組織（OECD）國家中已經是外國出生者占人口比率最高的國家，每年接受約二十萬名新移民。該國正在變成亞洲裔比白人多：目前只有略超過一半人口雙親都是本國出生者，但新誕生的澳洲人雙親的來源國增加最快的是中國、印度、馬來西亞和菲律賓。主要城市的中心區比同質性高的鄉下地區更容易看出未來的人口組成：外來的年輕移民直接湧入雪梨鬧區，而年齡較大的白人家庭則遷移到郊區。正如前澳洲外交部長埃文斯（Gareth Evans）睿智的描述：「澳洲的未來將取決於其地理區多過其歷史。」

如果沒有被舒適的城市——如伯斯、阿得雷德、布里斯本和墨爾本——吸引的移民，澳洲的科技業不會存在。這些城市都積極投資在可步行性（walkability）、教育和公共服務，讓它們成為澳洲本地和外國人才嚮往的高生產力中心。由於澳洲仰賴外國人才，極右翼一族黨（One Nation Party）的仇外心理對國家沒有好處。新冠肺炎更是如此。雖然疫情並未造成許多澳洲人死亡，但卻嚴重打擊外國學生和房地產投資人的胃口，而這兩種人也是澳洲經濟的支柱。如果澳洲經濟一直以來的好運氣用完了，地緣政治趨於緊張，或氣候變遷把移民趕跑——或三者同時發生——許多人可能帶著他們的澳洲護照，轉往其他地方。

如果連驕傲的澳洲人也這麼做也別驚訝。澳洲有不安的年輕人遊蕩於國外的長期傳統，其中許多人永遠不回來。現在政府正積極補貼澳洲學生到國外留學和學習亞洲語言，以便為澳洲礦業公司、大學和醫院——它們都已發現必須擴張到外國——培養更多有用的海外員工。這些學生都樂於有這種機會，因為他們畢業後平均花三年才能找到全職工作。難怪這麼多澳洲年輕人畢業後就到處遊蕩。

第九章

亞洲人來了

未來是棕色的

在十八世紀末工業革命前，亞洲——特別是中國和印度——占世界經濟的比率將近六〇%。兩百五十年後，亞洲再度達到這個占比。西方掌控科技、快速工業化、人口成長，加上帝國野心，推進歐洲和後來的美國在十九世紀和二十世紀支配了全球。但正如亞洲的復興所展現，長期來看有更多人口的社會傾向於變得更繁盛，因為它們積累和散播的創新會讓人民更加富裕。吸聚人口等同於吸聚力量。亞洲的人口現在是美國和歐盟加起來的五倍——而且亞洲的強國也掌控最新的技術。西方社會將繼續喪失對亞洲的優勢，除非西方填補它們的人口——最可能以亞洲人。

殖民歷史已經讓印度人融入遍及全世界的國家。印度僑民是世界第二大僑民族群（次於中國僑民），但在地理上散布最廣，在除了南美洲以外的各大陸比率都最高。住在外國但維持母國國籍的印度移民高居世界第一（超過一千七百萬人），遠多於墨西哥人（近一千二百萬人）和中國人（近一千一百萬人）。移居阿聯的印度人多到當地印度大使館課徵僑民稅，用來支撐陷於困境或需要遣送回國的國人。蓋亞那前總統、愛爾蘭前總理，和葡萄牙現任總理都是印度裔。

醫藥、科技和其他領域的人才爭奪戰已吸引數百萬南亞家庭遷移到英國和北美洲，那些地方使用的英語給了他們在同化中超越其他國籍移民的優勢。我記得小時候學習英語的辛苦，但因為當時年紀還很小，所以雖然英語不是我的母語，到了大約八歲時就已經能熟練使用它了。正是因為一九八〇年代中期威斯特徹斯特郡（在紐約市郊外）的印度家庭相當少，融入是唯一的選項。在歐洲和美洲各地可以找到「中國城」，但沒有可相提並論的「印度城」。

下一波全球印度移民潮將可能是全世界截至目前規模最大的移民潮。由於印度人口的中位數年齡比中國人年輕很多，不到二十五歲的印度年輕人有六億人。OECD國家中高技術的外國勞工中有三百一十萬人出生於印度，遠高於中國的二百二十萬人。後新冠疫情的經濟頓挫和印度嚴重的汙染，使印度人比以往更有離開國家的動機。隨著印度擴大它的大學，愈來愈多印度人取得美國、歐洲、澳洲、日本和新加坡的大學學位。中國學生目前在西方大學的人數超過印度人，但長期來看印度人將迎頭趕上。此外，印度人並未遭遇中國人面對的懷疑。英語能力、科技教育和戰略上不具威脅性的身分，使印度人到處受歡迎，尤其是在中國人變得不再受歡迎時。IBM、Google、微軟、萬事達卡、諾基亞和諾華（Novartis）的執行長都是印度人，從波士頓到矽谷數百家其他公司的創辦人和執行長也是；中國人擔任這些職位將愈來愈不可能。

印度人才流入美國和美國資本流入印度是快速吸聚更多印度人的公式。美國H1-B簽證絕大多數發給協助提振美國軟體生產和出口的印度人。布魯金斯研究所估計，川普總統二〇二〇年六月以行政命令限制非移民工作簽證讓美國經濟損失一千億美元。[1] 它也給美國科技巨人藉口以擴張它們原已十分龐大的境外足跡：從電信到電子商務再到人工智慧，矽谷對印度的投資正在激增。印度希望說服一百所主要大學在印度開分校。

但是記住：所有這些印度技術提升的綜合效應將使印度人更有資格申請適宜居住地方的工作簽證。西方跨國公司興奮地談論他們想賣產品給三十多億亞洲的中產階級，但亞洲的數十億人同樣殷切地想儲蓄並遷移到他們想居住和花錢的地方。印度男性苦於缺少可以結婚的女性（因為數十年來的殺女嬰惡習），而印度女性則急於逃脫容忍輪姦的文化。雙方都厭惡包辦婚姻，寧可遷移到外國——在外國他們大多數藉由社交或約會應用程式找到其他印度人。

整個南亞地區有無數受過教育且勤奮的千禧世代和Z世代年輕人，準備出國賺錢並匯款給他們的親人用來更新房屋——或儲蓄以跟隨他們出國的足跡。這就是巴基斯坦人、孟加拉人和斯里蘭卡人也移居波斯灣、英國和北美洲的方式——以及烏爾都語（Urdu）以最快的速度變成美國家庭裡使用的外國語言之一的原因。另外還有一億三千萬名年齡不到三十歲的巴基斯坦人，其中大多數因為經濟凋蔽而找不到工作，他們最終將以各種方式離開自己的國家。

對下一波移動的印度人來說，現在正是最好的時機。在墨西哥人對外移民減少和俄羅斯與中國人口逐漸老化之際，印度的人口仍然年輕，不管男性或女性都渴望離開他們在文化上和生態上都令人感到窒息的國家，前往北美洲、歐洲、波斯灣國家、俄羅斯、日本、澳洲或

亞洲人的主要僑居地

華僑是世界最大僑民族群，但南亞人口（特別是印度）正在世界各地增長。在歐洲、波斯灣和非洲的印度人已經遠多於中國人。在北美洲，南亞人增加的速度也遠比中國人快。

	中國人	南亞人
澳洲	1,200,000	962,000
加拿大	1,800,000	2,000,000
美國	5,100,000	5,400,000
南美洲	1,100,000	553,000
非洲	1,000,000	3,500,000
中東和北非	550,000	19,000,000
歐洲	2,300,000	5,000,000
俄羅斯	200,000	42,000
東南亞	23,000,000	7,400,000
日本	1,000,000	75,000

= 100萬人

東南亞。換句話說：任何地方。

年輕人和動亂地區人口

在亞洲各地，科技變遷正推動移民的新浪潮。在中國，自動化奪走了數百萬主要勞動年齡勞工的工作，包括從工廠工人到健身房教練等，迫使他們在國內遷移和出國以尋找新工作。隨著泰國和越南的電力業和汽車製造業使用大量工業機器人，低薪資的勞工面臨裁員的風險。在印度科技業，運算法和聊天機器人正取代電話中心的員工，以低廉的成本迫使才遷入不久的聰明雅痞離開班加羅爾。數以百萬計的亞洲人再也負擔不起留在他們住的地方——而且沒有了工作他們就更沒有留住的理由。所以他們選擇遷移。

經濟移民會吸聚更多移民。在二十世紀，大家都相信移民工幾年後終究會回國：匯錢回國也被認為會阻止更多移民離開母國。然而實際上移民一旦在外國安頓並存夠錢後，就會安排他們的家人也遷移到西方國家。於是經濟移民變成連鎖移民。由於匯錢可能不穩定，移民政策可能改變，加上匯率會波動，因此移民留下的家人寧可離開家鄉加入移民的行列。在這些僑民家庭中，個別成員往往朝不同方向發展，並利用無邊界的財務應用程式如Remitly，在金錢上互通有無。

亞洲的數十億中產階級想遷移的原因可能是他們已經夠富裕到有能力遷移，或者因為國內的工作消失。另一方面，他們在資訊科技、營建和醫療照護業獲得的技術是能帶著走的，讓他們更夠資格取得海外較高薪工作的簽證。根據《國際移民手冊》（*International Handbook on Migration*），當人均所得從約二千美元往一萬美元增加時，往外移民也會顯著增加，正好是今日人口快速都市化和經濟變得更服務業導向的國家出現的情況。對一些國家來說，一旦人均所得超過一萬美元，往外移民就開始減少——但自動化正阻礙許多人達到這個中產階級的地位。因此，他們遷移到還有工作的地方。[2]

亞洲人已經占一億五千萬名半永久性移民工的大多數，他們在世界各地主要從事耕作、營建和興建基礎設施。除了印度人和巴基斯坦人，被低度運用的印尼男性也將從木工和金屬加工的基本訓練受益，讓他們可以在其他國家找到工作，勝過在國內無所事事。還有近一百萬名主要是亞洲人的水手在商業船隊工作，乘坐巨大的貨輪往返於世界各大海洋（新冠肺炎封鎖期間有四十萬名船員困在海上），他們的路線隨著新港口興建和人口流動而轉移。很快我們可能發現大批亞洲農民和工匠在北極區建造城鎮。世界需要這些停不下來的亞洲年輕人才能保持運轉。

跨國女傭

理性的人可能辯論一個國家應該容許多少移民進入、容許的來源國家有哪些，以及如何維繫一個共同的行為準則。但如果要達到文明社會的標準，一個國家應該至少要有夠好的醫療體系——而那將需要足夠的醫生和護理師。在一九七〇年代，美國藉引進大量印度醫生和藥劑師來解決醫療從業人員不足的問題。但新冠疫情直接揭露出美國和英國招募的醫事人員不足以應付殷切的醫療照顧需求。美國新冠肺炎的死亡者有三分之一死於養老院，這個事實可能促使今日的嬰兒潮世代（和他們的子女）要求他們未來要有遠比現在好的醫療照護。美國的三百萬名護理師已經是醫療照護勞動力最大的群體，但美國還需要更多護理師。

中國也是如此。和美國及日本一樣，中國已不再是開幼稚園最好的地方——但養老院是很興旺的生意。除了照顧沒有子女的中國人外，據估計今日還有五十萬到一百萬名菲律賓人在中國的老年照顧產業工作。由於全世界的香菸有半數是在中國銷售，我們似乎可以肯定未來還需要更多護理師來照顧那些罹患癌症和其他慢性疾病的人。

菲律賓已經是全世界醫院最大的護理師供應國，但菲國訓練護理師的速度還不夠快到能滿足全球的需求——未來二十年全球預料還需要一億名新護理師。在此同時，隨著菲律賓家庭變富裕，他們也想把護理師和保母留在國內而非出口到國外。因此激烈的國際招募活動正在馬尼拉展開，那裡的看板為德語課程和快速歐洲簽證打廣告。德國不但正在從亞洲招募人，還從波蘭和保加利亞引進勤快的六十歲女性，以便全天候照顧德國五十萬名留在家中的八十幾歲和九十幾歲的老人。

在人才的全球爭奪戰中，護理師和家庭傭工是觀察貧窮國家年輕女性所扮演角色的絕佳對象。耶魯學者保羅（Anju Paul）恰當地稱呼她們為「跨國女傭」，因為她們能善用僑民網絡和人力仲介公司在亞洲、中東和北美洲間流動，以尋找較高的薪資。對有經驗的照顧者和女傭的殷切需求使她們得以有議價權；保羅甚至創造一個指數用來為她們可能遭受的待遇品質做國家排名。這對下一波從印度和印尼——兩國的年輕女性人口一樣多，都超過菲律賓——流往外國的護理師一定很有用。[3]追蹤女傭在全世界的流動透露出移民利用端對端情報分享可以變得多有效率（就像古代世界的貿易商）。一旦她們在某個地方立足，她們就變成尋找移民地點的人的領頭羊。不管是在日本、澳洲、沙烏地阿拉伯或加拿大，沒有一個專業比亞洲女傭更完美體現了今日和明日的量子工作者（quantum worker）。

混種人類

未來不斷往外流動的亞洲移民將改變全世界的膚色。大規模移民不但改變人居住的地方，也改變我們是誰。每年的新考古學、人類學和遺傳學研究都顯示，過去數千年來全世界的許多種族有多混雜，以及遺傳的多樣性有多麼滲入所有人。我自己的去氧核糖核酸（DNA）檢驗揭露有波羅的海和地中海的血統，乍看起來這很奇怪，但從印度遭到入侵的歷史來看卻又很合理。人的血液裡透露出這麼多遷移的軌跡。這提醒我們移動性——而非部落特徵——才是我們最初的本能，比任何造作出來的種族或人種忠誠感更深地刻畫在人性中。的確，晚近的古生物學研究指出，尼安德塔人滅絕的原因之一是，他們缺少像我們更具移動性的智人祖先的遺傳多樣性。移動性更新並擴增我們的基因池。

正如在史前時代，今日升高的移動性加速了人類的基因碰撞。過去八十年來的大規模移民已經打造出一個愈來愈混合的全球社會，並削弱了種族同質性的「民族國家」概念。雖然像中國和孟加拉之類的國家仍然被單一的人種群體支配，所有的英語圈國家——美國、加拿大、英國和澳洲——除了既有的少數族裔外都有超過二〇％的外國出生人口。他們正邁向變成「少數族裔占多數」（majority-minority）的國家，亦即少數族裔集體占人口的大部分。他們已被冠上族裔來稱呼，例如「印度裔加拿大人」、「華裔美國人」等。一世紀前白人至上主義的三K黨（Ku Klux Klan）堅持以這類稱呼來區別移民不同於多數族裔，但當大多數人被冠上族裔時，代表民族國家已經形同過去式。

和氣候變遷一樣，種族稀釋是一個超過臨界點的漸進過程。北美洲已變成一個歐洲人、美洲原住民、拉丁人和亞洲人混雜的大陸。截至二〇一五年，一七％的美國婚姻是跨種族的，其中高加索人－亞洲人結婚大幅增加。今日一些年輕亞裔美國女性因為嫁給白人而遭到騷擾，但下個世代不太可能面對同樣的挑戰，原因就是美國混種程度已如此高。歐洲社會也正與北美洲人、土耳其人、斯拉夫人和阿拉伯人混種。在倫敦，超過一〇％的小孩是由非洲或南亞人與盎格魯－歐洲人結合的夫妻所生。穆罕默德（Mohammed）已變成歐洲最受歡迎的新生兒名字。二〇二〇年的一項調查顯示，十個英國人中有九個能接受他們社會中的混種婚姻。[4]在德國和法國，與阿拉伯人、非洲人和土耳其人的異族通婚也已變成主流。我們未來的人口組成將變得愈來愈棕色、黃色、黑色和白色混雜。

亞洲人在遠東也日益混雜。五千多萬名華僑早已融入那些從名稱就可看出種族特性的國家，例如泰國和馬來西亞，但實際上這些國家更像是原住民、中國人和印度人的熔爐。中國人、印度人和其他種族的異族通婚日益增多。在中國本身，直到一九八〇年代還沒有登記任何跨種族的婚姻，但現在這類婚姻逐漸增多，通婚對象包括亞洲其他國籍、歐洲人和非洲人。

沒有人被迫與其他族裔通婚；這類婚姻都是自願的，且比率逐漸升高。種族純度的錯覺已變成種族主義者加諸其他人的政治選擇，但事實已不可逆轉地取代這種退步的想像。一些國家的仇外心理無法扭轉遍及世界的基因混合。我們因此也應該懷疑「文化即命運」的觀念，那就像是說有一種固化的民族傳統世代相傳而不曾修正或適應過。正如只有很少純粹的民族國家，也沒有永遠不變的文化。同化可能看起來像一個惡性的競賽，但融合終究會勝出。我們的命運是成為一個全球的混種文明。

僑民地緣政治

更多亞洲移民意味更多的亞洲僑民和分散到世界各地的種族社區——以及他們對母國和新僑居地發揮的影響力。* 十九世紀和二十世紀的大規模移民潮為僑民在戰後數十年的美國政治扮演的關鍵角色鋪路。值得注意的例子是猶太人對以色列、愛爾蘭人對北愛爾蘭備受爭議的影響，以及東歐人在一九九〇年代末對北約組織擴張的強力遊說。

所有的主要亞洲僑民——中國人、印度人、孟加拉人、巴基斯坦人和菲律賓人——都在世界各地扎下堅實的根基。在東南亞，龐大的華裔人口愈來愈被視為潛在的第五縱隊。在一個世代內，加拿大、澳洲、新加坡和美國的華裔人口就從悲慘的勞工階級，變成複雜的外國影響力操作的嫌疑犯。不過，整體來說，在美國同化後的中國移民傾向於寧可維持他們的新生活方式，勝於過他們帶進來的舊生活方式。這也是華裔美國人和支持中國的民族主義陣營為香港和人權互相抗議示威的原因。今日年輕中國學生抵達美國時說的英語比他們的前輩流利，但未必融入得更好。反而他們對中國的崛起更有信心，他們受到為維護民族主義而刊登詆毀美國的新聞、並呼籲他們回國的微信團體《大學日報》（*College Daily*）所鼓動。這個方法似乎奏效。絕大多數美國的中國留學生畢業後的確會回國，或遷移到更友好的國家。在流動性和科技交會的地方，同化不必然發生。身分認同是多重的，並在緊張關係中並存。

但既然許多中國移民已經擁有所在國國籍（或維持雙重國籍），他們的活動不能以純粹的外國政策事務看待。特別是在加拿大和澳洲，「他們」已變成「我們」的一部分，雖然政府還在為誰對哪個國家忠誠傷腦筋。澳洲最近禁止外國人對政黨提供財務支持，而加拿大也為是否引渡已變成加拿大居民的中國人辯論。

隨著印度人在美國的財富和影響力增加，他們提供印度政黨和美國政黨的資金也變得更大方。印度僑民在塑造印度是美國在亞洲的民主盟友上居功厥偉。二〇一九年九月的「你好莫迪」（Howdy Modi）集會在休士頓的NRG體育館聚集了五萬名印度僑民，共同為印度總理莫迪和川普加油。世代鴻溝值得注意：大多數參加這場集會的是中年人，而年輕的印度裔美國人卻在場外抗議，舉著咒罵莫迪（和川普）是法西斯主義者的標語牌。

過去三個世代已有夠多的印度人取得他們最渴望的英國公民權，多到他們現在可以操縱英國的政治。印度人民黨（BJP）海外友人組織在英國每個角落都很活躍，它號召了一百四十萬名印度裔英國人投票給強森（Boris Johnson）的保守黨，反對柯賓（Jeremy Corbyn）的工黨，因為工黨公開呼籲國際干預喀什米爾。工黨過去能夠指望幾乎所有少數族裔和移民的選票，但現在情況已經改觀。（柯賓支持巴勒斯坦的立場也讓猶太僑民反對他。）但和美國的情況一樣，較年輕英國印度人對他們祖國的熱情明顯冷淡許多。

美國和英國的印度人日增反映出，長期來看一些國家已發展出管理在它們之間經常流動的數百萬個移民家庭和學生的儀式化規範。不管外交關係處於高點或低點，交融已超過無法回頭的點。

* 對千禧世代來說，猶太人以離散僑民方式存在多過於民族，他們歷經從古代亞述到納粹德國的驅逐——因此才有「樹有根，猶太人有腳」的諺語。離散的猶太人在第二次世界大戰後創建以色列扮演重要角色，但直到今日離散的猶太人估計多達八百萬人，仍多於以色列的六百萬人口。

第十章

亞太的撤退和更新

條條大路通中國

世界人口最多的國家需要更多人——而且要快。

數億名中國人從農村到都會地區的大規模移民已連根拔除數千年來大家庭居住在同一屋簷下的傳統。年輕的中國人已不再留在家中照顧年老的雙親，而中國的老年人口卻達到歷來的高峰：到二〇三〇年，中國近十五億人口的約四分之一將超過六十五歲，意味中國的老年人將和美國人口一樣多。到那時候（和以後），每個年輕的中國人將面對「四—二—一」問題：一個人要扶養兩位父母和四位祖父母。

但和美國人及德國人一樣，老年照顧已不再是勤奮、都會化和行動的中國人願意屈就的工作，因此中國已開始大量進口女性。現在已有數以萬計的韓國、越南和緬甸女性被引進中國來與過剩的男性人口結婚。不管她們是否生育子女，她們的主要工作將是照顧丈夫的父母。

那麼，那些男性將做什麼？中國的高速都市化、快速自動化和高度的兩性人口失衡，已經製造出為數龐大的就業不足男性其中許多人沒有高中學歷。三億沒有登記的移民，在他們居住的地方占了大部分，並限制了他們獲得社會福利。政府近來開始取消戶口的要求，以利於中國人更自由遷移——但政府也實施社會信用制度，以便掌控所有人移動到任何地方的權力。

中國是否有一套解決其大規模人口不匹配的大計畫？數百萬人將繼續被招募加入軍隊和警察，數百萬人將在全國各地的大規模水利工程計畫工作，數百萬人將被派遣到復育的農地，數百萬人將在遍及亞洲、非洲和遠至南美洲的能源和營建工地做工，以執行中國的一帶一路倡議。這一切將能避免他們走上街頭。

西方和亞洲的強國已建立聯盟以確保中國不凌駕它們，但外國人能適應自成一個格局的中國嗎？只有一百萬名外國人居住在中國；即使這個數字增加五倍也是少之又少。比數字更重要的是趨勢。在中國各地的大學校園，我們看到大量的歐洲、非洲、阿拉伯和其他亞洲學生——二〇一九年的總數將近五十萬名（其中只有一萬兩千名是美國人）。除此之外還有愈來愈多來自奈及利亞到巴基斯坦的年輕專業人士，在中國接受職業訓練。一位北京大學的學者告訴我：「即使來自美國的學生人數減少，來自一帶一路倡議國家的學生正大幅增加。」一參加一帶一路倡議的國家有近一百個。

出乎意料的，中國也吸引愈來愈多擁有高學歷、但在日本找不到工作的日本科學家。他們有至少八千人現在散布於中國的大學和機構，為提升中國對天文學到動物學，以及最重要的氣候變遷科學與工程做出貢獻。中國在世界舞台表現為民族主義國家，但北京也正塑造世界主義都會中心的形象，一如倫敦和巴黎過去數世紀在其殖民人口眼中的地位。

許多人認為美國—中國的貿易和科技摩擦意味美國公司——以及他們在外國的員工——將緊縮並撤回母國。但企業追隨的是供應鏈而非政府指令。有許多理由讓外國公司降低它們在中國的曝險，例如中國的薪資上漲、來自中國大公司的激烈競爭、取締沒有高等學歷的英語教師等。但這些理由並不表示他們會返回美國。二〇一九年在中國的美國人總數增加到七萬五千人，反映中國消費者的成長。從蘋果、Nike到特斯拉，美國公司已適應（或被迫適應）「在中國，為中國」的策略，也就是在中國製造它們在中國銷售的東西。歐洲人也採用相同的策略，因為他們的企業依賴亞洲營收還甚於美國公司。想在這些公司的海外營運擔任經理人的外僑還是很需要學習中文。

追尋「亞洲夢」

在今日，「家庭價值觀」這個詞不但適用於婚姻穩定且忠誠的東亞人，也適用——或更適用——於西方社會的家庭單位。但和西方年輕人一樣，現在比以往更難確定一個亞洲年輕人「安頓下來」的年齡。已有近一百萬名中國人移居到日本，他們從事收銀員到金融分析師的各種工作，還有約二十五萬人移民到南韓。這三個國家的老一輩相互懷抱猜忌，但年輕人並不在乎。正如新加坡一名三十歲的千禧世代中國人告訴我：「我不想結婚生子。我想四十五歲退休，然後花一些時間住在日本的農場，然後到處旅行。我會把我的資產轉換成加密貨幣，並到處走動。」

亞洲觀光客和商旅已經足跡遍及世界各個角落，但他們在自己區域的跨境移動頻繁度是區域外的兩倍。數千年來，亞洲向來有多重獨特和古老的文明；現在它也正在創造一個共通的文明。

雖然南亞和東南亞社會比起它們東北亞的鄰居仍處於低中等所得階段，但它們的年輕人卻有著相同的處境。千禧世代已占印度勞動力超過一半，他們彼此既競爭又合作。印度製造業和科技業每年創造的就業機會仍遠低於承諾和預期，而且印度大學畢業生的失業率仍極高。對數百萬名每年新加入勞動力的人——和因為自動化而遭裁員的人——這些就業機會不會降臨在他們身上。他們將遷移到西方或東南亞較活躍的經濟體。

全世界人口第三多的地區東南亞——僅次於中國和印度——也是最年輕的區域之一，其七億人口中有超過一半年齡在三十歲以下。他們也關心兩件事：遷移到城市和獲得有用的技術。拜全區域的勞工自由移動所賜，在新加坡和泰國已不難找到曾經在三或四個國家居住的行動千禧世代。東南亞千禧世代的異族通婚比率正在升高，而且對未來有共同的樂觀看法和進步思維。雖然亞洲國家的人口已經很龐大，它們仍對外來投資和人才打開大門。從一九六〇年代開始，剛獨立的新加坡就廣邀跨國公司和員工進駐，成為共同推動該國經濟成長和多樣化的主要力量。五十年後，新加坡人口有三分之一是外國人，而且躋身世界最創新的經濟體之一。像印尼、越南和菲律賓等國家現在正把公用事業、銀行、農場、航空公司和其他國營公司私有化，從世界各地引進新資本和管理團隊以指導更有生產力的投資。

東南亞各地的外僑每年持續增加，因為這些國家競相提供快速簽證、完善的學校、高品質醫療和迅捷的連結性等條件。在目睹美國和歐洲大多數國家錯誤的新冠疫情對應措施後，亞洲的西方外僑多半沒有意願返回自己的低成長和民粹主義的母國。在瘟疫期間，一些西方外僑失去工作而必須返國，但另一方面，申請泰國「菁英居民」計畫的美國人和澳洲人大幅增加，因為泰國的感染率低且提供廉價的醫療觀光。

今日的亞洲有愈來愈多從未想過會住在亞洲的外國人：不只是西方外僑，還包括數十年前移居西方、但以主管和創業家身分返國的亞洲人——並帶著他們家人。這些為數眾多的「歸僑」是我們今日看到反方向的全球大移民趨勢的一部分：我以「美國裔亞洲人」來描述自己和數以萬計返回亞洲的亞裔美國人，雖然我們的父母和兄弟仍留在西方。這股趨勢在可預見的未來是好事，但即使情勢不如預期，我們總是可以再遷移。

亞洲的氣候移民漩渦

雖然世界大多數地區變得更熱和更乾燥，亞洲的高海拔地帶和熱帶濕地正在變得更濕。二億四千萬人住在興都庫什山和喜馬拉雅山地區——跨越巴基斯坦、印度、尼泊爾、中國和不丹——但約十六億人仰賴源自該地區的河流系統。在乾旱烤焦中國、印度和巴基斯坦時，喜馬拉雅山和西藏高原一萬五千條冰川的融化可能被視為好的發展。但大量冰川融水和極端降雨已導致許多水壩崩潰，造成印度東北部各地的暴洪和土石流。如果三分之二的喜馬拉雅山冰川在未來十年融化，數億條生命將遭到威脅。融化的冰川已造成印度和孟加拉的恆河三角洲的洪水。但最後河流將枯竭，洪水讓位給乾旱。在未來數十年，亞洲許多國家將有數億人因為海平面上升、河流氾濫和乾旱而遷移。

恆河、布拉馬普特拉河（Brahmaputra，即雅魯藏布江）和湄公河（Mekong River）的源頭都在西藏，它們對中國的重要性不在於附近居住的稀少人口，而是環境地理區：中國想確保獨占地球的「第三極」。中國已建立或規劃數百個水壩計畫，以導引河水流入其巨大的南水北調工程，供應數以億計中國人的日常用水。中國是唯一花得起這項最終總價將高達一千億美元的基礎建設投資，並強迫十幾個省分的數百萬人遷移的國家（正如它建設世界最大的水力發電廠三峽大壩）。而且中國必須這麼做，因為它無法為人民或企業取得比這更好的水源，也不能仰賴收購像紐西蘭這類國家的瓶裝水廠，因為紐西蘭國內的抗議已禁止汲取該國原始湖泊的水。另一方面，中國對其下游鄰國並沒有完全公開透明：它與印度、孟加拉或其他國家沒有正式的共享水源協議。即使有協議，這些河流水位的變動已如此難以預測，以至於一些已經建造的支流水壩可能沒有水流進來。

居住在數十個世界最汙染和缺水城市的十四億印度人口擁有的淡水甚至比中國少。這是印度無數次嘗試引導喜馬拉雅山的水到農田和都市水庫的原因。在西部喜馬拉雅山區的拉達克，印度曾嘗試一些聰明的方法，例如以管子把冰川融冰引入線香形式的構造（很適合該區盛行的佛教信仰）以使慢慢融化，並將融水用來灌溉高海拔農地。莫迪政府也已規劃一套中國式的國家河流連結計畫，以確保印度持續扮演全球的麵包籃。

印度騷亂的國內移民不但是從村莊移往城市，也是從北方移往南方以尋找工作和更好的氣候。二〇一九年在新德里的受訪調者有四〇%表示，該市惡化的空氣品質讓他們考慮遷往南部空氣較乾淨的城市。南方的大省分如安得拉省和卡納塔克省在過去十年已出現數百萬名來自印度北部的移民，而海灘樂園果亞也已被北印度人（和歐洲觀光客）占據。班加羅爾已從印度的「花園城市」變成「垃圾城市」。另一方面，二〇一九年清奈的缺水迫使政府必須每天派遣數列五十節車廂的火車，從三百公里遠的地方運載數百萬公升的水。

也許許多遷往南方的印度人會再度回流到北方的喜馬拉雅山區。二〇一九年，印度政府重劃行政區，把佛教人口為主的拉達克從穆斯林占多數的查謨和喀什米爾分開，廢除它們的半自治特殊地位，讓它們變成由新德里直接管轄的「聯邦屬地」。這些政治操作使所有印度人——不只是喀什米爾的穆斯林——都可以在喀什米爾購買土地，而這無疑是許多印度人渴望做的事，因為喀什米爾有宜人的氣候和令人驚豔的喜馬拉雅山風景。同樣重要的，喀什米爾是印度河和所有其支流的源頭。印度正在印度河上游探勘大型水壩計畫的地點，以為生產一〇%印度小麥和穀物的喀什米爾和旁遮普提供更多灌溉。

過去七十多年來，喀什米爾是印度的一部分但又不完全是。就像漢族中國人遷移到穆斯林維吾爾人的故鄉新疆，印度教印度人也將殖民喀什米爾，這顯示人口移動在國內的戰略影響力不亞於在國際。這種人口組成驅動的決定也會改變區域權力均勢，因為印度現在可以截斷流向巴基斯坦的水，正如二〇一九年二月在喀什米爾遭到恐怖襲擊後，印度揚言要這麼做。

由於沒有解決喀什米爾問題或控制重大水源的希望，巴基斯坦也必須對其人口組成和地理更有戰略思維。目前巴基斯坦兩個最具適宜居住潛力的省分都是它人口最稀少的。吉爾吉特—巴爾蒂斯坦省（Gilgit-Baltistan）過去二十年出現在新聞多半是因為躲藏了伊斯蘭主義恐怖組織，而非那裡有不只一個海拔七千公尺以上的高峰（例如K2）。但在冰川融雪加速導致洪水的情況下，巴基斯坦政府必須投資鉅額經費在災難管理和疏導河流流量上。巴國總理伊姆蘭（Imran Khan）已保證在崎嶇的毗鄰省分開伯爾—普什圖省（Khyber-Pakhtunkhwa）種植一百億棵樹以復育森林。由於該國人滿為患的巨型城市喀拉蚩位於阿拉伯海邊，夏初面對熱浪炙烤而夏末因雨季遭到水淹，加上乾旱肆虐人口眾多的糧食生產區旁遮普省和信德省，許多巴基斯坦人可能很快也會向北遷移。

喜馬拉雅山區各地規劃中的水壩超過四百座，水力發電計畫超過兩百個，甚至尼泊爾和不丹等小王國也成為該區的資源操縱者。尼泊爾有潛力生產比目前多八倍的水力發電，而該國正迫切需要更多電力以避免經常斷電、供應基本工業所需，以及賣電給印度。水利基礎建設也攸關灌溉印度恆河平原各省，例如貧困但肥沃的比哈爾省。由於印度政府終於投資在改善道路和水管理上，比哈爾省將從極度貧窮變成水果和蔬菜的生產重鎮。[1] 如果尼泊爾擴大自己的農業，結果可能吸引數百萬名印度人湧向北方——或跨越它們一千八百公里的開放邊界。

不丹也容許印度人免簽證入境——當然不包括居住。這個最讓人聯想到神祕的香格里拉傳說的王國只有八十萬人，且每年只容許不超過三萬名觀光客。密集的植樹甚至已讓它變成負碳排放的國家。由於只初具基礎設施，不丹只被視為印度和孟加拉的水力發電來源而非永久居住地點——但不久以後它將在地緣政治上變成一個令人垂涎的高海拔氣候綠洲。中國正從北方蠶食其領土，同時有更多印度人可能從南方湧入。即使是在世界最高的邊疆，人將是川流不息。

中國從喜馬拉雅山的長江上游引水和發電供應工業省分四川（人口九千萬）和蒼翠的雲南省（人口五千萬）的戰略，將提升這兩省的地位，以其美景和低物價的生活取代中國物價高昂和汙染嚴重的沿海省分。中國年輕人正湧向四川省會成都和雲南省會昆明，那裡的新鐵路線連結寮國和泰國，已使它們成為絲路南線的準首都。

雲南也是一個流離失所的東南亞農民和其他貧窮勞工——中國在上游興建水利與能源工程的受害者——的磁石。對低窪的東南亞國家來說，太多水和太少水一樣是個問題。該地區的沿海巨型城市如曼谷和胡志明市到二〇五〇年可能全部沉沒。越南的湄公河三角洲只比海平面高一公尺，這表示數千萬農村越南人可能必須在十到二十年內撤退到內陸。但即使海平面上升驅趕沿海越南人到內陸，他們將因為中國蓄積更多源頭的水而面對下游湄公河平原更頻繁的乾旱，迫使他們往北遷移到中國。今日有數以萬計的寮國人和越南人進入雲南尋找工作；不久後他們的人數可能以百萬計。

破壞力強大的颱風已迫使印度、印尼和菲律賓的沿岸人口必須遷往內陸。孟買必須在較堅實的土地上重建自己，遷離目前所在的半島。印尼正計畫遷移整個首都雅加達，從爪哇海岸（爪哇是世界人口最多的島嶼，有近一億五千萬人）移往更大的婆羅洲。不管這個計畫是否實現，印尼必須為其最大的蘇門答臘島擬訂永續的策略。該島有五千萬人口和茂密的熱帶森林，不但有遼闊的土地，海拔也較高；印尼有必要保護蘇門答臘作為未來的棲息地，避免魯莽地砍伐其寶貴的雨林。

大洋洲的低窪島嶼國家無法把人民遷往印尼分布廣泛的群島，所以它們正擬訂自己的遷移計畫。馬紹爾群島、吐瓦魯、吉里巴斯和所羅門群島等太平洋島國的二百三十萬公民，是最早接受紐西蘭「氣候簽證」的人。他們最後將必須遷移到紐西蘭、澳洲和其他有人口關係或政治關係的國家。部分國家曾要求中國資助升高它們的道路以對抗海平面上升一段期間，但中國肯定偏好這些島嶼撤空以便中國開採當地的硫酸鹽蘊藏和海床的礦物，免於當地人的抗議。

也許最慘的命運已經降臨那些同時是政治和氣候難民的人，例如緬甸的穆斯林羅興亞人。超過一百萬名遭迫害的羅興亞人已逃到孟加拉——在那裡收容他們的主要難民營（科克斯巴扎爾〔Cox's Bazaar〕）在雨季發生洪水。孟加拉並非理想的氣候避難所，所以很快將有數百萬孟加拉人往相反方向，逃到緬甸北方靠近中國邊界的溫帶高地（以及印度東北部的山地），那裡有流往南方滋養緬甸農田和魚塘的伊洛瓦底江。如果緬甸步上正軌，它可以在一世代間從軍方掌權的窮國變成氣候綠洲。

來自孟加拉的氣候難民和來自緬甸的穆斯林政治難民也可能在更南方的穆斯林馬來西亞落腳，因為馬來西亞擁有濃密的森林和雨季帶來的水力，所以是該地區最具氣候韌性的國家。基於地利之便，所有這些國家正在強化區域的關係。在「東進」政策下，印度正投資於連結孟加拉、緬甸到馬來西亞的道路，尋找提振跨邊界的能源、原料和紡織品的貿易。這些連結不是為方便大規模移民而建，但大規模移民可能是無可避免的事。

日本：高科技熔爐？

直到二十世紀末，東京一直是全世界最大的巨型城市。今日全球二十多個巨型城市中，東京是唯一呈現人口明顯減少的一個——和日本整體類似。在國內，日本擁有世界最大的閒置空屋量：每七棟住宅就有一棟是廢棄的，而且這個比率在十年後可能提高到三棟就有一棟。隨著老人凋零和年輕人遷往城市，許多城鎮可能空蕩無人。

為了說服人口進駐優美的小鎮，日本實際上免費奉送住宅給年輕夫婦，只要他們承諾願意生育小孩和致力於提振公民生活。至少日本當局已經盡力了——因為日本國內有超過六十萬名被稱為繭居族（hikikomori）的失業中年（主要是）男性，他們完全離群索居，無法或不願意尋找工作。由於工作的女性多於男性（留在勞動力中的年長者也多於年輕人），日本的出生率也一路下滑。

這也是為什麼日本觀察家柯爾（Jesper Koll）獨排眾議地主張，此時正是轉世為二十三歲的日本千禧世代的好時候。你的父母將是世界最富有的嬰兒潮世代，擁有自己的房子和沒有低負債、有世界級的醫療照顧和保證給付的年金，而你可以靠他們的積蓄生活，住在祖傳的房子，並有便宜的移民女傭或機器人（或兩者兼有）來照顧他們和你的需要。在就業市場，大學生畢業一週內就有工作，兼職勞工正在升格為全職雇員，企業元老俱樂部的大門隨著公司調整結構和部門分割為新事業而打開。日本公司也開始投資於區塊鏈和物聯網感應器，例如軟體銀行和其他創投公司大手筆投資在國內和國外的新創公司。如果日本開始邁向復興呢？這種假想情況的確可能發生——前提是日本要能扭轉人口大幅減少的趨勢。

即使是高度自動化的國家也需要移民。日本以生產與老年人作伴的機器小海豹、在旅館大廳處理入住的機器人聞名，甚至京都的一座寺院裡有一具講經的機器佛教法師。但在農場、醫療中心、教育機構和其他基本服務業仍然人手短缺。除了偶爾有一波韓國人被日本以勞工或藝匠引進外，日本從過去到現在向來是排斥外來移民。

的確，日本從未像今日這樣對全世界開放移民——今日的外來移民人數是歷來最高紀錄。事實上，日本每年引進的移民人數約四十萬人，在全球名列前茅。日本的外國人口即將達到三百萬人，隨著學生、職業訓練員和高技術專業者持續湧入，每年人數將不斷刷新紀錄。另一項出人意料的數字是：至少有一百萬人是中國人。當十年前日本開始增加移民時，它原本不期待任何中國移民，但今日中國人占外國人的最大比率，每年的觀光客也以中國人占最多數。除了中國人，第二高比率的是七十萬名南韓人，以及第三的三十萬名越南人，而且這三國的移民人數都持續增加中。印度移民也每五年增加三分之一，達到目前的超過五萬人。印度人和尼泊爾人在日本各地的營建工地和便利商店結帳櫃檯經常可以看到，但隨著日本持續老化和勞工短缺加劇，印度醫生和護理師可能加入成為下一波移民。

對一般外國勞工來說，日本仍採取嚴格的控管：移民被依他們的教育程度和行業分類，例如營建業或造船業，且通常禁止攜帶家眷。這顯示日本主要對填補勞動缺口感興趣，而非想變成像美國、澳洲或加拿大。但正如我們在北美洲所見，移民一旦抵達就很少想離開——特別是當人權組織成功地倡導為移民工加薪後，日本（不經意地）已變得更吸引人。這已經導致新奇的文化衝突：來自印尼和巴基斯坦的長期穆斯林移民想埋葬他們的亡者，但在習於火葬的日本墓地空間受到嚴格限制，導致為設置特殊墓園的請願和談判。[2]

在價值鏈的更上層，日本演進中的移民政策代表一個激進開放的新時代。為吸引金融和科技人才，日本不惜降低稅率。藍領工人可獲得五年可更新的簽證，而高薪專業者則被授予永久居留權，包括給他們的家人。服務這些新長期移民需要大批來自泰國、菲律賓、印尼和緬甸的廚師、清潔工和保母。不足為奇的是，日本向來是最受喜愛的外僑目的地，是終極的理想工作地點。從嶄新的東京住宅區到滑雪度假村，全國四十多個縣的外國人口都在增加。日本正變成不但是一流的外僑工作地，而且是永久落戶地。

日本政府獎勵本國人購買廢棄的房地產，但願意購買者還不夠多。專門融資空屋購買的所謂空屋銀行（akiya bank）將很快擴大融資對象，把外國人納入其中。外僑已開始以低至二萬美元的價格購買並修理傳統住宅，或興建有十幾個單位或更多的公寓大樓。他們接受從贈送竹子到啤酒等各種東西的地方習俗。和中國一樣，日本不想讓人口組成遭到稀釋，或演變成一個多種族熔爐，但將比以往對更多「新日本人」打開門戶。

基於日本閉鎖的歷史，一般人的觀念是外國人將永遠無法「融入」日本的舊習俗。但和日本的許多事物一樣，現實是反直覺的。老一輩的日本人闖蕩世界，代表「日本公司」征服商業版圖，學習英文和採用世界禮儀，反而是年輕一代的日本人在自滿中成長，享受父母輩辛勤的果實，只說日本話和很少到海外旅行。也許是為了補償年輕一代的隱遁，所以日本接受三十萬名外國學生，大學積極招生並提供各種英語課程和學位。新開的國際學校允許外國和本國學生混合上課，日本的最大遊戲公司樂天（Rakuten）把英語訂為辦公室語言。東京的新宿區大學和語言學校林立，有五〇％人口是外國人——不只來自中國和南韓，也遠自非洲和巴西等遙遠國度。

這一切都發生在氣候變遷肆虐澳洲、印度和中國，促使更多亞洲人前來投靠日本這個稱得上終極島嶼堡壘的國家之前。日本高度現代化的基礎設施和鉅額的醫療照護支出，使它成為一個出類拔萃的藍色地帶（blue zone），有世界最高的預期壽命和大國中最低的人均新冠肺炎致死率。

無疑的日本容易遭到導致嚴重水災的強烈颱風以及強烈地震侵襲，例如二〇一一年的地震加海嘯蹂躪沿海城市仙台（位於主要島嶼本州），並造成海水淹沒福島核子反應爐。在北方，北海道外海的小島嶼已沉入鄂霍次克海；在南方，二〇一八年的燕子颱風淹沒大阪關西機場的跑道。二〇一九年九州破紀錄的降雨迫使超過一百萬人疏散。西伯利亞氣流已使本州變成全世界降雪最多的地方之一，同時熱浪導致東京馬拉松等賽事必須轉移到北海道的札幌舉行。

但日本也有強化自己的政治意志、財政實力和技術能力。在本州，工程師正忙於裝設替代能源系統，強化抵抗地震的建築結構，設計高排放量的洪水控制和灌溉系統，以及保護城鎮和道路免於超級颱風造成的土石流和其他破壞。在富士山山麓，豐田正打造一個只使用再生能源和馬路有無人駕駛汽車的城市。今日本州的一億名居民——未來幾十年可能增加一倍——過的生活比地球上幾乎任何其他地方的人都更好。

從人潮洶湧的著名澀谷十字路口走幾步就來到取名EDGEof的八層高科技大樓，裡面光鮮亮麗的創造空間令人聯想到麻省理工學院（ＭＩＴ）的實驗室——但是有一間裝飾著熱帶主題天花板的大廳。EDGEof容納了多家矽谷和日本創投業者資助的新創公司，它們分別專注於神經健康等領域，其中一家公司製造可誘導冥想狀態的椅子。地下室也有一個茶藝禪園，竹製的天花板可以滑開，露出一面大型平板電視螢幕供４Ｋ視訊會議使用。EDGEof聚集來自加拿大、法國、瑞典和以色列的企業孵化所，它們會輪流舉辦產品展示會、遊戲之夜和藝術展覽會。一百公尺外以空中花園連結的是一個共同生活區（住了三個以上無血緣關係的房客），一間給新創公司潮客居住的現用現付式住宅，讓即使住東京市中心也讓人負擔得起。EDGEof

和它的夥伴也與許多縣的知事合作，把他們人口漸少的田園風小鎮變成千禧世代想要的融合都會與鄉村特色的「富裕村莊」，兼容並蓄跨世代住宅、混合式學習和其他生活方式。EDGEof的事業因此體現了日本的未來：充滿來自幾乎每個地方的年輕人，一個取代舊日本文明的多種族文明。

在所有開放大規模移民的國家中，只有日本也是一個人類和各式各樣科技共存的活實驗。你在日本到處可以看到保持著完美狀態的空建築、道路上很少車輛、閒置的渡船，和跨越平靜的水面連結人口稀少區域的橋梁。今日我們比手畫腳與穿西裝打領帶、戴白色手套和除菌口罩的日本計程車司機溝通，但很快我們的每一支行動電話上就會有語言翻譯軟體，而汽車將會是無人駕駛。在所有符號都數位化的地方，語言也可以改變。

第十一章

量子人

歡迎來到僑民斯坦（Expatistan）

基本上，一項企管碩士（ＭＢＡ）學歷就是一本護照。全世界散布在五十個國家的八百所企管學院也許就是鼓動全球人才爭奪戰的主要推手。它們向全世界招募學生，並激烈競爭以把它們的畢業生送進跨國公司，然後跨國公司輪派他們到世界各地。每一批新ＭＢＡ進入愈來愈多實際上無國家的科技和顧問公司，他們往往感覺歸屬於各自的專業圈多過於自己的國家。

同樣的情況出現在種類繁多的游牧族，即澤克（Malte Zeeck）歸類的「進取者」（go getters，例如資訊科技人員或追求較高薪資的國際教師）、「優化者」（optimizers，尋求更好的生活方式或醫療照護）、「浪漫者」（romantics，追隨配偶到他或她的祖國），以及「歸僑」（re-pats，善用他們祖國的經濟成長，例如數百萬名回到中國的「海龜」，或歐洲的千禧世代猶太人搶購特拉維夫的房地產）。

新冠疫情迄今沒有改變外僑的動機。在經濟停滯的時代，人人都在尋求藉由節省支出來增加儲蓄。住在比舊金山便宜三倍的地方比在舊金山神奇地增加三倍收入容易得多，而且隨著科技工作將永遠變遠距，那表示你可能遷移到任何你想住的地方。在墨西哥租或買一間房子，或住在像泰國這類東南亞國家要便宜得多。正如一位房地產公司主管在美國人群起反對瘟疫封鎖時告訴我：「我的工作是在美國賣房子給外國人，但也許我應該反過來賣海外的房子給美國人。」

人才並不會自動以自己的國籍作為身分認同；他們的身分認同是自己的才能。他們是地理上的傭兵。如果有合適的才能，今日的年輕人才實際上可以遷移到任何低稅率、有更好公共服務、更平價的住宅、教育、醫療照護、更穩定的政治，或其他個人偏好的地方。有許多網站如Nomad List、Expatica和Expatistan有生活成本計算器，可以幫助現在和未來的游牧族權衡數百個城市的居住成本——和在它們之間繼續移動。* 那些蝸居族認為這種生活方式太過複雜，但如果你已經開始行動，遷移將容易很多。

當人才遇見機會，移民就會發生。全球性的教育和身分認同、遠距工作和成長市場的流轉結合在一起，將使所謂「永久僑民」大幅增加。對他們來說，家就是他們所在的任何地方，不管他們停留多久。就像騎腳踏車，踩第一步可能最費力，包括物理上和情緒上的感覺，但在第一步之後移動就成了慣性。每年都有更多國家、城市和公司加入全球人才爭奪戰——加入的人也愈來愈多。

* Expatistan把布拉格當作基準物價城市，並計算各城市的物價比那裡高或低的比率。住在紐約、灣區、瑞士和倫敦的成本幾乎是布拉格的三倍，而你可以用略超過布拉格的一半成本舒服地住在河內或布宜諾斯艾利斯。

永久僑民直到該離開的時候

填線上表格的欄位最讓年輕專業人員氣結的莫過於「地址」。那表示他們必須等候一封信寄達並簽一份實體表格嗎？如果幾個月後他們不再住在那裡呢？是否必須有人轉寄那封信給他們？為什麼還有人在使用紙？

他們的挫折感是真實的。畢竟，你可以出現在數位世界的許多地方，遠多於在實體世界。年輕人的名片不只有一個辦公室地址，而是有一連串數位聯絡處：許多個電子郵址，和臉書、推特、LinkedIn、Instagram、WhatsApp、Telegram等帳號。在中國，光是微信的QR Code就有約十億人透過它管理生活的一大部分——包括真實和虛擬的生活。在行動創業家的時代，檔案不存在櫃子而是在雲端，支付不用支票而是透過應用程式，管理不在辦公桌上做而是在Slack上，文件不是用墨水簽字而是用DocuSign，而Webex和BlueJeans就是會議室。你不必進辦公室，你就在辦公室——而且你在虛擬世界也有一間辦公室。紐西蘭著名的動畫工作室Weta Digital（製作過《復仇者聯盟：終局之戰》〔*Avengers: Endgame*〕、《正義聯盟》〔*Justice League*〕等國際賣座影片）已與加州的Magic Leap公司合作，為栩栩如生的互動和即時影音串流影片製作浸入式擴增實境和3D遠程呈現系統。完整的虛擬城市紛紛在網路世界興起，裡面有展示廳、大使館、大帳篷、會議中心和其他集會場所，可以同時容納成千上萬個參與者。對許多年輕人來說，真實世界的目的是讓他們線上生活的便利性最大化，因為他們把愈來愈多的時間用在這個浸入式的「空間網路」（Spatial web）。

但是你能生活在任何地方（只要網際網路速度夠快）並不表示你會定居在任何地方。年輕人已經適應他們在何處和他們想在何處的差距，所以他們不斷移動。據國際數據資訊公司（IDC）估計，有約十五億名行動工作者可以在遠距離做他們的工作，幾乎占全球勞動力的近四〇%。在全球課稅的貓捉老鼠遊戲中，老鼠的數量正在大幅增加。

人生就是不斷努力的過程——而努力就是要動。今日有才能的年輕人主要的特性就是連結性和行動性：從任何地方工作的技術和願意到任何地方。「樞紐」（hub）這個詞的定義是人和企業匯聚的地方；現在它也是個動詞：年輕人「樞紐」於多個城市間，在城市間移動。這種新「雲端生活方式」也意味著在各式各樣的會員社群中過「隨選式生活」（living on demand），取決於你需要在哪裡，或只是你想在哪裡，或哪裡出現最好的條件。

兩家愛沙尼亞新創公司已為規模日漸擴大的數位游牧族鋪好路，這些游牧族估計每年光在簽證手續上就花費二十億美元。Jobbatical根據技術和地理區偏好為年輕專業者安排工作，現在更開始提供遷移服務。它的座右銘是：「你的技術比你的護照重要。」類似的，Teleport公司打造一個市場，供科技業人才在世界各地尋找短期工作，同時把他們的偏好建立一個龐大資料庫，為城市如何吸引他們提供諮詢。[1]它的座右銘：「讓人們自由移動。」移動變得愈容易，就會有更多年輕人利用它，並把每個地點看成——借用Jobbatical創辦人辛德里克斯（Karoli Hindriks）的說法——「永久的直到該離開的時候」。

隨著競逐高技術人才日趨激烈，從加拿大到新加坡的高科技移民計畫正在擴散。* 一些原來已經有法律架構的國家盡可能放寬管制，使他們更容易變成游牧的全球公民。愛沙尼亞的電子居住證計畫提供可以進入歐洲的企業登記，附帶一張閃亮的身分證和亮黑色的USB解密鑰匙，讓你進入該國的所有線上服務。截至目前該計畫吸引的主要是其他歐洲人，但也有遠至巴西的創業家想利用愛沙尼亞作為基地，為以亞洲為目標的線上學習平台籌募歐洲資金。在二〇二〇年，愛沙尼亞推出「數位游牧簽證」，容許外國人停留並為外國公司遠距工作，且該國正發展一套雲端年金系統，讓行動工作者可以在任何地方支付和接受錢。在電子錢包和加密貨幣的世界，今日的年輕人不需要被綁在單一國家的金融系統。

世界各國的公共財政都負債累累，高稅率壓得消費者支出喘不過氣來。理論上富於創業精神的年輕人將遷移到金融資本實際上可以轉變成有形機會——不管是透過群眾募資或軟體與設備退稅優惠——的地方。在瑞典和新加坡，政府也積極地資助新創公司。年輕人也想住在有保證薪資和福利，以及每週工作四日（或更短）的國家。芬蘭和紐西蘭已變成這類政策的開路先鋒，並因而帶來更高的生產力、更低的精神疾病比率，以及女性更好的工作與生活的平衡。

那些在競爭力和對破壞的韌性排名較高的國家都是小國自然有其道理[2]。由於沒有出差錯的餘裕，它們往往把人民視為最寶貴的資源，定期再訓練高技術工作的員工。新加坡堅持不懈地培養年輕人成為金融科技投資人、數位醫療專家、資訊科學家和網路安全專家。[3]許多國家如葡萄牙和加拿大，正調整政策以吸引那些已全球數位化、但希望在最佳實體地點生活的人。講究生活方式的歐洲人逐漸偏好小國家的小城市，主要受到《孤獨星球》（*Lonely Planet*）和《*Monocle*》雜誌的文章介紹洛桑（Lausanne）、卑爾根（Bergen）、因斯布魯克（Innsbruck）、波多（Porto）、雷克雅未克（Reykjavik）和愛因荷芬（Eindhoven）等城市的激勵。

不是每個人都有能力遷移到這些如詩如畫的環境並遠距工作，但只要擁有數位行動性，工作可能找上你，即使你（還）沒有遷移。科技已使產品、服務和金錢非物質化，將它們轉變成立即傳遍世界各地的位元。無可避免的這也將發生在人的心智上。正如哈佛經濟學家豪斯曼（Ricardo Hausmann）所解釋，在知識經濟中，我們每個人都是生產軟體和應用程式的一個「人位元」（person-byte）。我們編碼、轉譯、上傳照片、編輯內文和執行其他機能。日內瓦大學的鮑德溫（Richard Baldwin）同樣也指出，人在變成「電信移民」（tele-migrants）時大腦如何「移民」。[4]「知識社會」這個詞更適於描述這種跨國的數位環境，跨越任何單一的國家。

---

* 許多國家——例如英國——有四步驟的移民政策，牽涉由World-Check（一家湯森路透公司擁有的公司）做基本查核，搜尋犯罪史公共資料庫，加上深入調查居住和就業紀錄，以驗證個人未受到像是防制洗錢金融行動工作組織（FATF）等國際實體制裁，最後再由外交部批准。如果有更多紀錄儲存在區塊鏈，幾乎所有這些程序都可以更有效率進行。

美國的大型科技公司總部設在加州，但實際上它們位於無所不在的雲端。它們以人工智慧設計的招募平台評估來自地球每個角落的數百萬名求職者，並且管理分布在全球的虛擬團隊。川普政府錯誤地停止H1-B計畫以阻止印度軟體工程師進入美國，但矽谷聰明地把更多工作委外到海德拉巴和河內。不管是在亞馬遜的機械土耳其人（Mechanical Turk）或GitHub，數千萬人已透過數位移動性——無需移動的移動性——達成經濟移動性。但正如從農村到都市再到國際的逐步移民，經濟移動性之後接著就是身體的移動性：遷移到更好的住宅或城市，或海外有更高薪資的更好工作。愈多人受教育和從事線上的工作，我們就可以預期這種促使愈多人離開家的連鎖反應。

雲端公司和它們的員工已準備好迎接一個行動世界，但它們所在的國家卻還沒有。少數幾個主權國家已意識到提供數位服務給所有國家的公民可能帶來的機會。的確，這種新「居民」計畫的成員共通點是它們不需要你變成實際上的居民。愛沙尼亞感興趣的不只是全球游牧族實際上居住在愛沙尼亞，它也希望他們利用愛沙尼亞的銀行並在歐盟各國做生意。（顯然萬一再次遭到俄羅斯占領，愛沙尼亞已經把它的資料和功能備份在分散於世界各地的伺服器，以便在必要時它可以變成一個離散的雲端國家。）同樣的，杜拜的虛擬商業城（Virtual Commercial City）授與的執照提供外國企業在這個免稅國家境內存在的入口，這是阿聯過去提供境外「免稅區」的修正。據估計全世界有三千五百萬家公司沒有固定的地點而可以在任何國家登記。杜拜希望搶食一塊大餅。

杜拜政府的未來長（Futurist in Chief）拉福德（Noah Raford），希望下個階段的城市國家把目光超越境內或境外的差別，轉向一種「無邊境」的模式，國家積極地租賃空間給為新技術、法規和社群尋求實驗場的創新公司。它們並非出售自己的主權，而是把主權升級為混合實體和數位的共和國，以提供金融、醫療和教育認證。在這個興起的治理服務市場，實體—數位的順序倒轉過來：你與政府服務供應者（不一定是你的政府）建立數位關係，在你所在的任何地方使用它的服務，並利用它的可信度來取得實體進入該國家或相關國家的路徑。

我們的世界未來會不會變成愈來愈虛擬與真實的混合？想像一個建立在伺服器放在聯盟國家的企業或公民平台。它使用區塊鏈作業程序，運作方式像Tor（加密瀏覽器）、GitHub（編碼協作）、比特幣（加密貨幣）和TransferWise（跨邊境金融）的混合，讓隱匿IP和全球性的數位工作得以獲得現金。數以百萬計的遠距工作者加入這個雲端共和國，投票決定其內部政策和建立凌駕它們實際所在地政府的議價力。屆時國家將有兩個選擇：不是勒索國家內的雲端勞動力——可能導致許多人離開——就是加入其他地主國以形成一個數位版的中世紀漢撒同盟，允許更多這類游牧族成員加入，並從其創新獲益。

別忘了大多數國家都是小國——包括地理區和人口。它們就像原子那樣，大部分人口和經濟活動集中在資本城市，其他人則居住在內陸。隨著人口老化或離去，他們可能別無選擇，只能將土地或島嶼出售給正在尋找合適管轄權的新興國家。這可能是量子時代的地緣政治。

老化但腳步不放慢

五十歲不是新二十歲。但五十多歲的人現在必須和他們的孩子一樣玩移動性套利遊戲（arbitrage game）。在二〇〇八年，許多海灘退休夢頓成泡影，正值盛年的員工遭到裁員使退休金化為烏有。新冠疫情帶來同樣的效應——但加上自動化和疲弱的經濟復甦，造成持續更久的後果。許多在金融危機期間被裁員的人再也無法重來；他們移到更便宜的城鎮，從事各種零工，例如當Uber司機，以償付帳單或照顧他們的配偶。他們將必須繼續工作：平均而言，今日的退休者因為預期壽命更長而只擁有餘生所需花費的一半金錢。而且隨著債務激增，退休年齡將上升，所得稅也會提高。現在同樣的情況再度發生在更年輕的年齡層——不同的是今日正值職涯中期的瘟疫蕭條受害者還太年輕而無法退休，因為他們負擔不起。對他們來說，未來要面對的最委婉描述是「人生過渡期」。

對只有足夠的精力或金錢走下一步的美國人來說，加拿大已變成明智的選擇。美國的退休者在外國領社會安全金的人數以居住在加拿大最多，其次為墨西哥和日本。* 許多網站已在廣告退休後住在加拿大的最佳地點——而這張清單正愈來愈長。現在墨西哥、哥斯大黎加和巴拿馬已推出退休簽證和實體社區，專門吸引美國退休者，但將來也會吸引更老齡的美國人。這些中美洲國家在幸福調查的排名遠高於財富調查，意味生活的成本較低，同時整體的社會更穩定。隨著佛羅里達的氣候惡化，加拿大的「雪鳥」（snowbirds；冬季往往湧入佛羅里達的退休者）也可能移民到中美洲。或者，隨著加拿大暖化，他們可能在變暖的冬季仍然留在加拿大。

對罹患慢性病和擔心醫療成本的人來說，海外醫療觀光將變成醫療居留。每年已經有超過一百四十萬名主要為中年和老年的美國人旅遊到外國，進行從膝關節置換、生育治療到外科美容等手術。即使是千禧世代也旅遊到遠至埃及和哥倫比亞接受皮膚治療和牙齒矯正。雖然美國的醫療觀光客最喜愛的地點是印度、以色列、馬來西亞、泰國和南韓，如果加拿大向美國退休者塑造其為平價氣候和醫療聖地的形象，它可能輕易拿下最受歡迎的地點。在目睹瘟疫期間美國的醫療體系如此輕忽老年人的生命後，沒有人能責怪美國的老年人把積蓄花在別的國家。

歐洲人的預期壽命比美國人長，退休年金的可攜性也更高，使得國際退休變得更無縫。隨著歐盟國家削減福利和提高退休年齡，將有愈來愈多老年人轉向成本低廉的南歐「地中海俱樂部」——西班牙、義大利和希臘（雖然這些國家的年輕人正往外遷移）。對現金不足的西方退休者，亞洲地點的受歡迎度仍會繼續攀升。在二〇一八年，泰國發給英國人的退休簽證數量最高，其次為美國人和德國人。即使在居住一個國家如美國一輩子後，他們注定還是

＊ 這項資料可能不代表美國退休者在海外的實際人數，因為一些人可能住在國外，卻在國內領社會安全金，或完全不領社會安全金。

走向全世界。

富裕的退休者已選擇移動作為一種生活方式。一些人每年在Viking Sun這類郵輪上住二百五十天或更久，長時間環繞世界航行，在五十個國家的一百多個港口停靠。一艘取名世界號（The World）的郵輪由一百三十個家庭擁有，他們永久住在船上，讓它變成一個微型行動主權國家。預算較少的健康退休者則聰明地每隔幾個月更換郵輪，以便每個月支付較少錢而不必支付維護設施的費用。在瘟疫之前，每年二千五百萬名環球郵輪乘客有一半是退休者或嬰兒潮世代。雖然封鎖讓許多郵輪困在海上，但有愈來愈多郵輪如大洋郵輪（Oceania）和海上烏托邦（Utopia）改裝設施和增加全天候醫療服務，以滿足永久行動退休者的需求。而郵輪愈多，對數十萬名廚師、清潔工、歌手、牌桌荷官、醫生和護理師的需求就更殷切，特別是來自印度、印尼和菲律賓。在未來，郵輪乘客可能比留在陸地上的人更安全。

為什麼該是有「全球護照」的時候了

在一次世界大戰前的數世紀，人們旅遊世界各地不需要護照。歐洲移民抵達北美洲時是逃避君主國的新教徒，或逃避饑饉的移民，既沒有錢也沒有身分證明。大英帝國等帝國區的流動性孕育了數世代的子民，在從東非到東南亞的各殖民地間移動。初始的護照主要不是一種表示具有特定身分認同的拘束性證明，而是要求安全通過的通行證。富蘭克林（Benjamin Franklin）在一七八〇年擔任駐法國大使時，製作了自己的美國護照以要求進入荷蘭。但一次世界大戰後，移民變得官僚化以至於護照現在變成更合理的人文地理學的主要障礙之一。

我們如何回到護照不代表你是誰、而只是在旅程中證明你身分的世界？第一步將是一個區塊鏈和生物測定（biometrics）交會的科技平台。今日的大使館和領事館疲於應付簽證申請，各國有略微不同的要求，而且各國都可輕易地簡化它們。全球資料庫可以解決實體身分證和數位身分證的差異，而邊界檢查站可以加強與全球資料庫的連結。資料可以儲存在區塊鏈上，隨時更新和查證以供持續的使用。國際航空運輸協會（IATA）、各國海關和機票網站多年來已致力於把這些資料數據化。它們倡導一種選擇加入（opt-in）的共享儲存式旅行資料，以加速核准程序。別忘了幾乎所有國家和企業都想爭取觀光客和商旅人士，但他們的移動卻遭遇科技時代前的繁瑣官僚程序阻礙。不管你是玻利維亞人、奈及利亞人或越南人都應該無關緊要，重要的是你是人，並且提供了充分入境所需的正確資訊，例如你最近去過哪裡、犯罪紀錄、工作史和健康狀態。許多美國人當然希望獲得不同於自己同胞的待遇——因為國內的封鎖措施不徹底導致全體美國人遭到懲罰，被禁止旅遊加拿大、歐洲和大多數新冠疫情被更有效控制的地方。

這種系統最後可望使數十億勞工階層免於與國籍有關的摩擦，不管是來自中國、印度和東南亞國家的亞洲人，或阿拉伯人、突厥人和南美洲人。正如經濟學家米拉諾維奇（Branko Milanovic）所指出，他們的國籍是一項根據出生地點橫加於他們的稅。但這些地區的勞動人口是數十個國家所需要的，不管是農場工人、營建工人或護理師。未來最重要的護照是技術和健康而非國籍。我們應該不以人的出生來評價個人，而是以他們的潛力和對社會的貢獻。透過區隔移動性和國籍，我們可以跨越來自貧窮或戰亂國家的人面對的偏見。世界的行動工人沒有集體議價力，但每個人將從證明自己的移動性獲益。

全球教育業也迫切需要這種系統，以便維持西方大學仰賴的大量外國學生，同時確保有穩定的學生到它們設於開發中國家的國際分校現場課程上課。同樣的需求也存在於輪派員工到供應鏈所在國家的全球公司。大學和企業應該攜手合作，推動一種大規模使用的通行證系統，以克服他們在派遣學生和專業者到世界各地時出現的冗員問題。

一套繞越不必要的官僚程序的平行數位身分證明系統不會成為國家國籍與護照的競爭者或威脅。國籍授予擁有土地、投票和受法律保護的權利，並意味承擔從服兵役到納稅等重要義務。我們需要的是一套輔助協議和有一個聚集大量資料的交換所，包括：國家身分證、護照照片、指紋、行動電話帳號、銀行交易紀錄、犯罪史、雇用紀錄、旅遊紀錄、健康狀態等內容。一旦得到確認，這些資訊只能依必要性暫時由有關當局觀看。它對國際移動性的用處也可以發揮在像是國內數位投票等重要事務上。

一套全球信任的身分辨識資料庫將有助於各國知道它們可以讓符合條件的人安全地進入，並且能幫助它們更容易決定阻擋誰進入——包括一些它們自己的公民。二〇一五年十一月巴黎恐怖攻擊的八個恐怖分子中有四個是法國公民。數千名美國、澳洲等國的西方護照持有人曾宣誓效忠蓋達組織或伊斯蘭國，並自願在伊拉克和敘利亞打仗。不管他們是高加索人、阿拉伯人或非洲人，他們的護照都容許他們輕易地返回自己的國家並進行破壞。反移民的歐洲政治人物都以反恐作為限制難民入境的藉口，但移民限制無法減少本土長大的激進分子。嚴格要求個人證明去過哪些地方，然後驗證這些資訊，是預防所有膚色的恐怖分子進入的更好方法。

現在正是推出一套賦予數十億人權利而非限制他們的系統的大好時機，因為讓他們更自由地移動將使全球社會受益。這也是為政治崩潰和氣候變遷帶來的大規模移民時代做好數位準備的機會，因為數以億計的人可能同時向多個難以預測的方向大舉遷移。人類有能力以更好的方法管理跨邊界移動，不管是在區塊鏈上或最終把晶片移入我們皮膚的方式。移動性是我們因應動盪最好的保險。在下一場危機發生時，我們將很慶幸我們買了這個保險。

全球國籍套利

在全球新冠疫情封鎖最雷厲風行時期，未受疫情侵襲的斐濟島嘗試以無限制條件的居留吸引超級富豪，邀請他們搭乘私人飛機或遊艇到島上，在這個熱帶樂園躲避瘟疫。巴貝多和百慕達隨即跟進——不需要簽證。這些仰賴觀光的國家肯定會讓你永久居留，只要你支付得起，它們不會問其他問題。

我們的公民權概念源自古代地中海和底格里斯河—幼發拉底河流域的城邦，它們競爭擴張領土並吸收入民加入它們的帝國，但建立偏袒優勢部族的階層組織。由一個部族為所有人決定公民權利的概念從此以後普及到全世界。但這類古老的概念正逐漸讓位給一個廣大的全球市場，在這個市場裡人們根據哪個國家提供最多的利益來選擇他們的國籍。在一個人口緊縮的世界，各國競相吸引人才和富人移民到它們的邊界這邊。這些國家無法命令他們，反而以優渥條件延攬他們。

公民權市場的興起代表個人與國家關係的大逆轉。美國法律學者法蘭克（David Franck）指出，個人正在變得更加「有自主性和力量的行為者」。[5]護照正變得像里程計畫、權宜船旗（flags of convenience），而不代表人的身分。法國革命的理想是「自由、平等、博愛」，今日的機會主義者座右銘是「移動性、流動性、選擇性」。

因此一個人持有的護照已愈來愈不代表他是誰。在公民權套利上，一國的損失就是另一國的獲利，一個地方發生的每次危機就是較穩定國家吸引人才的機會。至少有十億人居住在一個近乎後公民權的世界，而在這個世界他們的銀行帳戶餘額和技術比國籍更重要。他們把公民權視為一種服務，而護照是會員證可以升級為更大自由、保護、移動性和其他特權。數千萬人在過去五十年改變了國籍。隨著開發中國家高淨值個人的人數擴增，不令人意外的是許多人認為他們的國籍是負債，而且藉由他們的公民權來牟利。的確，申請第二護照的人絕大多數是亞洲人。國家不是媽媽：你出生在一個國家，但並不屬於它。據專家宣稱，二〇一七年只有五千人購買「黃金簽證」（投資公民權），但在二〇二〇年頭六個月，這個數字激增到二萬五千人。[6]

從歷史看，公民權的授與是根據出生地主義或血統主義，同時在晚近幾世代的移民浪潮中因居留而歸化的情況也大幅增加。財政是主要的考量。對貧窮的聖基茨島（St. Kitts）、聖露西亞（St. Lucia）或安地卡（Antigua）等稅基很小和借貸成本很高的加勒比國家來說，吸引「主權權益」——出售土地等一部分國家資產——是讓它們能舉更多債的好方法。理論上它們可以利用新移民的投資來支應更好的基礎設施和經濟多元化，最終建設一個更穩健的福利制度。

總部設在倫敦的亨萊夥伴公司（Henley & Partners）率先提出投資公民（ius doni）的概念，為一百多個有這類授予投資者公民權國家中的數十個提供顧問。如果把這個新現象視為只發生在少數避險天堂國家，那將是見樹不見林。諷刺的是，長期以來嚴格限制國籍法的歐洲國家出售公民權給印度人、奈及利亞人、俄羅斯人、中國人和其他人的生意向來很興隆。畢竟，這些國家是這類移民最想去的地方：歐洲國家囊括亨萊公司的國籍品質指數（根據政治穩定、人類發展、公共服務和護照通行程度等因素衡量）的前二十名，美國只排名二十七，而澳洲排名三十二。俄羅斯人特別偏好賽普勒斯和奧地利。西班牙的黃金簽證計畫授予投資房地產五十萬歐元的投資者及其家屬居留權。葡萄牙已賣出二千張黃金簽證給富有的英國人和中國人，創造超過二十億美元的投資。以該國的氣候韌性來看，這是很划算的投資。在毗鄰的庇里牛斯山區安道爾的飛地，一張投資者簽證價值四十萬歐元，可以換得一年三百天的陽光。

每當有一個國家加入歐盟，就能為歐盟平添對外國投資移民的吸引力。在蘇聯時代，俄羅斯支配拉脫維亞等波羅的海國家。現在拉脫維亞已是歐盟成員，俄羅斯公民也紛紛購買拉脫維亞護照。蒙特內哥羅護照的申請者在新冠疫情封鎖期間大幅增加——特別是該國即將加入歐盟。正如瑞士法律學者約普克（Christian Joppke）指出，歐盟公民權代表後國家時代「工具性」的公民權概念，因為它不要求或以任何共同的歐洲身分認同為前提。

吸引更多投資移民將可協助歐洲阻止其人口萎縮。隨著中國人和印度人湧進歐洲的大學城，亞洲私募股權公司和主權財富基金也接踵而至，買進並重新裝修學生宿舍，進行德國已忽視超過十年的投資。現在美國正阻擋中國學生和生育觀光媽媽，他們可能轉往歐洲國家並花更多錢在投資居留權和公民權上，而且那些媽媽可能就在歐洲生育小孩。

一些歐洲保守派人士認為，公民權應該只授與和國家有「真正」連結的人。所謂「真正」的連結是空泛的用語，實際上是把公民權倒退到以偶發的出生為標準，稱不上是真正的創見。當然，批評出售公民權計畫實際上的意圖是為了避免損失稅收。「天堂文件」（Paradise Papers；一千三百萬份披露世界各國菁英在海外持有金融資產的文件）暴露出富有的個人和沒有祖國的全球公司一樣，把他們的資產藏匿在境外管轄地——其中有許多人為英國籍。試想其中的諷刺：英國擁有澤西（Jersey）和英屬維京群島等避稅天堂的主權，英國人（和無數其他人）經由那裡進行投資。但在英國脫歐後，英國護照本身在全球的通行能力減弱，導致大量英國人取得愛爾蘭、德國或葡萄牙的公民權。此外，有五百五十萬英國僑民長期住在海外，以至於已正式喪失投票的權利，讓他們更沒有維持英國國籍的誘因。無疑的英國政府該為把許多自己的公民變成他國公民負責。難怪英國的財政會如此窘迫，也難怪英國出售投資簽證的價格高達二百六十萬美元。

歐盟當然也不甘示弱，要求企業在低稅率國家登記必須證明它們的「經濟實質」牽涉實際住在登記國的人。換句話說，必須有員工，不能只是空殼公司。政府已開始計算人們在國內居住的日數，並根據他們工作的地點向他們課稅；很快政府將不只是檢查你的護照的日期和戳記，也要檢查你宣稱工作的IP位址，以及你為誰工作。不過，可能的結果是人們會投票給他們的錢包，遷移（或把他們的員工遷移）到更具繳稅效益的地方。公司肯定會這麼做，不管是戴森（Dyson）把總部從倫敦遷到新加坡，或軟體銀行的願景基金（Vision Fund）從倫敦遷至阿布達比。

愛爾蘭已經是全球科技公司的避稅天堂，每年也接受數以萬計的新技術移民——許多人住在都柏林中心區的「Google村」。這些移民只要支付一百萬歐元並等待一年後，就有資格申請公民權，讓他們得以隨意遷移到其他競相吸引投資移民的歐盟國家。（二〇二〇年年中，香港大亨何守信提議在愛爾蘭打造一個稱作Nextpolis的新城市，以遷移五萬名香港市民。）

如果國家不努力改進它們的護照在全球通行的排名，它們的公民將移民到外國並改變國籍。日本、南韓和新加坡等亞洲國家的護照現在都在最通行護照的排名前列，而中國護照則只排名第七十四，印度護照還更低。每年約有十萬個以中國人和印度人為主的外國人，前往紐西蘭居留或藉以作為進入澳洲的後門，但在傳出警訊後，紐西蘭恢復不允許外國人購買房地產的禁令（除了來自少數友好國家的人或經過挑選的億萬富豪）。現在那些原本可能成為紐西蘭人的人可能變成加拿大人。中國諺語說狡兔有三窟，所以中國人應該知道：他們正大量購買從加拿大到葡萄牙、新加坡的房地產和護照。

很快的美國人也會這麼做。過去美國人只在對美國的稅務申報感到不滿後才移居到外國。頂層一%最富有的美國僑民可以負擔得起放棄或保有美國公民權，但二%、五%、一○%和其餘的人負擔不起既要儲蓄又得同時繳納兩個國家的稅金。* 從二○一○年代以來，懲罰性的稅務政策、政治民粹主義和新冠疫情的錯誤管理，已驅使愈來愈多美國人離開美國。光在二○二○年上半年，移居全球各地的美國人將近六千人，比二○一九年全年人數激增一二○○%——如果不是各國大使館申請案件堆積，人數原本可能更多。離開的菁英有各自的理由：獨裁的民粹共和黨人或醒悟的社會主義民主黨人。諷刺的是，曾在十九世紀供應許多心懷感激的移民給美國的義大利和愛爾蘭，是最多美國人利用這種血緣關係取得歐洲護照的國家——不但為自己，也為他們的子女。誰知道美國日增的僑民下一個地點會是哪裡？

即使為了逃避母國動亂而取得美國護照或綠卡的人也不再把美國視為安全的庇護所。估計有六百萬美國公民也同時擁有其他護照——他們是文件上的「美國人」，但對他們來說作為美國人只是備份計畫而非忠誠的保證。現在美國人和第二本護照是美國護照的人已經開始另作打算了。事實上，每年放棄美國綠卡的外國人已經比放棄美國護照的美國人多。正如美國已不再能吸引最優秀和最聰明的國際學生，美國國籍也正喪失其吸引力，因為其他國家正積極加入爭奪全球財富和人才——包括美國人——的戰爭。

* 美國國稅局顯然缺少管理海外美國公民的法規和人力，因為像是外國帳戶稅收遵從法（FATCA）所要求的文書工作每年積壓的數量愈來愈多，這些法規原本只針對有海外帳戶的境內美國人，後來卻用來罰數百萬名安分守己在海外生活的美國人。

第十二章

都會文化治世

綠區網絡

有一些咖啡桌書是大多數咖啡桌不夠結實到可以支撐的。其中一本是大部頭的《德語文化區內的建築理論》（*Architekturtheorie im deutschsprachigen Kulturraum*; 1486-1648），它七百五十頁的巨冊如果不是那麼珍貴，其實本身就大到可以拿來當作咖啡桌了。它由瑞士首屈一指的蘇黎世聯邦理工大學（ETH Zurich University）編纂，記述了文藝復興時期的王親貴族如何委託大建築師重新設計歐洲的中古時期城市，以容納愈來愈多穿梭於繁忙貿易中心的商賈。貿易路線變成城市的動脈，連結性和移動性改變了空間的意義。

一般人認為外交誕生於這段歐洲民族國家形成的期間，但事實上外交源自美索不達米亞流域古城邦間發生的貿易關係。（外交實際上是第二古老的職業。）巴格達、大馬士革和貝魯特是遠比任何後來出現和消失的帝國或國家更古老的城市。從有史以來，城市間的外交——我稱它們為「城市外交」（diplomacity）——向來是人類文明一直存在的特性。它的未來模式很可能模仿過去。

中世紀可能特別值得參考。在十四世紀到十六世紀，歐洲北部的漢撒同盟（Hanseatic League）由北歐和波羅的海間的城市形成一個默契聯盟，以保衛它們的貿易權和政治自治權，阻止神聖羅馬帝國、英格蘭和其他敵人的侵犯。它們的布匹、武器、木頭雕刻和金屬的貿易也加快了文藝復興的思想傳入北歐洲。漢撒同盟城市為了平衡內部安全和外部連結而締結盟約，所以不難想像「城市外交」的時代接著展開，促成主要城市彼此之間進行一種健康的競爭性合作。我們的未來可能以一種小國家和城市間進步的新和平來定義：都會文化治世（Pax Urbanica）。

在二〇二〇年春季瘟疫期間，我們的美索不達米亞和漢撒本能像騎腳踏車般自然被喚起。澳洲和紐西蘭、瑞士和奧地利、芬蘭和愛沙尼亞——有志一同的人口小國成雙地只對彼此開放邊界。「綠車道」和「免疫泡泡」紛紛實施，標誌著對彼此醫療系統的信任比數世紀以來的國際外交干預更重要。美國護照突然間只在三十個國家受歡迎，而非平常的一百五十個。

沒有人想用健康交換財富。我們對國家淡薄的忠誠感在我們想被包納在綠區的真切渴望前，顯得無足輕重。妥善治理的國家寧可彼此連結，不願被鄰國的脆弱環結鏈住。的確，最引人注目的是國家內的州和省的行為，它們沒有正式的權力可以關閉彼此的國內邊界。夏威夷想對澳洲人和日本人重開觀光業——但不歡迎美國同胞。羅德島州的警察搜索鄰區以尋找紐約州車牌；甚至漢普頓的紐約州人懷疑來自紐約市的有錢人買光他們雜貨店的商品。當蘇格蘭控制好新冠疫情後，它就不想讓沒有紀律的英格蘭同胞進來。

任何有能力的人都避開紅區而遷移到綠區，那些病毒檢測和施打疫苗計畫執行良好的地方。在美國，那意味各州高築壁壘，武裝民兵占據議會大樓以阻止封鎖，反疫苗者和其他「病毒白痴」（Covidiots）到處興風作浪。更廣泛來說，綠區往往是政治不干預科學的國家，以及科技被積極應用於公共醫療的地方，例如南韓。加拿大的藍點（BlueDot）系統整合醫療紀錄、地點搜尋元資料和行動電話模式，以警告病毒爆發。瑞典人已開始皮下植入無線射頻辨識系統（RFID）晶片以確認健康狀態。在中國、新加坡和其他地方，現在醫療紀錄已透過人工智慧，免費篩檢以發現潛在的初期癌症和其他病症。接下來我們可能看到政府運用基因組學和合成生物學以主動提供治療。

無疑的，公共醫療將變成未通過新冠疫情考驗國家的當務之急——正如黑死病後的歐洲社會開始採用下水道和鋪面道路。但在預期壽命已如此長的時候為什麼要拿性命賭博？今日的移動階級正在尋找結合預防措施和延壽介入治療的「藍區」。像是義大利薩丁尼亞和日本沖繩這類地方博得藍區的美名，因為那裡有乾淨的環境、有機飲食、規律的運動，和強力的社區連結讓當地人享有地球上最長的壽命。採用蔬菜、穀物、種籽、水果、堅果、豆類和魚的藍區飲食，可以讓大多數人活得更健康。較長的壽命可以提高人生活在免於專制暴力地方的渴望。由於美國是唯一經常發生大規模槍擊案的富裕國家，有正常自我保護意識的人才會繼續高築他們的安全牆，或者遷移到更值得信賴的社區。在二〇一九年，舊金山把全國步槍協會（NRA）標記為「國內恐怖組織」，但現在槍枝可以用3D列印，地方當局也必須注意這類科技。在綠區和藍區的交會處我們將可發現有負擔得起的住宅和薪資保護，以及有女性領袖和社區巡邏的社會。*

這提醒我們人們不是為了尋找更高的GDP成長而規劃他們未來移動的方向。以GDP

作為福祉的衡量標準就像以黃金來衡量價值：黃金的價值只有在人們相信它時才存在。相反的，今日的年輕人更傾向於相信可以永續的經濟體、多樣和包容的社會，以及有權利和幸福的文化。一場根據平衡的社經包容性和環境永續性標準的國家排名競賽正在展開。比較國家的GDP相對於最近推出的社會進步指數（SPI）排名會得到令人驚訝的結果。例如，美國的人均財富只低於少數小歐洲避稅天堂國家，但醫療效率、暴力和不平等使美國在SPI排名只有二十六。名列前茅的SPI國家除了常見的北歐模範生國家以及瑞士、愛爾蘭、澳洲和紐西蘭外，還包括德國、日本、加拿大和法國等大國。即使歐洲的經濟成長低迷，受到公平節制的財富意味更穩定的社會。

許多國家在社會進步獲得高排名（例如斯堪地那維亞國家），但在永續發展指數（SDI）卻因為來自採礦、營建、運輸和航空的碳排放而排名遠為落後。比較之下，以低資源消耗而最接近滿足人民需求的國家為哥斯大黎加、斯里蘭卡、阿爾巴尼亞和喬治亞。在這些國家，大多數人有足夠的收入和教育，預期壽命和幸福感相對較高，但人均溫室氣體排放較低。[1]在這個經濟位階的國家往往被描述為陷於「中等收入陷阱」，生產力成長停滯和物價

---

* 根據醫療可及性和品質指數（HAQ Index），擁有全球最佳醫療系統的三個國家是冰島、挪威和荷蘭。有十八個國家提供全民醫療：澳洲、加拿大、芬蘭、法國、德國、匈牙利、冰島、愛爾蘭、以色列、荷蘭、紐西蘭、挪威、葡萄牙、斯洛伐克共和國、斯洛維尼亞、瑞典、瑞士，以及英國。此外，奧地利、比利時、日本和西班牙有幾乎涵蓋全民的醫療保險。

最進步的社會

社會進步指數根據是否滿足基本需求（例如營養、水、居住和安全）、提供福祉的條件（教育、醫療、資訊管道和清潔的環境），和提供機會（政治權利、個人自由和包容的經濟體）來為國家排名。許多非洲和亞洲的貧窮國家過去五年來呈現穩定的進步。在富裕國家，進步的速度較慢些，有幾個先進國家正在退步。

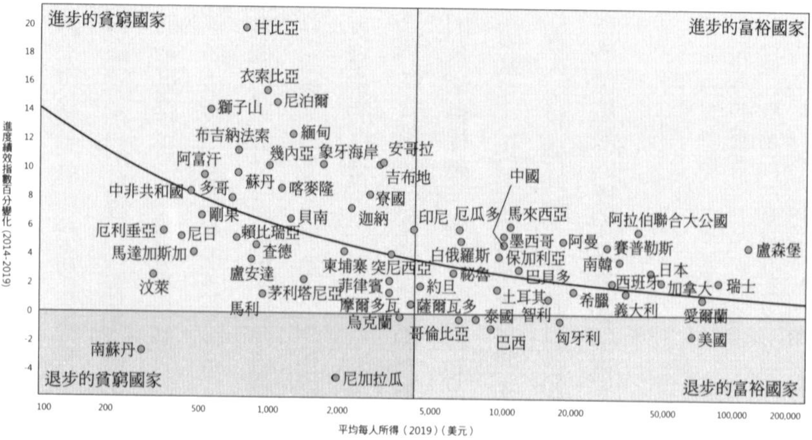

上漲使它們喪失競爭力。但它們也利用土地改革、教育和科技來促進經濟多元化，和提高年輕人的技術水準。在一個不再執迷於GDP的世界，它們可能是已無法靠自己成長的社會——也就是所有社會——的模範了。

食物、能源和循環（circular）

新冠肺炎疫情在糧食收成和食物儲存穩定的時期爆發，但食物加工的突然中斷導致全球糧食供應系統秩序大亂。數萬公噸的蒙大拿馬鈴薯被丟棄，貧窮國家平時出口數百萬顆雞蛋也任其腐爛。邊界關閉使移民工無法進入，促使法國經濟部長呼籲國民發揮愛國精神自願當農民。比利時人被鼓勵每週吃兩次馬鈴薯片以消化過剩的馬鈴薯收成。疫

真正可永續的社會

永續發展指數（SDI）根據國家在滿足其人口需求的同時維持低碳足跡來為各國排名。相對於以西歐國家或其他人口較少的西方國家居首的社會進步指數（SPI），永續發展指數排名較高的國家是以審慎資源管理著稱的小國。

永續發展指數排名	社會進步指數排名	社會進步指數排名	永續發展指數排名
1 哥斯大黎加	28	1 挪威	158
2 斯里蘭卡	88	2 瑞典	144
3 阿爾巴尼亞	52	3 瑞士	151
4 巴拿馬	41	4 冰島	155
5 阿爾及利亞	85	5 紐西蘭	128
6 喬治亞	60	6 加拿大	159
7 亞美尼亞	61	7 芬蘭	156
8 古巴	84	8 丹麥	139
9 亞塞拜然	76	9 荷蘭	147
10 祕魯	55	10 澳洲	161

情封鎖也迫使各國採取「糧食國家主義」，導致俄羅斯小麥，越南稻米，塞爾維亞蔬菜和食用油禁止出口。我們是不是應該生產更多自己的糧食，或住在自己生產更多糧食的地方？

新冠肺炎大流行迫使每個國家重新思考對大災難情況的因應準備。紐西蘭等島國慶幸有先見之明實施獨立於世界其他地方的農業政策。進口食物幾乎和美國一樣多的中國加速拆除農村以擴大農地耕作面積。其他國家如日本和南韓不但擴大飼養牛隻和種植穀物，也加強水耕食物生產和都市農耕。為了不浪費食物，南韓把廚餘製成肥料以用於都市農場。

我們以都市為中心的文明讓我們以為隨時可以取用任何東西，但城市消耗的能源、水和食物遠多於其生產。雖然城市是我們最堅固的基礎設施，它們的弱點卻是無法移動。在十世紀，乾旱迫使馬雅人放棄他們宏偉的堡壘城市如猶加敦半島的奇琴伊察（Chichen Itza）。一千年後，墨西哥市幾已耗盡其含水層，導致市區地層下陷。墨西哥市可能成為下一個奇琴伊察：它的人民可以移動，但城市不能。

比馬雅人更早，乾旱對埃及和羅馬帝國也帶來致命的打擊。今日最大的食物製造商面臨工業化農耕已破壞種籽與土壤間自然共生關係的潛在危機，而缺水也已耗盡土壤的養分。因此我們應該擴大再生性的農業技術，例如輪作和固氮細菌，取代使用化學肥料。

我們必須修正我們已從農業進化到鄉鎮再到城市——前者服務於後者而忽視環境的成本——的說法。相反的，我們應該反思我們如何及在何處生產食物和能源，我們如何及在何處消費它們，以及生產與消費間的距離。在世界未來理事會會長吉拉德（Herbert Girardet）眼中的農耕，我們必須縮短「石油之城」（Petropolis）時代遙遠的能源與食物供應鏈，把我們的主要居住地轉變成自給自足的「生態城」（Ecopolis），把食物製造、再生能源和資源回收在地化。

缺少水和人口密集的地方將必須採用最新的科技以度過頻繁的乾旱期。一英畝的建築能每天製造兩公噸的蔬果，使用比傳統農耕少十八倍的水，並以冷卻系統循環輸送水回植物根部。在繁忙的城市，船運貨櫃正被改裝成內部有水耕設備的「食物生產機」。中國已動土興建一整座城市，目標是讓它不受瘟疫侵襲和食物與能源自給自足。馬約卡島（Mallorca）是西班牙最受歡迎的觀光中心且住宅更新的速度也最快，但它的水源逐漸匱乏。不過西班牙也是Arpa和Genaq等公司的所在地，它們已發展出一些最先進的大氣造水機，並賣給世界各國的數十個軍事單位。馬約卡島可以變成一個循環島（circular island）。

循環飲食是循環能源重要的一環。以植物為主的飲食進一步降低我們碳與水的足跡，以及減少我們必須居住在供應我們冷藏肉品的雜貨店附近。愈來愈多美國人自認是「彈性素食者」（flexitarians；偶爾吃肉的素食者），而英國人則承認素食是一種哲學信仰，等同於一種宗教。新冠疫情期間瘋傳的一則笑話提議，對抗瘟疫、氣候變遷和社會動亂的方法是學習印度教徒的做法：打招呼時雙掌合十並說「向你鞠躬」（Namaste）而不握手，進屋子前洗腳，練習瑜伽和冥想，遵循素食，用水清潔而不用衛生紙，以及採用火葬。印度教完全是一種循環宗教。

加拿大、歐洲和澳洲的城市在轉向太陽能、風電和核電等替代能源和再生能源上已跨出大步。沒有國家的去碳化比法國快，因為該國已邀請一家跨國集團來建構世界最強大的核融合反應爐。冷核融合技術獲得Google、日本三菱和蓋茲（Bill Gates）的支持，蓋茲也資助Heliogen公司的聚光太陽能技術，它可以提供足夠的電力供工業水泥製造。（像Carbon Cure等公司也把從製造水泥所捕集的碳再注入水泥。）在鋼鐵製造和能源開採（另外兩種高排放產業）上，氫氣發電已可取代煤和天然氣。日本正興建二十幾座新燃煤發電廠，以填補福島災難後關閉核電廠的短缺，但日本也從澳洲進口壓縮液態氫，目標是變成世界清潔能源的領導者。南韓正邁向以氫氣作為多個城市取暖、冷卻和發電的燃料。核融合、氫氣、太陽能和風力發電也可用來冷卻我們的資料中心——它們是增加最快的碳排放來源。不管大小，城市應該做到能供應自己的電力。

這也表示我們在城市裡和城市間的移動性應該有遠比以往小的環境足跡。在美國特斯拉（Tesla）、中國比亞迪（BYD）和許多歐洲及日本汽車製造商的努力下，全球電動汽車占總汽車銷售的比率正穩定上升。但即使德國及瑞典有可以為行駛中的汽車充電的道路，鋰電池的全球供應鏈（和石油一樣）既不清潔又脆弱。這也是中國的寧德時代（CATL）正為特斯拉發展無鈷電池的原因，無鈷電池將可減少在非洲和南美的探礦。氫動力公共運輸和汽車正在日本、南韓和中國起飛。有機廢棄物可以轉變成合成氣，用以作為垃圾車的動力，正如Sierra能源公司在加拿大的做法。而豐田的太陽能面板覆蓋汽車可以提供在都市地區駕駛一整天的電力而無需充電。

一個自給自足的城市也應該有可持續供電的住宅和辦公室。光靠屋頂太陽能已經可以提供大多數建築使用的半數用電，同時白色油漆可以反射太陽熱能，建築內部種植的樹和灌木則可提供自然的遮陰和冷卻。其他數十種功能也已納入新建築設計以使它們更循環：吸收和引導雨水到蓄水池的屋頂，執行調節冷熱功能的空氣幫浦系統，以及整合的通風和隔絕系統。固態的熱電致冷和暖氣裝置使用遠為更少的電力，並排放比傳統冰箱少的水汽。但如果我們以傳統建築方法和材料，也可以減少依賴冷氣機，例如蜂巢設計的赤陶灰泥可以吸走濕氣和更自然地冷卻空氣。從加拿大到挪威，大量木材被用於建築宿舍和辦公室，它們可以持續吸收碳數十年。已發明但尚未使用的科技進一步讓我們挑戰不可能：例如利用樹的搖擺來發電，以及液態氮冰箱。這是我們翻新目前的城市——以及驅動未來城市——的方式。

許多國家還沒有做的最昂貴投資是正在供應以色列和波斯灣國家半數用水的鹹水淡化廠：阿拉伯聯合大公國消耗的水有九〇％來自海水淡化。印度、日本和哈薩克已經有核能動力的鹹水淡化廠，如此可以大幅降低能源成本（和排放），並為農業和公眾消費提供安全的用水。這類大型過濾廠可以用水管引水到美國、印度、澳洲、中國和其他國家受到超級乾旱威脅的內陸農場。如果水就是新石油，那麼各國應投資在水管上，否則人民將遷移到有更多水的地方。

空調國家

人能改變他們的地理區；城市不能。城市只能順應時代的需要，不管是築起海岸屏障以阻止上升的海面，或增添腳踏車道以減少汽車堵塞。特別是對靠近赤道的沿岸城市來說，順應的待辦清單很長。

新加坡和杜拜正在進行備受關注的重要實驗，它們是許多處於類似情況的城市未來幾十年要想生存就必須做的事。兩個城市都有超過四百萬名高度多樣的全球人口，包括全球菁英、向上流動的年輕人，和忙著興建未來基礎設施的大批移民工。新加坡和杜拜的氣候當然差異很大：杜拜位於不毛沙漠邊緣，而新加坡是個熱帶叢林。杜拜的降雨不頻繁；新加坡經常下雨。但兩個城市都在填土造地上不遺餘力：新加坡整個島國有四分之一建在填土造地上（使它成為全球沙土市場胃納最大的顧客之一），而杜拜（以及阿聯首都阿布達比）則已進行數個恢宏的人造島嶼計畫。兩個城市都能負擔得起升高道路、擴大海水運河和興建海水淡化廠的高昂成本。它們也都投資於水耕食物生產（室內和地下）、離岸養魚場，和植物肉公司。但它們能擊敗熱嗎？

阿聯：圓頂之國？

近四十年前我在阿聯是一個念幼兒園的小孩，我記得我父親會從辦公室回來吃一頓遲來的午餐，與家人放鬆相處後又回到辦公室工作幾個小時直到黃昏。剛頂著大太陽從遊戲場嬉戲回來的我，總是需要用冷毛巾貼在我悸動的額頭。至少我們有冷氣機。

對數十萬住在波斯灣地區的西方外僑來說，這個慣例數十年沒變：享受學校開課期間宜人的天氣，然後在波斯灣地區籠罩於夏季沙漠乾熱下的三個月期間回到歐洲，等天氣轉涼和學校開學時再回來。但現在情況已經不同。富裕的波斯灣城市如多哈、利雅德、杜拜和阿布達比等城市如今都已完全配備空調機，而在嚴重熱浪頻仍發生的西歐有空調設備的家庭卻不到一〇％，這使得許多歐洲人夏季時不願返回歐洲而選擇留在涼爽的波斯灣。（二〇二〇年底歐洲新冠疫情導致的封鎖期間，杜拜的海濱旅館突然連續幾個月客滿。）

空調在杜拜的辦公室、購物商場、公寓和住宅區無所不在，但該市的未來計畫準備把所有空調都集中在一個屋頂下——真實的屋頂。杜拜最新的巨型計畫杜拜廣場（Dubai Square）將是一個城市中的城市，把從學校到運動公園的所有環境分散到寬廣的室內林蔭大道各處，並以玻璃圓頂加以覆蓋。雖然這種控制氣候的環境只在一年最熱的月分或季節才需要，但這個計畫將讓它全年無休。空調機耗費大量電力，也排放大量二氧化碳，但至少杜拜廣場的居民不需要開車到別的地方。

由於大多數杜拜居民仍然偏好獨棟房屋，未來他們的鄰區可能類似零排放的新「永續城市」區，裡面家家戶戶和停車空間上面都有太陽能面板。杜拜也已啟用一座光伏太陽能公園，生產的電力足供一百多萬棟住宅使用。阿聯首都阿布達比郊外還有一座馬斯達爾城（Masdar City），原本的設計是一個單獨的行人區和高爾夫電動車社區，但現在也將加入這個空調城市群。在杜拜更北邊，拉斯海瑪酋長國（Ras-al-Khaimah）已自稱為一個負擔得起的外僑中心，每天都適於開泳池派對。我們不難想像波斯灣國家未來幾年都會群起仿效，打造這類空調城市，並以超迴路列車（Hyperloop）彼此相連。

面積大上許多的沙烏地阿拉伯有四〇％人口是移民外僑——超過一千一百萬人，其中包括四百萬印度人、三百萬埃及人，和二百萬巴基斯坦人。但二〇一四年石油價格暴跌，加上該國致力於讓更多沙烏地人擔任國內的工作，導致一百五十萬移民回流他們的母國。現在沙烏地人已開始在機械等人力操作產業擔任藍領工作——約五十萬人。預料印度人將重新回到沙烏地興建新空調圓頂城市，和其他讓沙國在燠熱下仍能保持適於居住的基礎設施。

沙烏地阿拉伯和印度存在一種互利互補的關係：沙烏地出口石油到印度，而印度出口勞動力和軟體到沙國。隨著沙烏地阿拉伯嘗試升級和多樣化其經濟，它將需要資訊科技員工、職業教育機構和其他白領技術人員來管理各個智慧城市計畫。的確，沙國在疫情後的願景是把利雅德變成一個氣候綠洲和種植數千萬棵新樹的文化中心。誰將做園丁、開計程車和操作資料中心的工作？這是沙烏地阿拉伯不久前取消實施已久的外國移民工贊助與監督制度卡法拉（kafala）的原因。截至二〇二一年，移民已能自由進出沙國，並根據市場的機會改變工作。最終，無人駕駛汽車和機器人可能結束對印度和巴基斯坦移民工的需求，但沙烏地阿拉伯也將希望在國內製造更多汽車和無人機，因而需要更多的技術勞工工作。沙國已開始對外國創業家提供完全公民權。一個尋求重造自己的國家很難憑一己之力達成。

儘管阿聯和其他波斯灣國家面對到二〇七五年或更早將無法居住的警告，人們仍繼續遷往那裡——而且波斯灣國家繼續建設以吸收他們。波斯灣合作理事會（GCC）創立於一九八一年，雖然其成員國之間彼此爭鬥（例如二〇一七年迄今對卡達進行的抵制），它們也透過鋪設油氣管、鐵路和制訂新法律，讓合格的沙烏地阿拉伯居民在阿聯購買房地產和在那裡居住。他們知道波斯灣國家不是人們最先、也不是最後一個會遷往居住或離開的地方，但至少他們有最強的空調機。

新加坡：冷卻熱島

在麥里芝蓄水池（MacRitchie Reservoir）——新加坡中心的一座叢林——的週末早晨，來自世界各國的健康居民在慢跑道上融洽相處，一面討論房地產生意、清潔科技投資和早午餐想吃什麼，一面注意嬉戲的猴群和鬼祟的巨蜥。和仍有四季分別的波斯灣國家不同，新加坡直接位於赤道上：那裡幾乎每天悶熱又潮濕。當地人已習慣於例行的早起運動，白天大部分時間待在室內（從上午九點到下午六點），然後外出享受海灘、公園和屋頂涼風徐徐的夜晚。戶外有許多有蔽蔭的地方和吊扇，白天坐在戶外可能很清爽，但有點黏答答，特別是在大雷雨天時。

新加坡國父李光耀在回憶他成功地把新加坡變成第一個世界城邦的典範時，列舉這個年輕國家舉世聞名的優點，例如杜絕貪腐的政治和多種族和睦相處。但他也充滿哲學意味地說：「空調對我們來說是一項最重要的發明，也許是歷史上唯一最重要的發明。它藉由讓在熱帶發展變可能而改變了文明的性質。」[2]

一些世界上最熱的國家在全球暖化之際卻吸引愈來愈多居民確實有點諷刺，但這也透露出哪些國家有能力和意志投資在適應。當然，另一個諷刺是透過裝設數百萬具空調機來維持宜居性，而它們的排放卻會使溫室效應惡化。雖然我們共有一個全球氣候，區域甚至地方的微氣候卻十分重要，尤其是都會工業活動會升高氣溫。新加坡和其他人口稠密的城市會產生

「熱島效應」，交通阻塞聚積的熱會使氣溫比原本應有的提高多達攝氏七度。此外，使用燃油和天然氣發電製造大量的熱（其中一半在生產中浪費掉）會吹送到城市。所有這些都導致人們進一步把空調機開更強。我們用空調機對抗熱的方法會讓熱加劇。

但空調機的未來可能比現在更能永續。新加坡國立大學已開發一種使用太陽熱能的空調機，可同時發電和從空氣汲取水分，並使用前者來冷卻後者，這表示可節省一半電力和不使用化學的氟氯碳化物（CFCs）。新加坡的每個區都有整合功能的中心，把購物、圖書館、游泳池、托兒、餐廳和醫療診所等設施集中在有太陽能面板覆蓋和空調的區域。利用炙熱的太陽來讓我們涼爽是未來的趨勢。

新加坡也是主要的範例，證明自然樹蔭遮蔽的步道和廣闊的公園仍然是維護都會生物多樣性的最佳策略。新的綠洲露台（Oasis Terrace）是一個室內室外混合的綜合區，有樹木覆蓋的步道和屋頂花園，以及能發揮冷卻作用的噴泉。

即使仰賴進口食物和水的城市也可以變得更循環。新加坡已經有普遍的雨水收集和一套複雜的水處理系統，可以製造「新水」並以水管輸送到全島。新加坡可能——或許也應該——禁止私人進口瓶裝水。蘇黎世聯邦理工學院的「冷卻新加坡」計畫聚集來自麻省理工學院（MIT）、柏克萊、普林斯頓等大學的氣候專家，研究降低都會熱島效應的種種方法。捕集發電廠的熱並導引到工業應用是顯而易見的方法。拜對汽車車主課高稅和綿密的公共運輸所賜，新加坡的五百八十萬人口只有四十六萬輛汽車。把所有車輛和公共巴士轉變成電動車也至少可以降低氣溫一度，而且可減輕空調負載二〇％，同時減少天然氣進口。減少使用空調機所節省的電力足以供應所有電動車輛所需。

數十年來新加坡一直仰賴從北方的馬來西亞進口水，但今日新加坡的蓄水池網絡流入「新水」處理廠，把可飲用的水輸送到全國。為了達成到二〇三〇年以國內資源創造三〇％營養需求的部分目標，新加坡已展開大規模的水耕糧食生產，並正加強漁業養殖和植物蛋白質的製造。新冠疫情後，新加坡決定把這個時程表提前到二〇二三年。如果一個幾乎一〇〇％仰賴進口食物的都會城邦可以生產更多國內的食物供應，那麼幾乎任何地方都應該做得到。

在蓮花形狀的藝術科學博物館，藝術家馮啟明（Alvin Pang）醒目的《二二一九：未來想像》（*2219: Futures Imagined*）展覽，描繪在像新加坡這種海岸城市的都會生活遭遇海平面上升的假想情況：街道已被寬闊的威尼斯式運河取代，汽車讓位給船，建築以天橋連接，而空中花園垂吊著蔓藤。每棟住宅都有種植蔬菜的水耕裝置，養殖蠕蟲以製造堆肥。從今日的觀點看，這是一幅反烏托邦的景象，但卻是順應所必然。

從「毒性觀光」到觀光客爭奪戰

在二〇一九年，過度觀光或「毒性觀光」（toxic tourism）是引發各方撻伐的議題——幾個月後情況改觀。今日大多數政府向觀光客殷勤招手，希望他們到國內花錢。與全球人才爭奪戰平行的是全球觀光客爭奪戰。

二十年前，我常常要等很久（並支付數百美元）才得以進入像烏茲別克和越南等國家。現在它們和數十個快速成長的經濟體微笑著給你落地簽證，只需要蓋個章。在世界各地的任何中國領事館，簽證可以在二十四小時內取得。中國已從一九八〇年外國訪客五十萬人增加到二〇一八年的六千三百萬人。印度終於對大多數國籍實施線上落地簽證授權。美國在全球入境計畫（Global Entry）等便利出入境技術上花費了二十八億美元。顯然它把重點放在吸引訪客不下於修築高牆。

在觀光業面臨高風險之際卻有愈來愈多國家仰賴它是一個殘酷的諷刺。觀光業和餐旅業占全球GDP和雇用的近一〇%（三億三千萬人）。在熱帶國家和島嶼國家如印度洋的塞席爾（Seychelles）、馬爾地夫，以及加勒比海的聖基茨島（St. Kitts）和格瑞納達，觀光業不但遭到新冠疫情重挫，而且面臨海平面上升的風險。

西班牙向來每年接待的觀光客高居世界各國第二位（超過八千萬人），觀光業也是該國經濟第二重要的產業（僅次於工業）。但西班牙的主要觀光地點是南部海岸，從太陽海岸到加泰隆尼亞的地區，那裡已經炎熱到必須用運水船從法國進口水。英國人占西班牙觀光客的最多數，但隨著英國的氣候變得愈來愈像西班牙、西班牙愈來愈像非洲，未來會有那麼多北歐洲人繼續到南歐觀光嗎？與其在西班牙的地中海海灘暴曬，更多歐洲人將選擇前往北方的斯堪地那維亞。西班牙人也可能放棄自己的國家前往北方。冬季觀光業——對今日的西班牙是淡季——將反而變得更受歡迎，不管是待在宜人的海灘或在內華達山脈健行。為逃避陰暗冬季已搶購地中海房地產的斯堪地那維亞人，可能繼續持有那些公寓。

我們沒有別的選擇只能繼續發掘旅居的新地點，因為數千個無法移動的名勝古蹟坐落於快速變暖的地理區。即使有新的高速鐵路連接麥加、麥地那和吉達，那裡已變得太熱而不適於許多穆斯林履行前往沙烏地阿拉伯朝聖的義務。二〇一九年的歐洲熱浪迫使雅典人在尖峰時間關閉雅典衛城，損失的收入讓疲弱的希臘經濟幾乎無法承受。一些歷史上最持久的城市也將無法安度氣候變遷。尼羅河流到地中海濱的亞歷山卓時已是一片沼澤，而上升的地中海正逐漸淹沒它。威尼斯長期仰賴的海堤已無法抵擋上升的亞得里亞海洪水。附近的帕多瓦（Padua）和特雷維索（Treviso）最終將變成更多觀光客的抵達地，從那裡再藉由汽車和船舶前往探訪這個沉沒的偉大中世紀威尼斯共和國。

過度觀光的解決對策不是禁止觀光客，而是以永續的方式開發觀光的新地點。你可能從未聽過丹麥的法羅群島（Faroe Islands；位於挪威和冰島間），但即使它們在二〇一九年也只因為一場「TLC」行動而短暫對觀光客關閉；在該行動中，島民和少數「觀光客志工」一起執行環保計畫。

公有城市

今日的城市是為上一個時代的工業和生活方式而打造。商業房地產和購物商場即使在新冠疫情和遠距工作流行前已陷於停滯。自助儲物空間代表嬰兒潮世代和較年長X世代的囤積文化；他們的小孩不想要他們的東西。城市必須在實體上和政治上重建成符合年輕人的偏好：負擔得起的住宅、低廉的交通、綠色空間和自由的生活方式。吸引行動年輕人的城市將是那些提供較短工作週、薪資保險、技術訓練計畫和幼兒照顧——為照顧較少已出生的小孩——的城市。

在討論小孩相對較少的未來時，有一個明顯但合乎邏輯的觀點經常被忽視：能吸引有小孩的千禧世代和Z世代的城市，將是對小孩友善、同時有足夠空間給他們仍然健在的X世代父母居住，以便在他們工作時幫忙照顧小孩。一項根據安全、成本、醫療、教育和福利為三十個國家排名「最佳撫養小孩國家」的指數顯示，除了紐西蘭、日本和加拿大外，幾乎所有前二十五名的國家在歐洲，而美國和墨西哥則排名墊底。[3]瑞典和芬蘭不只是全世界親職福利政策最慷慨的國家，而且咖啡館和社區中心普遍有為年輕父母攜帶小孩參加的活動，避免親職和獨生孩子的童年變成孤獨的經驗。

在一九七〇年代，未來學家托佛勒（Alvin Toffler）預測，家庭將聚集在由多個家庭組成的公社，並一起撫養小孩。今日，愈來愈多夫妻集體購買或租賃房屋，分擔持有和維護房屋的成本和工作。共同居住製造了社群感，即使是在像芝加哥和波士頓這種大城市的高價鄰區。[4] 從奧克蘭到底特律的社區土地信託公司將給合作社折扣價格，讓它們進來興建平價家庭住宅。在紐約，稱為「家人」（Kin）的Tishman Speyer共居房地產，是一個給年輕父母居住的多家庭建築群，他們享有共用空間和兒童照顧服務。這類改造過的房地產讓專業人士能夠負擔得起紐約市的生活，同時還有餘力組織家庭。

在WeWork公司短暫的全盛期間，它嘗試把社群主義式的合作社區模式推廣到社會生活的各個面向。除了共用工作空間外，它嘗試推廣到學校（WeGrow）、醫療（Rise by We）和共居（WeLive）。這類都會合作社區設施正在每個地方冒出。有些（像舊金山的PodShare）是月租的宿舍，有類似圓形監獄的小房間。任何隱私的犧牲比起單程通勤兩個小時以上去上班都值得。StarCity也正在加州各地興建平價的共居房地產，以留住該州的普通年輕人。布魯克林的部落提供實體社區空間給短期居住、難以結交朋友的無根千禧世代。在新澤西州，空辦公室園區被改造成公寓和共用工作空間；它們的停車場現在是小住宅、快閃零售店、都市農場和公共活動的地點。數位環境也促進有利的社會關係。麻省理工學院的媒體實驗室正測試藉由穿戴式裝置來幫助人們發現與陌生人的共同興趣。歡迎新數位社群主義。

擁有世界最多人口和年輕人的亞洲是共居的原爆點。數以億計的行動千禧世代，不管是學生或工作者，正在許多城市停留長短不定的期間，因為他們在區域內各地從事遠距工作或打零工。對年輕的亞洲或西方外僑，誰不喜歡在峇里島住幾個月或一年，同時存下高薪的一大部分？多國籍人士甚至在島嶼上租下整個共居空間和共用工作空間，以降低兼職或合約工作者的成本。在新冠疫情導致來自澳洲和中國的觀光客大幅減少下，峇里島推出一項吸引數位游牧族購買別墅和把該島變成永久居住地的活動。

歐洲是另一個長壽和財務壓力促成新解決方案的地區。米蘭的二十萬名學生大多數來自該城市以外的地方，且許多學生負擔不起獨自居住。在「米蘭會更好」（Meglio Milano）計畫下，老年夫婦或寡婦可以「收養」一名學生住在他們家中，學生支付較低的房租以交換做日常雜務和提供陪伴。老年人得以在家頤養天年，年輕人則沒有負擔。這類家庭共享已成為多世代共居於一個屋簷下、但成員未必來自同一家族的新「家庭」社會。

歐洲在提供市民「移動性服務」以降低汽車擁有率上領先世界。在新冠疫情封鎖期間，人們開始注意到他們緊鄰的五個街區範圍是否有綠色空間、醫療照顧和食物。巴黎市長伊達戈（Anne Hidalgo）計畫提供所有人在離家十五分鐘步程內享有所有基本服務。從米蘭到多倫多、西雅圖，市中心都禁止汽車通行，只供行人和腳踏車進入。專用的腳踏車和速克達愈來愈受年輕人歡迎，他們負擔不起汽車，甚至沒有駕照。移動性計畫已變得像資料計畫：一套應用程式就能解決你交通的需要，不管是租腳踏車、電動速克達、火車、巴士或汽車共享，並把你的支付分給不同的供應商。赫爾辛基的Whim應用程式涵蓋計程車、巴士、腳踏車、速克達，甚至出租汽車。最後將會有無人駕駛交通車、無人駕駛空中計程車（由空中巴士的分公司Voom開發），忙碌於城市各地，也連結郊區的交通。

這類服務可望改變地廣人稀的美國城市的樣貌。SolarCity公司的離網住宅和充電系統意味廣大的新郊區可以透過平坦的道路連結，以無人駕駛汽車載人參加會議。無人駕駛車隊可能變得大受歡迎，超越公共火車和巴士，甚至最後讓美國投資這麼少錢在公共運輸變成合理的決定。美國有錢、科技和人才足以重建一群迎接未來的城市，但政治意志和經濟資源並未平均分配，所以未來無法指望這些優勢。

智慧生活的未來

對年輕人來說，「使用者體驗」（user experience）適用於城市一如適用於公司。年輕人要求國內治理從老舊的基礎設施和劣質的服務，大幅躍進到以感應器管理交通和以數位公民投票即時蒐集他們的觀點。富裕的小國家傾向於提供年輕人安全和生活方式的最佳組合，但在像美國這種大國，城市將競逐比其他城市更有「智慧」。*

「智慧城市」現在意味從電子醫療到無處不在的監視等一切東西。智慧城市生活的科技面利弊參半。公寓正變成可設定的空間，家具自動收納以符合空間大小，取決於你是否需要

* 瑞士國際管理學院（IMD）和新加坡科技設計大學最新的報告為全球城市運用科技來改革市民生活的程度做排名，二〇一九年最智慧的城市前十名依序為新加坡、蘇黎世、奧斯陸、日內瓦、哥本哈根、奧克蘭、台北、赫爾辛基、畢爾包和杜塞道夫。Smart City Index, IMD, 2019。

沙發、床鋪、廚房或辦公室。物聯網、5G和擴增實境／虛擬實境（AR／VR）將傳送全浸入式的街道和建築影像。無人機和機器人的行動快遞意味立即的方便性，但可能導致人行道和天空堵塞。配備3D列印機的卡車可以邊移動邊製造修理零件。必勝客（Pizza Hut）正實驗配備烤爐的廂型車，可以製作新鮮的披薩同時遞送它們。（沒有人不喜歡最後這一項。）

年輕人想住在科技為人服務的地方，而非反過來。現在從Google到萬事達卡的科技公司和支付公司正促使政府的服務數位化（軟體），而從亞馬遜到Waymo的電子商務、房地產和汽車公司正在改造建築環境（硬體）。從東岸到西岸各城市的市長辦公室正紛紛設立資料分析單位。但由於數位原住民的資料隱私意識提高，未來的發展將趨向務實多於極端。

智慧城市理論最早的體現帶著一點公司化的數位窒息（digital smothering）味道，但在強化公民規範後，新興的智慧城市將是物聯網無縫地融入背景、並能提供無爭議生活方式的地方——一個科技讓你能做自己的地方。西門子施塔特（Siemensstadt；工業巨人西門子擁有的一個舊工廠鎮）已復活成為一個柏林郊外的未來式住宅中心，並把資料將永遠完全屬於公共信託納入其明確方針。

我們可以預期未來將有更多國家採用「數位權利法案」，或提供類似加州提議的「資料紅利」（data dividend；支付給使用者以取得他們的資料），並禁止公司和執法部門使用臉部辨識。許多組織也大力推廣數位認證以避免深偽技術（deep fakes）和防堵網路複製（cyber-clones），並抑制仇恨言論和核查廣為散播的陰謀論。如果非得在每個地方安裝監控攝影機，那麼至少可以用它們來遏阻每年偷竊數千萬個包裹的「門廊海盜」。

在開發中世界，智慧城市意味必須告別無法修復的破敗基礎設施、過於擁擠的住屋、混亂的交通和猖獗的貪腐。例如，這是埃及已開始興建一座「新開羅」城的原因。不過，這類計畫能不能如期完工仍有待觀察。印度的阿馬拉瓦蒂（Amaravati）被認為將扮演南方安得拉省的清潔科技之都，但當地政府在它二〇一九年動工興建後突然取消它。從宏都拉斯到馬達加斯加，曾獲諾貝爾獎的經濟學家羅莫（Paul Romer）所稱的「特許城市」（charter cities）也被嘗試興建，但迄今失敗的例子多於成功。你能興建什麼並不代表你應該興建。讓既有的城市變得更永續，和投資在居民的移動性將更值回所花的錢。

這提醒我們，不管在富裕或貧窮國家，「智慧城市」可能是推廣一種新中世紀階層化的密語：特權階級興建新城市或市區以隔絕自己與混亂的外界。現在位於愛丁堡行人區或巴塞隆納哥德區的中世紀城牆，提醒我們這類構造是歷史常態。的確，柏拉圖在《理想國》中寫道：「城市不管多小，事實上分成兩個，一個是窮人之城，另一個是富人之城。」我們可能正邁向一個開明的封建時代，在其中進步的城市宣稱對所有人開放，但保持秩序的代價是強化一種新階層。即使在沒有內部防禦工事的城市如紐約，二〇一二年珊迪颶風等事件和二〇二〇年的新冠疫情清楚呈現出哪些郵遞區號與受害者有相關性。美國的高品質生活地圖很類似有差別入口、艙位、座位區和洗手間的班機。

許多都會世界已經按這種方式階層化，只是人物有所不同。目前像杜拜、新加坡和香港等城市最常讓人聯想到的是一個不斷膨脹的臨時外國移工人口，住在幾乎與整個社會隔離的環境。但當大國引進更多人口而不區隔居留或生活水準時，階層化無可避免地將在本國與外國、技術與低技術、富與貧間生根。

直到我們變更智慧前，智慧城市不會真正變智慧。在我們與不安全的外界間築牆並不會帶給我們更多安全，反而會助長不平等和恐懼，同時削弱我們的經濟，讓愈來愈多人無所依靠。在過去十年，許多首度變得無家可歸的人是超過五十歲且儲蓄不足的退休者。但我們有應用程式可以協助無家可歸者、出獄的更生人和困頓的學生尋找可負擔的居所。從紐約到奈洛比那些數以百計因新冠疫情而倒閉的旅館，不是可以改裝成住所供這些下層階級居住嗎？要測試我們有多「智慧」並不困難。

第十三章

文明三・〇

充分利用移動性

今日我們常聽到有人宣告「全球化之死」。過去幾個世代的人在他們的時代也說過同樣的話，但正如第一次世界大戰後的歐洲，每個緊縮期後緊接著是更廣和更深的全球化浪潮。所以現在應該是重新開始的時候。石油交易可能減少，但數位交易正在暴增。製造業產品貿易可能退潮，但資本流動和加密貨幣正欣欣向榮。民粹主義和瘟疫已使一些邊界緊閉，但氣候變遷將驅使愈來愈多人跨越邊界。別忘了恆久的人性根本事實是：我們不斷在地球上建立連結，而且我們不斷利用它們。移動性是命定的。

二〇二〇年的世界人口分布地圖顯示，人口主要集中在沿北美洲海岸、環太平洋，以及歐洲、非洲和南亞人口稠密的都會群。但如果我們模擬這張地圖到二〇五〇年的改變，北美和亞洲的海岸線將沉沒，那裡的居民將撤退到內陸。南美洲人和非洲人將隨著他們的農地沙漠化和經濟崩潰而湧向北方。當海平面上升和河流乾涸，同時自動化使勞力成為多餘而政府無法提供穩定和福祉時，南亞—印度、巴基斯坦和孟加拉——將是一場更大出走潮的來源。在未來數十年，從加拿大的北極區、格陵蘭到俄羅斯的西伯利亞和中亞大草原，數十個新城市將在過去無人居住的地區興起。一些城鎮將隨著它們的居民遷移。

我們的政治、經濟、環境和人文地理區間，能不能再度恢復穩定的和諧狀態？我們能達成穩定和諧將是很幸運的事。我們製造出來的產業、生態、人口、科技和其他因素產生的複雜連鎖反應，帶來了持續的騷動。比較可能的是，在大部分人的有生之年，將有更多人為多樣的理由往多個方向遷移許多次：為了尋找工作、逃避氣候變遷、追求更好的政治體制，或者基於其他動機。未來數十年隨著我們嘗試矯正嚴重的資源、邊界、產業和人口的不匹配，將出現不斷的人口遷徙。

聽起來這似乎是個大亂局。但如果這是進化呢？我們舊石器時代的祖先為順應新環境而在生理、社會和技術上進化。野牛、鳥類和蝴蝶都為了生存而改變遷徙行為。今日我們擁有科技可以讓地球任何地方變成可以永續居住，從熱帶雨林到高緯度的北極區莫不如此。

歷史無法作為此時的借鏡，因為現在人類必須集體地主動做出大改變。但也許我們可以從現在汲取教訓。儘管全球因應新冠疫情的作為如此散漫，這場瘟疫的死亡人數仍遠遠不及黑死病（一億人）、西班牙流感（五千萬人）或愛滋病（四千萬人）的危害。人類已不再接受未知的命運，而是能比以往任何時代迅速組織起來。

如果我們能協調一場大封鎖，我們是不是也能事先設計下一波大移民？

過去的文明崩潰是因為它們未能順應自身創造的複雜性。這意味人類的大使命是解開這種複雜性，在重新地方化的同時保持全球的連結。一個有更多緊密且敏於行動的社區的世界，可能比一個有龐大人口且集中在海岸巨型城市、易於受到海平面上升和疾病侵襲的世界風險更小。

我們將不只需要從一個地方遷到另一個地方，還必須從一種文明模式進化到另一種。文明一・〇是游牧和農業文明：世界人口少而分散各地；環境決定我們在哪裡可以生存。到了文明二・〇，我們開始定居和工業化。我們移居到愈來愈大的城市，並透過全球供應鏈把自然商品化。人和自然的負向反饋迴圈正在摧毀兩者。現在我們必須再度順應。文明三・〇將需要移動性和永續性：我們將移往內陸高海拔地區，並進入廣大的北方曠野。我們的碳足跡將藉由再生能源來減少，但我們可能因為社會經濟和環境的動盪而更頻繁遷移。更多人將成為游牧族；定居可能只是暫時的。我們將分散，但我們將保持連結。

傳奇性的英國歷史學家湯恩比（Arnold Toynbee）曾談論「以大『C』開頭的文明（Civilization）」，問是哪些政治或科學的作為促進了我們作為一個物種的進步，甚至跨越了（小「c」）文明的鴻溝。他寫道，我們的大「C」文明「是一種運動而不是一種情況，一趟航行而不是一個海港」。[1] 這就是文明三・〇可能的樣子——如果我們促成它的話。

這個文明三・〇的假想情況是一種我們不斷優化我們的人文地理區的情況。視氣候的條件而定，西方人為夏季而在加拿大和北歐洲各地創造中等大小、低樓層的社區，並往南移民到墨西哥或地中海地區。亞洲人從他們沿海巨型城市撤退並分散到喜馬拉雅山區、中亞和俄羅斯的廣大東部。我們減少投資在大而無當的摩天高樓，增加投資在鹹水淡化和再生能源以取代燃煤發電廠；以地方化的水耕農業生產更多食物，取代砍伐森林和飼養牛隻。更多社會持續朝向開放外來移民，而不開放移民的社會將經濟萎縮，最終仍會被移民所收購。這些措施和其他方法將帶領人類更接近生存在複雜的二十一世紀所需要的新地理區。達到那裡唯一的道路是遷移。

有一條暴力的道路通往一個一樣支離破碎的結果：強權之間的衝突卻沒有贏家，一場削弱每一方的戰爭。羅馬帝國崩潰後，歐洲恢復到小而地方化的市場；人們製造能出售的東西，並且以物易物，各取所需。美國的衰敗和中國的撤退可能使世界淪落為高度碎片化的新中世紀假想情況。一個有許多國家互相承認的文明將無法存在，武裝巡遊的群體——不管是伊斯蘭國的分支、難民或準武裝分子——將主張他們的「行動主權」，統治他們生根的任何地方。這種後現代封建制度的形象吸引一些自稱無政府共產主義者、無政府原始主義者，或生存主義準備者：讓人口自然減少，回歸野性的自然，和恢復狩獵－採集的生活方式。但華登湖（Walden Pond）的願景無法解釋我們的智慧手機、３Ｄ列印機、預鑄屋和太陽能面板從哪裡來。我們不需要連結、貿易和移民的想法很誘人，但我們確實需要。

我們眼前的現實是介於兩者之間：地緣政治猜忌和正在惡化的氣候環境。如果不協調我們的共同資源，我們就會面臨土地掠奪和資源戰爭。在財產權薄弱的地方，政府及其企業盟友將假借法令掠奪土地。移居西岸的以色列人已從一九九五年的不到二十萬人，增加到今日的超過六十萬人；中國已剝奪新疆和內蒙古的所有自治權，並加緊開採它們的能源和礦藏；而印度已開始把印度教徒遷移到少數族群穆斯林的喀什米爾，以汲取當地冰川水源和在它風景秀麗的河谷地興建房地產。俄羅斯、越南和其他國家的政府完全掌控法令，財產爭議可以用坦克解決。加拿大原住民數十年來成功地爭取到北方領土的大片土地，但如果保守派政府掌權並聯合它的石油公司盟友，這些成果可能一夜間化為烏有。我們正在遷移，但帶著我們的政治。

從主權到管理權

新冠疫情封鎖輾壓了經濟，但天空（暫時）變晴朗了。數百萬住在喜馬拉雅山山腳下的印度人從未見過它的頂峰，直到二〇二〇年籠罩天空的霧霾散去。我們能否在維持經濟活絡的同時也能杜絕有毒的溫室氣體排放？

巴黎氣候協議為世界擘劃一張道路地圖，卻苦於沒有集團行動支持它。美國總統可以做其繼任者拒絕接受和國會未立法的承諾，而這些承諾卻需要幾十年的執行。加拿大是巴黎氣候協議的簽署國，但它剛批准一項大規模開發油砂田的新計畫。歐洲正在削減排放，但它的努力遠不及其他地方增加的排放。中國正在清潔國內，但卻出口骯髒的煤電廠到外國。印度和巴西譴責氣候殖民主義，但印度仍仰賴煤發電、巴西仍砍伐亞馬遜叢林。碳稅正逐步發展，但這最多只是半套方法。許多批評家指出，市場就是當初造成這場災難的罪魁。

許多殖民時代劃定的獨斷邊界阻礙今日因應人口和環境挑戰的合作。例如，印度和巴基斯坦對形成費尼河（Feni River）三角洲並流入阿拉伯海的先生灣（Sir Creek）的爭議。在這裡和其他地方，許多國家對河流邊界應該以中心線或河岸來定義無法達成協議。但馬里蘭大學教授阿里（Saleem Ali）指出，這類脆弱的生態系早就應該劃為濕地保留區，而不應加以軍事化。一些下撒哈拉非洲國家如波札那和尚比亞，以及莫三比克和南非，已協議建立跨邊界的生態保留區。同樣的協議也應在危險但生態上很珍貴的南北韓非軍事區達成。這種思維在世界各地都迫切需要。雖然惡名昭彰的一八八五年柏林會議為非洲劃定許多筆直的邊界，歐洲人也在劃界時用上「互易」（do ut des）的法律概念。今日的國家可以做得更好：它們也可以共享主權。

今日主權扮演劃定政治控制區的角色，但它也掩護政府不遵守跨國的責任。然而氣候變遷引發有關國家對保護棲息地、減少溫室氣體排放和接受移民有什麼義務的新問題。這些問題的核心是一個明確的選擇。更重要的是：國籍或永續性？國家應該被允許有破壞所有人共有的地球的領導人嗎？加拿大或俄羅斯的領土對世界是否太重要，以至於不能只讓加拿大人和俄羅斯人來治理？我們能否從主權進化到管理權？

調整地球大面積區域的用途以期大規模移民需要把嚴格的主權改變成行政管理區，分別用於農業、森林、海洋生活或居留地。本著這種精神，各國可以租賃棲息地給國際合作組織，供它們進行永續性的開墾。當空間變得如此重要以至於沒有一個國家應獨占它們時，我們可以設計平衡永續性與公平利用的機制。國際自然保護聯盟（IUCN）協助各國設定自然保護區、荒野區和國家公園，以及永續資源開發區，並尋求合適的夥伴以協助保護、重建或吸引觀光客到這些生態區。截至目前，IUCN和世界自然基金會（WWF）這類技術支持已導致一五％的地球陸地區域被設計成保護區。威爾森（E. O. Wilson）指出，我們的目標應該是五〇％的地球。連結生物圈可以讓許多目前瀕危的物種和從北美洲森林到亞馬遜河流域、再到非洲草原的許多自然棲息地重建起來。

同樣重要的海洋世界不只包括漁場和海床，還有從潮汐發電到風力發電的可再生能源潛力。七〇％的地球表面是水，其中超過一半不在國家管轄區。海洋法目前正在修改中，以保護公海的生物多樣性。接下來，世界海洋理事會（WOC）可以被賦予召開政府、公司和環境團體會議的權力，以進行海洋空間規劃。

所有這些構成一套合理措施的預防性原則，因為一分預防勝於十分的治療——特別是在可能沒有治療的方法時。但如果我們需要執行環境保護的公權力呢？哈佛教授沃爾特（Stephen Walt）曾提出一個問題：是否應援引國際人道法作為以軍事干預來保護生態系統的根據。前歐巴馬政府科學顧問霍爾德倫（John Holdren）呼籲建立「地球政權」這類超級機構，以監管全球環境，管理所有自然資源，甚至監管全球貿易和制訂區域人口配額。

不過，比較可能發生的是，像俄羅斯和巴西這些國家將只在經濟脅迫或賄賂下才會像保衛主權那樣保護它們的棲息地。在二〇一九年，巴西派遣近五萬名軍隊去控制森林大火——也許這與法國和愛爾蘭揚言杯葛巴西和歐盟的貿易協議直到它採取停止砍伐森林的嚴肅行動有關。全球調適委員會（Global Commission on Adaptation）宣稱，一兆八千億美元的調適投資（例如保護海岸紅樹林、提高旱地穀物生產，和更有效率的灌溉）可以創造七兆一千億美元的經濟利益。在沒更大棍子的情況下，這些是用來推行支持生態行動所需的一些紅蘿蔔。

撤空的國家

一些國家將無法撐過我們的下一個年代。它們的生態崩壞、政治不穩定、經濟快速下滑，人才出走，意味留下來的都是世界其他地方不想要的人口——或者它們將被所有人放棄。但國家的定義之一是它有永久居留的人口，因此一個所有人都撤走的國家會是什麼樣子？它們會與鄰國合併或變成多邊的保護國？不管哪一種情況，它們的地理區仍然有用。不管中非洲和西非洲國家的人口遷往何處，它們都有豐富的鈷、鐵礦砂和鋁土礦蘊藏可供採掘，而下撒哈拉非洲國家如納米比亞、南非和安哥拉則有龐大的鑽石、黃金、鈾、鋅和其他礦物蘊藏。玻利維亞和阿富汗有巨大的電池原料鋰的礦坑。土庫曼的六百萬人口（他們生活貧困的程度相當於北韓）可能必須移民到哈薩克西部或俄羅斯南部，雖然該國的天然氣蘊藏和太陽能已能供應區域市場。人口撤光的國家在全球分工還能扮演其他角色：作為鹹水淡化廠和核能發電廠廢料的掩埋場。* 當我們放棄我們再也無法居住的地理區時，我們也將學到不要把任何地理區視為理所當然。

* 特別是富於花崗岩蘊藏和火山不活躍的國家是掩埋核廢料的重要地點。目前全世界大多數核廢料貯藏在像是芬蘭、瑞典、法國、西班牙和捷克等國家的非地震帶花崗岩山區，或在美國既有反應爐的廠址（因為地方居民反對埋藏在靠近內華達州死谷和拉斯維加斯的尤卡山〔Yucca Mountain〕）。但隨著這些國家接受來自全球移民的人口，核廢料最好是貯藏（和搬移到）像是阿根廷巴塔哥尼亞地區的德爾梅地奧山（Sierra del Medio）這類地點，因為那裡人口稀少且將因為氣候變遷而變乾旱。

地理工程解決方案

今日的氣候民族主義還有另一種導致軍國主義的可能性：保護自己的自然資源，不允許他國共享。一些排外主義者宣稱，允許更多外來移民將提升移民的生活水準，進而增加接受國的總排放。但從這個邏輯看，北方想避免南方人民不得不移民的最好策略，可能是穩定貧窮和人口過剩地區的氣候。

當各國為自己的利益採取行動時，環境工程向來是常被採用的方法。美國從一九七〇年代就開始以人工降雨來對抗乾旱，晚近也藉降雪來改善滑雪場的雪量。印度和從摩洛哥到阿聯的阿拉伯國家從一九八〇年代就藉由人工降雨來彌補雨量不足；阿聯現在幾乎每天採用人工降雨，並以大壩和蓄水庫來聚集雨水。在印尼和馬來西亞，人工降雨是消除叢林大火造成霧霾的必要方法。全球的人工降雨做法至少可以暫時紓解缺水農耕區的需求。

重新造林措施也能造福地區和大氣。森林可以發揮冷卻效果，並吸收二氧化碳和蒸發的水汽，特別是在樹木生長快得多的熱帶國家。（因此砍伐亞馬遜的森林比加拿大的伐林更糟，且在亞馬遜地區重新植林比在加拿大種更多樹重要。）根據蘇黎世聯邦理工學院，在俄羅斯、加拿大、美國、澳洲、巴西和中國大規模種植總共十億公頃（相當於美國大陸的面積）樹木，可以捕捉我們三分之二的碳排放。但儘管近來全球性的運動呼籲種植一兆棵樹，我們每年失去的森林卻超過一千萬公頃，而新種植的樹仍需要數十年才能達到它們完全的碳吸收能力。

進步主義的強國可望帶頭推動地理工程計畫，例如碳封存（carbon sequestration；用營養物質施肥海洋以加強二氧化碳吸收）、在上層大氣散布二氧化硫分子以反射日光，或在新形成的冰上鋪白沙以反射更多陽光，使冰能加厚而不至於融化。我們希望全球的慈善億萬富豪（如蓋茲〔Bill Gates〕和貝佐斯〔Jeff Bezos〕）、美國太空總署（NASA）和其他機構已經開始祕密進行這類計畫。研究人員已指出，在一個緯度區反射陽光可以為世界爭取時間並降低氣候不公平。但只讓一個地區受益的解決方案可能帶來反效果。如果人們發現這類地理工程計畫的內容和哪些地方將受益，他們就會移往該地區。除非我們找到普惠世人的方法，大規模移民和大規模苦難將會持續不斷。

大規模移民和道德

二十年前我們仍害怕人口過剩失控，但今日最迫切的工作幾乎相反：我們需要養育仍活著和即將出生的人，以確保有最多的人類存活過這個世紀。這表示人們必須遷移——但我們會讓他們遷移嗎？

資源豐富且人口稀少的大國可以關閉邊界、而對氣候變遷沒有責任的其他國家卻正在沉沒，或水即將用盡，這樣的體系有什麼正當性？把全球人口鎖在目前的狀態無異於生態滅絕——而且那不會讓存活的人生活得更好。我們的經濟體仍會面對嚴重的勞力短缺，而且從全球交易創造財富將停頓。相反的，我們應該永續地培養地球可居住的綠洲，並把人遷移到那裡。

不過，道德哲學家在他們的探索中已把國家置於人類之上。例如，十七世紀英國哲學家洛克（John Locke）以務實的理由主張為擴大勞動力和增加生產與貿易而吸收外來移民。不過，他也明確表達移民不應奪走本國人的財產權。十八世紀普魯士哲學家康德（Immanuel Kant）進一步倡議歡迎所有外來移民，但這種歡迎是針對暫時逗留而非永久居留，而且和洛克一樣，它的條件是外來客不能造成對本國人的損害。*

康德的觀點持續影響二十世紀對移民權利的辯論。曾經歷戰後數十年英國及其前殖民地間大量移民的牛津哲學家達米特（Michael Dummett）呼應康德的觀點說，一個道德的國家應該提供基本權利給公民和非公民。可以移民的權利本身就是這種基本權利，因為它是無國家的人變成一些國家的公民的權利。德希達（Jacques Derrida）也類似地主張嚴格的國家主權應該放寬，以對外國人採取較為道德的歡迎態度。但即使是對像羅爾斯（John Rawls）這類知名哲學家來說，移民在他對自給自足國家的思想實驗中扮演很小的角色。他支持人移動的權利，但不能損及國家主權。重要的是，一個公平的全球體系將消滅貧窮、貪腐或其他移民動機的根本原因。

但光是做思想實驗的時機已經過去——我們的全球體系極其不公平。北方的工業已對人類共有的氣候造成災難性破壞，而南方卻首當其衝承受其後果。沙漠化的土地遍及南方各地，而北方卻有農產富饒的土地。北方有廢棄的現代城鎮，而南方卻有數百萬流離失所的難民。北方有巨大的勞力缺口，而南方卻勞力過剩。卡普蘭（Bryan Caplan）在《開放邊界》（*Open Borders*）中精闢地論述大多數移民不是學齡人口或退休者，而是正值工作年齡的X世代和千禧世代，他們為美國帶來的財政效益相當於每個移民約二十五萬九千美元。全球發展中心（CGD）經濟學家克萊門斯（Michael Clemens）估計，光是對暫時的移民勞工開放世界的邊界就可能使世界GDP增加一倍。

儘管道德和經濟的論證支持大規模移民，我們卻沒有全球移民政策。反而我們面對愈來愈多的道德考驗：非洲人渡過地中海和拉丁人渡過格蘭河（Rio Grande）以及其他危機。移民在幾乎每個西方民主國家已變成一種政治墨跡測驗（Rorschach test），但被接受的移民仍然不夠多，同時有太多移民死於半途。對移民加諸的外部痛苦（例如軍事干預和生態破壞）和移民國內的失敗（例如貪腐和未加節制的人口成長），也沒有促使移民的母國有所改進。康德和羅爾斯都會對我們很失望。

---

* 不意外的，康德是最早把地理學視為一門學術的哲學家之一，他概述它的子類別就像物理學、經濟學和倫理學那樣。他寫到「哲學地形學」以解釋空間和地方如何形成人類經驗和知識。Malpas and Thiel, "Kant's Geography of Reason," Reading Kant's Geography (2011), in Robert B. Louden, "The Last Frontier: The Importance of Kant's Geography," Environment and Planning D: Society and Space 32, no.3 (January 2014): 450-465。

儘管有我們的失敗，卻只有很少在世的哲學家認真思考過我們的義務。辛格（Peter Singer）主張，把平等看待所有人（世界主義）和致力於集體幸福最大化（功利主義）的合理結論是，幸運者應該盡可能濟助不幸者，不管他們所在的地理區或國籍為何。這個命題的極大版是開放邊界和大規模財富重分配，而極簡版則是大幅增加對貧窮國家的援助。

不過，我們有大量證據認為援助只能讓人勉強生存，而容許人移動則賦予他們生活的機會。對大多數生活在貧窮國家的世界人口而言，3D列印住宅不會神奇地在颱風過後出現，水耕食物也不會在乾旱後長出，大筆錢也不會在內戰期間出現在他們的行動錢包。真正的關懷是讓受害者變成鄰居。在海外倡導人權的西方國家知道，它們的壓力不會帶來多大的成果，改善人的生活最保險的途徑是移民。移民是一種人權，正如言論自由或正當法律程序——而且對許多人來說，跨越邊界是獲得這些權利的唯一方法。移動性因此應該是二十一世紀至高無上的人權之一。

如果有一個詞代表我的立場，那就是「世界主義的功利主義」：我們應該重新調整我們的地理區以使目前和未來世代的福祉最大化。它也是一種世界主義的現實主義：國家做自己的決定，但更多移民符合國家的利益。的確，聰明的政府談論外來移民時不應該把它當成非黑即白的議題。相反的，它們應該預估各個產業的勞力需求，並招募外國人來填補缺口，以便在人口增長時保持國內的低失業率。別忘了國內和外國勞工之間沒有零和競爭：更多的勞工流入會刺激經濟並創造更多勞工需求。同時，可以達成折衷方案以維持開放，例如加強杜絕非法移民和國內的偏袒雇用。另一個方法是維繫一種支持移民的傾向：分配來自外來投資的收益給本國公民作為紅利。這類措施是以小代價來交換達成以更有建設性和更人道的方法來分配人到世界各國。

要達成一個更公平和合理的人文地理將需要兼顧權利和義務的論證——尤其是因為受政治影響，兩者都不夠充足。在二〇一八年，各國政府達成一項「安全、有序和規律移民的全球公約」，承認移民工作的權利和貢獻，而不是財政的負擔。但美國已拒絕這項移民公約和一項平行的難民全球公約。在二〇一六年阿拉伯人湧進歐洲的移民潮中，德國總理梅克爾（Angela Merkel）起初支持尋求庇護者的權利，但後來轉向更嚴格控制以避免失去極右派反移民政黨的政治支持。也許當時的困境與道德較無關，而是與道德正確與德國人口需要外來移民的反差，以及民主政治自我挫敗的短視近利較有關。

幾乎沒有西方民主國家為大規模移民的新時代做好了準備。正如印度裔美國小說家梅塔（Suketu Mehta）指出：「歷史上從未有過這麼多人類移動，而且從未有過這麼多對人類移動的有組織抗拒。」[2]梅塔主張北方應提供南方補償，但也指出北方比以往任何時候更需要移民。人才流失也可能持續。但補償的主張早已在歷史的無知和財政緊縮的西方公眾中消聲匿跡。此外，未來可能吸引最多移民的國家如加拿大和俄羅斯，從未殖民過非洲和南亞。重提過去的爭議無法帶領我們達到有關未來的集體意識。

我們也無法假裝人口控制將很快帶我們回到較沒有負擔的人口組成。美國地理學協會會長塔克（Chris Tucker）指出，理想的世界人口是三十億人，約等於二十世紀中葉的全球人口，當時我們受益於工業化，但還在全球暖化加劇前。但今日我們的人口已增為近三倍，讓世界人口應該多少的問題顯得沒有意義。不管未來世界人口變多少，我們仍然應該遷移現在有的人口。

事實是，從來沒有一個人類停止不動、安於已設定好的國家邊界的所謂現狀（status quo）——未來也不會有。今日我們辯論是否應該容許移民；明日我們將辯論的是我們有多大吸收新移民的能力。每個國家和區域集團應積極地形成對這類問題的答案：移民應該前往哪裡？他們能做什麼工作？如何同化他們？我們如何以最永續的方式設計擴大的居留地？正如人類學家格雷伯（David Graeber）睿智地指出：「這個世界隱藏的終極真理的是，它就是我們創造的東西，而且我們可以輕易地創造不同的東西。」[3]

北美洲、歐洲和亞洲的許多富裕大國已需要大規模外來移民來維繫它們的生活水準，但沒有一個國家吸收的移民能滿足自己的需求。富裕國家的人口減少引發社會經濟緊張，同時貧窮國家激增的人口卻阻礙公平的發展。更多移民可以平衡這些情況，預防世界集體變得同時更貧窮和更不平等。因此，大規模重新調整全球人口符合每個人的利益。我們的選擇是若非進取地部署特別是全球年輕人到他們可以找到匹配工作的地方，否則就是全球下層階級的反抗。近年來我們已嘗到後者的一些痛苦經驗，我們是否夠勇敢選擇另一條路徑？

重新部署世界人口

世界正在同時面臨缺少人和缺少住的地方。移動資源到人所在之處帶來的是環境的災難；現在我們必須把人移動到資源所在之處，並在過程中不毀傷人。北方的主要國家——美國和加拿大、英國和德國、俄羅斯和日本——需要擴大移民和增加對農業和基礎設施的投資，以便為未來做好準備。但各國接納移民的慷慨必須與同時湧進太多人的潛在悲劇一起權衡。

年輕人不斷在世界各地遷移，加上人口老化和氣候壓力，也意味我們必須積極重新利用既有的基礎設施和其他設施來為人類服務。閒置的飛機可以空運貧民和受困者，空郵輪和旅館可以接納難民和無家可歸者，購物商場可以變成倉庫和共用工坊，而高爾夫球場可以變成農場。我們可能會想，等到今日的嬰兒潮世代壽終時，能不能省下到時候需要的所有墓地。

我們主要地理區的人口會自然凋亡，但也自然地被來自遙遠各方的年輕人填補，這似乎是某種帶著詩意的人口現象。如果我們讓自己跟隨這股流動——移往內陸、高地和北方，並善用在永續性和移動性上的新進步——我們將不但朝向一種新人類文明的模型演進，甚至也可能重獲提振我們人口的信心。正如哈米德（Mohsin Hamid）在《國家地理雜誌》上辛辣地寫道：「一個移民物種終於自在地成為一個移民物種。對我來說，那是一個值得漫步前往的目的地。」[4]

何去何從？

人類過去十萬年的遷徙帶我們走出非洲並進入各個大陸，然後我們沿著海岸和河流聚居。未來一百年或一千年我們將遷往何處？

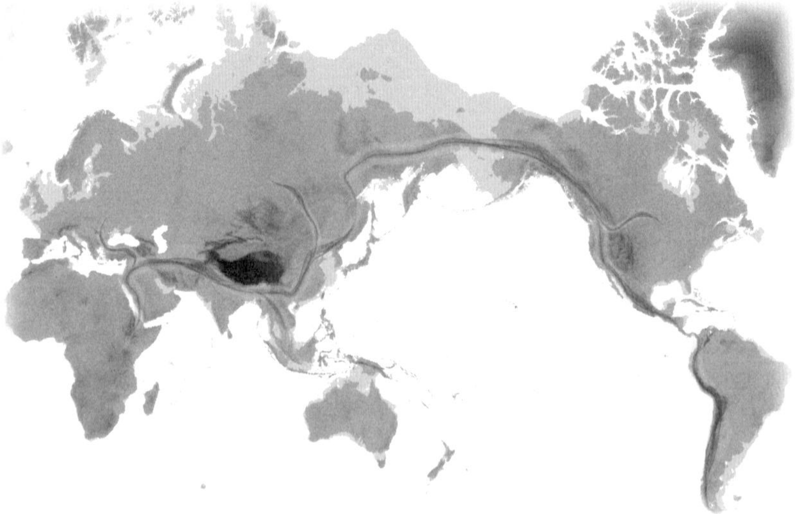

當年喬治城大學大學部學生最想通過的一門課是「現代世界地圖」，今日我們有可能通過發明一套新地理哲學的考試，但也可能被當掉。美國地理學家賴特（John Kirtland Wright）在一九四六年發明「地理哲學」（Geosophy）這個詞，以凸顯地理學和人性緊密和不斷演進的關係。[5]地理哲學激勵我們克制人造的權威：邊界可以跨越，基礎設施可以改變，人可以遷移。我們不斷改變的氣候衛星影像可以結合了數十億個政治、經濟和社會資料點，為人類如何再度遷移和欣欣向榮製作出鮮活的假想情況。難怪地理學正重新在高中受到歡迎，而地球觀測（EO）和地理資訊系統（GIS）也是大學的熱門科系，它們的畢業生能夠找到發揮有形貢獻的工作。對年輕人最重要的是學習，這些領域攸關我們未來幾十年將如何生存。地理學與時俱進，而人類社會必須跟隨它的演進。

致謝詞

我謹以本書紀念David Held，他是知名的政治理論家，也是我在倫敦經濟學院（LSE）博士論文的指導教授。David是無私的導師兼益友，他純正但務實的世界主義至今仍是我永遠的靈感來源。對修習博士有溫馨的記憶似乎不尋常，但那是我從沒有一天不思念他的證明。

和我前一本書一樣，耶魯—新加坡國立大學的教職員和學生證明是無價的知識資源。與我的好友Ravi Chidambaram的談話總是需要我不停地作筆記，還有他談「好公司」的精闢講課，和我們有關重新定義人力資本的共同文章，對形成本書的論述極為有用。Anju Paul對低所得移民情況的深入研究提供了同樣重要的田野觀點。與Ravi和Anju在耶魯—新加坡國立大學的聰明學生共事是一大樂趣，他們是我學習的對象。我也想謝謝我的老朋友Brian McAdoo和Paul Wilt，因為他們一直是我智識上的迴響板，而且指引我找到對本書做出重大貢獻的耶魯—新加坡國立大學研究生。我由衷感謝Helena Auerswald、Raya Lyubenova和Anmei Zeng所做一絲不苟且見識深刻的研究，以及他們快樂的性格。Xiao You Mok、Adity Ramachandran和Sai Suhas Kopparapu再度以他們的堅持不懈和創造力，引導我走上饒有興味的文化大道。

我在FutureMap的團隊——包括或舊或新的同事和朋友——對本書出版的專業化居功

厥偉。Kailash K. Prasad是一位跨學科思想家，他發現了結合優質洞識與資料的新方法。Jeff Blossom和April Zhu製作一流的地圖和視像以鮮活地呈現概念，而Scott Malcomson再一次地對幾乎本書的每一段提供了實質回饋。還有如果不是Jennifer Kwek，我甚至可能挪不出寫作的時間。

各式各樣的組織慷慨地召集下一代領導人，我發現他們多樣的觀點極其寶貴。我想謝謝牛津Blavatnik School of Governance的Ngaire Woods、Oxford Internet Institute和牛津都市學家Jonathan Bright。我也很喜歡與柏林Mercator Stiftung召集的淵博且志向遠大的年輕人，以及Doha Debates的團隊成員Amjad Attalah、Amy Selwyn、Caroline Scullin和Nelufar Hedayat的討論。我特別要感謝Twitter的Maya Hari主持一個兼容並包的團體，聚集來自亞洲各國的「推友」。我也感謝資深的全球探險家Martin Gray，他從他的性靈漫遊撥出時間，評論我的整本手稿。

我也想感謝無數與我談話的人（面對面或線上），他們協助我形成本書提出的概念（依字母順序）：K. D. Adamson、David Adelman、Rukhsana Afzaals、Ellie Alchin、Nick Alchin、Tracey Alexander、Alisher Ali、Rafat Ali、Saleem Ali、Amit Anand、Simon Anholt、Yusuke Arai、Lorig Armenian、Maha Aziz、Richard Barkham、Umej Bhatia、Helena Robin Bordie、Fabio Brioschi、Chris Brooke、Mat Burrows、Penny Burtt、Heng Wing Chan、Chris Chau、Andrea Chegut、Holly Cheung、Renato Chizzola、Neel Chowdhury、Michael Chui、Andy Clarke、Steve Clemons、Andy Cohen、James Crabtree、Louis Curran、Anna Dai、Hugues Delcourt、James Der Derian、James Dorsey、Steve

Draper、Brooks Entwistle、Chris Eoyang、Reza Etedali、Hany Fam、Nick Fang、James Fazi、Michael Ferrari、Elie Finegold、Dennis Frenchman、Yoichi Funabashi、Miguel Gamino、David Giampaolo、Loretta Girardet、Bruno Giussani、Jan-Philipp Goertz、Lawrence Groo、Sandro Gruenenfelder、Amol Gupte、Nina Hachigian、Kyle Hagerty、Niels Hartog、Jason Hickel、David Hoffman、Paul Holthaus、David Horlock、John Howkins、Greg Hunt、Pico Iyer、Josef Janning、Namrata Jolly、Christian Kaelin、So-Young Kang、Prakash Kannan、Sagi Karni、Tarun Kataria、Gerry Keefe、Shane Kelly、Sanjay Khanna、Sid Khanna、Gaurang Khemka、Eje Kim、Brett King、Ryushiro Kodaira、Natasha Kohne、Daniel Korski、Sung Lee、Mark Leonard、Steve Leonard、David Leonhardt、Adam Levinson、Beibei Li、Yingying Li、Mike Lightman、Greg Lindsay、Christopher Logan、Pierre-Yves Lombard、Karen Makishima、Aaron Maniam、Ali Mansour、Greg Manuel、Chris Marlin、Rui Matsukawa、Sean McFate、Suketu Mehta、Pankaj Mishra、Afshin Molavi、Brent Morgans、Mazyar Mortazavi、Mary Mount、Cameron Najafi、Kimi Onoda、Thomas Pang、Charles Pirtle、Todd Porter、Kailash Prasad、Noah Raford、Adam Rahman、Julia Raiskin、Adi Ramachandran、Anne Richards、Oliver Rippel、Anthea Roberts、Undine Ruge、Alpo Rusi、Manny Rybach、Karim Sadjadpour、Rick Samans、Rana Sarkar、Gerhard Schmitt、Annette Schoemmel、Peter Schwartz、Zeynep Sen、Neeraj Seth、Reva Seth、Andres Sevtsuk、Ankur Shah、Lutfey Siddiqi、Graham Silverthorne、J. T. Singh、Jason Sosa、Balaji Srinivasan、Juerg Steffen、Seb Strassburg、Joe Teng、Jakob Terp-Hansen、Barbara Thole、Ryan

Thomas、Chris Tucker、Jan Vapaavuori、Sriram Vasudevan、Ivan Vatchkov、Dominic Volek、Kirk Wagar、D. A. Wallach、Yukun Wang、Nellie Wartoft、Steve Weikal、Ernest Wilson、Shawn Wu、Sasha Young、Mosharraf Zaidi、Mikhail Zeldovich、Graham Zink、Michael Zink和Taleh Ziyadov。

我的家人在我出生前一直過著本書論述的生活，這是另一個我要感謝我父母無倦的支持、自發地提供見聞，和永遠願意從頭到底細讀我的手稿的原因。我妻子Ayesha也不吝於提供我源源不斷的相關材料，她對我們自己家庭旅遊地點的直覺也對我的思考提供有用的參考。在我寫作時，我們的全球小孩Zara和Zubin已不再是隱藏在我思維的背景，而是參與其中，他們會問我們有關世界的事情，並對所有他們去過和想去的地方發表他們的觀察和判斷。我弟弟Gaurav和弟媳Anu也表達對本書許多主題的見解，我姪女Anisha和姪子Roshan將是塑造未來的下一代數位原住民的最佳寫照。

本書從它的初始構思歷經大幅的修改，許多改進要感謝我的跨大西洋編輯團隊Scribner（Simon & Schuster）的Rick Horgan和Orion（Hachette）的Jenny Lord。由衷感謝他們兩人在這個成果豐碩的合作關係中令人信任的指引。一如以往的我虧欠ICM的Jenn Joel許多；「經紀人」這個詞無法描述她明智的建議和友誼在我寫作的每一方面所扮演角色的萬一。在倫敦的Curtis Brown公司，Jake Smith-Bosanquet、Richard Pike和Savanna Wicks的團隊在確保我的著作獲得全球讀者的關注上是一股極其強大的力量。我對我的整個夢幻團隊致上最深的謝意。

參考書目

Abdelal, Rawi E., Alastair Iain Johnston, Yoshiko Margaret Herrera, and Rose McDermott. *Measuring Identity: A Guide for Social Scientists.* Cambridge: Cambridge University Press, 2009.

Agnew, John. Human *Geography: An Essential Anthology.* Oxford: Blackwell, 1996.

Alba, Richard. *The Great Demographic Illusion: Majority, Minority, and the Expanding American Mainstream.* Princeton: Princeton University Press, 2020.

Allen, John. *Lost Geographies of Power.* Oxford: Blackwell, 2003.

Alter, Charlotte. *The Ones We've Been Waiting For: How a New Generation of Leaders Will Transform America.* New York: Viking, 2020.

Anderson, Benedict. *Imagined Communities: Reflections on the Origin and Spread of Nationalism.* London: Verso, 1983.

Andres, Lesly, and Johanna Wyn. *The Making of a Generation: The Children of the 1970s in Adulthood.* Toronto: University of Toronto Press, 2010.

Anholt, Simon. *Competitive Identity.* London: Palgrave Macmillan, 2006.

Anholt, Simon. *The Good Country Equation.* New York: Penguin Random House, 2020.

Arendt, Hannah. *The Human Condition.* Chicago: University of Chicago Press, 1958.

Aziz, Maha Hosain. *Future World Order.* Independent, 2019.

Balarajan, Meera, Geoffrey Cameron, and Ian Goldin. *Exceptional People.* Princeton: Princeton University Press, 2012.

Baldwin, Richard E. *The Globotics Upheaval: Globalization, Robotics, and the Future of Work.* Oxford: Oxford University Press, 2019.

Bauwens, Michel, Vasilis Kostakis, and Alex Pazaitis. *Peer to Peer: The Commons Manifesto.* London: University of Westminster Press, 2019.

Bejan, Adrian. *Evolution and Freedom.* New York: Springer International Publishing,2019.

Benhabib, Seyla. *The Law of Peoples, Distributive Justice, and Migrations.* Cambridge: Cambridge University Press, 2004.

Benjamin, Walter, and Rolf Tiedemann. *The Arcades Project.* Cambridge: Belknap Press, 1999.

Berggruen, Nicolas, and Nathan Gardels. *Renovating Democracy.* Berkeley: University of California Press, 2019.

Bostrom, Nick. *Superintelligence: Paths, Dangers, Strategies.* Oxford: Oxford University Press, 2014.

Brannen, Peter. *Ends of the World.* London: Oneworld Publications, 2018.

Bray, Mark. *Antifa: The Anti-Fascist Handbook.* London: Melville House Publishing, 2017.

Bregman, Rutger. *Utopia for Realists.* New York: Little Brown and Company, 2017.

Bremmer, Ian. *Us Versus Them: The Failure of Globalism.* New York: Portfolio, 2018.

Bricker, Darrell, and John Ibbitson. *Empty Planet: The Shock of Global Population Decline.* Toronto: McClelland & Stewart, 2019.

Bruder, Jessica. *Nomadland: Surviving America in the Twenty-First Century.* New York: W. W. Norton, 2017.

Caplan, Bryan. *Open Borders: The Science and Ethics of Immigration.* New York: St. Martin's Press, 2019.

Clausing, Kimberly. Open: *The Progressive Case for Free Trade, Immigration, and Global Capital.* Cambridge: Harvard University Press, 2019.

Colin, Nicholas. *Hedge: A Greater Safety Net for the Entrepreneurial Age.* CreateSpace Independent Publishing Platform, 2018.

Combi, Chloe. *Generation Z: Their Voices, Their Lives.* New York: Random House, 2015.

Coupland, Douglas. *Generation X.* New York: St. Martin's Griffin, 1991.

Dalby, Simon. *Anthropocene Geopolitics: Globalization, Security, Sustainability.* Ottawa: University of Ottawa Press, 2020.

Dartnall, Lewis. *Origins: How the Earth Shaped Human History.* London: Bodley Head, 2019.

Davis, Garry. *My Country Is the World: The Adventures of a World Citizen.* CreateSpace Independent Publishing Platform, 2010.

De Haas, Hein, Mark Castles, and Mark J. Miller. *The Age of Migration: International Population Movements in the Modern World.* London: Guilford Press, 2013.

Deparle, Jason. *A Good Provider Is One Who Leaves.* New York: Viking, 2019.

Dewey, John. *Art as Experience.* London: George Allen & Unwin Ltd, 1934.

Dewey, John. *Experience and Nature.* London: George Allen and Unwin, Ltd, 1929.

Dummett, Michael. *On Immigration and Refugees.* London: Routledge, 2001.

Edmunds, June, and Bryan Turner. *Generations, Culture & Society.* Philadelphia: Open University Press, 2005.

Eichengreen, Barry. *The Populist Temptation: Economic Grievance and Political Reaction in the Modern Era.* Oxford: Oxford University Press.

Elder, Glen H. *Children of the Great Depression.* Boulder: Westview Press, 1998.

Esty, Daniel C. *A Better Planet: Forty Big Ideas for a Sustainable Future.* London: Yale University Press, 2019.

Fallows, James, and Deborah Fallows. *Our Towns: A 100,000-Mile Journey into the Heart of America.* New York: Pantheon Books, 2018.

Farmer, Roger. *Prosperity for All: How to Prevent Financial Crises.* Oxford: Oxford University Press, 2016.

Fish, Eric. *China's Millennials: The Want Generation.* Lanham: Rowman & Littlefield Publishers, 2015.

Florida, Richard. *Who's Your City? How the Creative Economy Is Making Where You Live the Most Important Decision of Your Life.* Toronto: Random House of Canada, 2008.

Foroohar, Rana. *Don't Be Evil: How Big Tech Betrayed Its Founding Principles— and All of Us.* New York: Currency, 2019.

Fouberg, Erin H, Alexandra Murphy, and Harm J. de Blij. *Human Geography: People, Place and Culture.* Hoboken: Wiley, 2015.

Fraser, Evan D. G., and Andrew Rimas. *Empires of Food: Feast, Famine, and the Rise and Fall of Civilizations.* New York: Free Press, 2010.

Frazier, Mark, and Joseph McKinney. *Founding Startup Societies: A Step by Step Guide.* Salt Lake City: Startup Societies

Foundation, 2019.

Gaul, Gilbert M. *The Geography of Risk: Epic Storms, Rising Seas, and the Cost of America's Coasts.* New York: Sarah Crichton Books, 2019.

Gertner, Jon. *Ice at the End of the World: An Epic Journey into Greenland's Buried Past and Our Perilous Future.* New York: Random House, 2019.

Ghosh, Amitav. *The Great Derangement: Climate Change and the Unthinkable.* Illinois: University of Chicago Press, 2017.

Goodell, Jeff. *How to Cool the Planet: Geoengineering and the Audacious Quest to Fix Earth's Climate.* Boston: Houghton Mifflin Harcourt, 2010.

Goodell, Jeff. *The Water Will Come: Rising Seas, Sinking Cities, and the Remaking of the Civilized World.* New York & Boston & London: Little, Brown and Company, 2017.

Goodhart, David. *Road to Somewhere: The Populist Revolt and the Future of Politics.* London: Hurst, 2017.

Graeber, David. *Bullshit Jobs: A Theory.* London: Allen Lane, 2018.

Greene, Robert Lane. *You Are What You Speak: Grammar Grouches, Language Laws, and the Politics of Identity.* New York: Delacorte Press, 2011.

Haidt, Jonathan. *The Righteous Mind: Why Good People Are Divided by Politics and Religion.* New York: Knopf Doubleday Publishing Group, 2012.

Hankins, James. *Virtue Politics: Soulcraft and Statecraft in Renaissance Italy.* Cambridge: Harvard University Press, 2018.

Hannant, Mark. *Midnight's Grandchildren: How Young Indians Are Disrupting the World's Largest Democracy.* London: Routledge, 2018.

Hardt, Michael, and Antonio Negri. *Assembly.* Oxford: Oxford University Press, 2017.

Harris, Malcom. *Kids These Days: Human Capital and the Making of Millennials.* New York & Boston & London: Little, Brown and Company, 2017.

Hayden, Patrick. "Political Evil, Cosmopolitan Realism, and the Normative Ambivalence of the International Criminal

Court." In Steven C. Roach. *Governance, Order, and the International Criminal Court: Between Realpolitik and a Cosmopolitan Court.* Oxford: Oxford University Press, 2009.

Henig, Robin. *What Is It About Twenty-Somethings?* New York: The New York Times, 2010.

Herz, Marcus, and Thomas Johansson. *Youth Studies in Transition: Culture, Generation and New Learning Processes.* Basel: Springer Nature Switzerland AG, 2019.

Hertz, Noreena. *The Lonely Century: How Isolation Imperils Our Future.* London: Hodder and Stoughton, 2020.

Hickel, Jason. "Degrowth: A Theory of Radical Abundance." *Real-World Economics Review* 87 (2019): 54–68.

Hill, Alice C., and Leonardo Martinez-Diaz. *Building a Resilient Tomorrow.* Cambridge: Oxford University Press, 2019.

Hockfield, Susan. *Age of Living Machines: How Biology Will Build the Next Technology Revolution.* New York: W. W. Norton & Company, 2019.

Houlgate, Laurence. *John Locke on Naturalization and Natural Law: Community and Property in the State of Nature.* Cham: Springer International Publishing, 2016.

Inglehart, Ronald F. *Cultural Evolution: People's Motivations Are Changing, and Reshaping the World.* Cambridge: Cambridge University Press, 2018.

International Organization for Migration. *Migration, Environment and Climate Change: Assessing the Evidence.* Geneva, 2009.

International Organization for Migration. *World Migration Report 2020.* New York: UN, 2019.

Iyer, Pico. *This Could Be Home: Raffles Hotel and the City of Tomorrow.* Singapore: Epigram, 2019.

Janmohamed, Shelina. *Generation M: Young Muslims Changing the World.* London & New York: I. B. Tauris, 2016.

Kaiser, Shannon. *The Self-Love Experiment: Fifteen Principles for Becoming More Kind, Compassionate, and Accepting of Yourself.* New York: TarcherPerigee, 2017.

Kant, Immanuel. *Perpetual Peace.* Minneapolis: Classics, 2007.

Keane, John. *Global Civil Society?* Cambridge: Cambridge University Press, 2003.

Kerr, William. *The Gift of Global Talent: How Migration Shapes Business, Economy & Society*. Stanford: Stanford University Press, 2018.

Keynes, John Maynard. *The General Theory of Employment, Interest and Money*. London: Palgrave Macmillan, 1936.

Kissinger, Henry. *A World Restored: Metternich, Castlereagh and the Problems of Peace, 1812–22*. Boston: Houghton Mifflin Company, 1957.

Kotkin, Joel. *The Human City: Urbanism for the Rest of Us*. Chicago: Agate B2, 2016.

Kronin, Audrey Kurth. *Power to the People: How Open Technological Innovation Is Arming Tomorrow's Terrorists*. Cambridge: Oxford University Press, 2019.

Kunreuther, Howard, Erwann Michel-Kerjan, and Neil A. Doherty. *At War with the Weather: Managing Large-Scale Risks in a New Era of Catastrophes*. Cambridge: MIT Press, 2011.

Levine, Jonathan. *Zoned Out*. London: Routledge, 2005.

Lieven, Anatol. *Climate Change and the Nation State: The Case for Nationalism in a Warming World*. Oxford: Oxford University Press, 2020.

Lillis, Joanna. *Dark Shadows: Inside the Secret World of Kazakhstan*. London & New York: I. B. Tauris, 2018.

Lovelock, James. *Gaia: A New Look at Life on Earth*. London: Oxford University Press, 1979.

Lubin, David. *Dance of the Trillions: Developing Countries and Global Finance*. Washington DC: Brookings Institute Press, 2018.

Lucas, Robert E. B. *International Handbook on Migration and Economic Development*. Cheltenham: Edward Elgar Pub, 2015.

MacIntyre, Alasdair. *After Virtue: A Study in Moral Theory*. Third Edition. Indiana: University of Notre Dame Press, 2007.

Mann, Geoff, and Joel Wainwright. *Climate Leviathan: A Political Theory of Our Planetary Future*. New York: Verso, 2018.

Mazzucato, Mariana. *The Value of Everything: Making and Taking in the Global Economy*. London: Penguin Press, 2018.

McKibben, Bill. *Falter: Has the Human Game Begun to Play Itself Out?* New York: Henry Holt & Company, 2019.

McNeill, John Robert, and Peter Engelke. *The Great Acceleration: An Environmental History of the Anthropocene Since 1945.* Cambridge: Harvard University Press, 2015.

Mehta, Suketu. *This Land Is Our Land: An Immigrant's Manifesto.* New York: Farrar, Straus and Giroux, 2019.

Milanovic, Branko. *Capitalism Alone: The Future of the System That Rules the World.* Cambridge: Harvard University Press, 2019.

Morland, Paul. *Human Tide: How Population Shaped the Modern World.* New York: PublicAffairs, 2019.

Muenkler, Herfried. *Die neuen Deutschen: Ein Land vor seiner Zukunft.* Berlin: Rowohlt Taschenbuch, 2017.

Murphy, Alexander. *Progress in Human Geography.* Thousand Oaks, CA: Sage Publications, 1991.

Norris, Pippa, and Ronald Inglehart. *Cultural Backlash: Trump, Brexit, and Authoritarian Populism.* New York: Cambridge University Press, 2019.

Oreskes, Naomi, and Erik M. Conway. *The Collapse of Western Civilization: A View from the Future.* New York: Columbia University Press, 2014.

Ostrom, Elinor. *Governing the Commons: The Evolution of Institutions for Collective Action.* Cambridge: Cambridge University Press, 1990.

O'Sullivan, Michael. *The Levelling: What's Next After Globalization.* New York: PublicAffairs, 2019.

Paul, Anju Mary. *Multinational Maids: Stepwise Migration in a Global Labor Market.* Cambridge: Cambridge University Press, 2017.

Pearlstein, Steven. *Can American Capitalism Survive?: Why Greed Is Not Good, Opportunity Is Not Equal, and Fairness Won't Make Us Poor.* New York: St. Martin's Press, 2018.

Pentland, Alex, Alexander Lipton, and Thomas Hardjono. *Building the New Economy.* Cambridge: MIT Press, 2020.

Philippon, Thomas. *The Great Reversal: How America Gave Up on Free Markets.* Cambridge, Massachusetts: Harvard University Press, 2019.

Rajan, Raghuram. *The Third Pillar: How Markets and the State Leave the Community Behind.* London: Penguin Press, 2019.

Rawls, John. *Political Liberalism.* Columbia: Columbia University Press, 2005.

Rich, Nathaniel. *Losing Earth: A Recent History.* New York: MCD, 2019.

Rossant, John. *Hop, Skip, Go: How the Mobility Revolution Is Transforming Our Lives.* New York: Harper Business, 2019.

Rushkoff, Douglas. *Team Human.* New York: W. W. Norton & Company, 2019.

Sachs, Jeffrey. *The Ages of Globalization: Geography, Technology, and Institutions.* New York: Columbia University Press, 2020.

Samaranayake, Nilanthi, Satu P Limaye, and Joel Wuthnow. *Raging Waters: China, India, Bangladesh, and Brahmaputra River Politics.* Virginia: Marine Corps University Press, 2018.

Scranton, Roy. *Learning to Die in the Anthropocene: Reflections on the End of a Civilization.* San Francisco: City Lights Publishers, 2015.

Scranton, Roy. *We're Dead. Now What?* New York: Soho Press, 2018.

Shah, Sonia. *The Next Great Migration: The Beauty and Terror of Life on the Move.* New York: Bloomsbury Publishing, 2020.

Skidelsky, Robert. *Money and Government: The Past and Future of Economics.* London: Yale University Press, 2018.

Slobodian, Quinn. *Globalists: The End of Empire and the Birth of Neoliberalism.* Cambridge: Harvard University Press, 2018.

Smil, Vaclav. *Growth: From Microorganisms to Megacities.* Cambridge: The MIT Press, 2019.

Smith, Laurence. *Rivers of Power: How a Natural Force Raised Kingdoms, Destroyed Civilizations, and Shapes Our World.* New York: Little, Brown Spark, 2020.

Smith, Laurence. *The World in 2050: Four Forces Shaping Civilization's Northern Future.* London: Penguin, 2010.

Snowden, Frank. *Epidemics and Society: From the Black Death to the Present.* New Haven: Yale University Press, 2019.

Steinem, Gloria. *My Life on the Road.* New York: Random House, 2016.

Stephenson, Neal. *Snow Crash.* London: Penguin, 2011.

Strauss, William, and Neil Howe. *Generations: The History of America's Future, 1584 to 2069.* New York: Quill, 1992.

Strauss, William, and Neil Howe. *The Fourth Turning: What the Cycles of History Tell Us About America's Next Rendezvous with Destiny.* New York: Three Rivers Press, 2009.

Taleb, Nassim Nicholas. *Antifragile: Things That Gain from Disorder.* New York: Random House, 2012.

Taylor, Charles. *The Ethics of Authenticity.* Cambridge: Harvard University Press, 1992.

Taylor, Paul. *Next America: Boomers, Millennials, and the Looming Generational Showdown.* New York: PublicAffairs, 2014.

Toffler, Alvin. *Future Shock.* New York: Bantam Books Inc., 1984.

Tucker, Christopher. *A Planet of 3 Billion.* Virginia: Atlas Observatory Press, 2019.

Tucker, Patrick. *The Naked Future: What Happens in a World That Anticipates Your Every Move.* New York: Current, 2015.

Unnikrishnan, Deepak. *Temporary People.* New York: Restless Books, 2017.

Victor, Peter. *Managing Without Growth: Slower by Design, Not Disaster.* Cheltenham: Edward Elgar Publishing, 2008.

Wagner, Gernot, and Martin L. Weitzman. *Climate Shock: The Economic Consequences of a Hotter Planet.* Princeton: Princeton University Press, 2015.

Wallace-Wells, David. *The Uninhabitable Earth: Life After Warming.* New York: Tim Duggan Books, 2019.

Walsh, Bryan. *End Times: A Brief Guide to the End of the World.* New York: Hachette Books, 2019.

Westlake, Stian. *Capitalism Without Capital: The Rise of the Intangible Economy.* Princeton: Princeton University Press, 2018.

Wester, Philippus, Arabinda Mishra, Aditi Mukherji, and Arun Bhakta Shrestha. *The Hindu Kush Himalaya Assessment: Mountains, Climate Change, Sustainability and People.* London: Springer Nature, 2019.

Wilson, E. O. *Half Earth: Our Planet's Fight for Life.* New York: Liveright, 2017.

Wohl, Robert. *The Generation of 1914.* Cambridge: Harvard University Press, 1979.

Wyatt, David. *Out of the Sixties: Storytelling and the Vietnam Generation.* Cambridge: Cambridge University Press, 1993.

Zuckerman, Ethan. *Rewire: Digital Cosmopolitans in the Age of Connection.* New York: W. W. Norton & Company, 2013.

注釋

第一章 移動性即命運

1 Ducker, Peter. Managing in Turbulent Times (New York: Harper & Row, 1980)。

2 Marie McAuliffe and Martin Ruhs, World Migration Report 2018 (Geneva: International Organization for Migration, 2017)。

3 Jonathan Woetzel et al., "People on the Move: Global Migration's Impact and Opportunity," McKinsey Global Institute, December 2016。

4 Bill McKibben, "A Very HotYear," New York Review of Books, March 12, 2020。

5 Chi Xu et al., "Future of the Human Climate Niche," Proceedings of the National Academy of Sciences 117, no. 21 (2020): 11350-11355。

6 "The Top 10 Categories for Small Businesses to Make Millions in 2020," Business Insider, December 16, 2019; "The 10 Best US States for Entre-preneurs to Start Businesses in 2020," Business Insider, January 3, 2020。

7 Paul Salopek, "A Twenty-Four-Thousand-Mile Walk Across Human History," New Yorker, June 17, 2019。

第二章 年輕人才爭奪戰

1 "This Is the Impact of the 2008 Crisis You Might Not Have Ex-pected," World Economic Forum, November 15, 2018。

2 Jeanna Smialek and Zolan Kanno-Youngs, "Why a Top Trump Aide Said 'We Are Desperate' for More Immigrants," NewYork Times, February 27, 2020。

3 Neil Irwin and Emily Badger, "Trump Says the U.S. Is 'Full.' Much of the Nation Has the Opposite Problem," New York Times, April 9, 2019。

4 Eduardo Porter, "The Danger from Low-Skilled Immigrants: Not Having Them," New York Times, August 8, 2017。

5 Lazaro Zamora and Theresa Cardinal Brown, "EB-5 Program: Successes, Challenges, and Opportunities for States and Localities," Bipartisan Policy Center, September 2015。

6 Mohsin Hamid, "In the 21st Century, We Are All Migrants," National Geographic, August 2019, p. 20。

7 Matthew Smith, "International Survey: Globalisation Is Still Seen as a Force for Good in the World," YouGov, November 17, 2016。

8 Yasmeen Serhan, "Are Italy's 'Sardines' the Antidote to Populism?," Atlantic, January 24, 2020。

9 David Hasemyer, "U.S. Military Precariously Unprepared for Climate Threats, War College & Retired Brass Warn," InsideClimate News, December 23, 2019。

第三章 移動世代

1 Karl Mannheim, "The Sociological Problem of Generations," in Essays on the Sociology of Knowledge (Oxford University Press, 1952 [1929])。

2 Kim Parker et al., "Generation Z Looks a Lot Like Millennials on Key Social and Political Issues," Pew Research Center, January 17, 2019。

3 Christopher Kurz et al., "Are Millennials Different?," Finance and Economics Discussion Series (Washington, DC: Board of Governors of the Federal Reserve System, November 2018); Derek Thompson, "The Economy Killed Millennials, Not Vice Versa," Atlantic, Decem?ber 6, 2018。

4 "The Deloitte Millennial Survey 2017," Deloitte, 2017。

5 Malcolm Harris, "Keynes Was Wrong. Gen Z Will Have It Worse," MIT Technology Review, December 16, 2019。

6 Kim Hong-Ji and Hayoung Choi Ju-min Park, "No Money, No Hope: S. Korea's 'Dirty Spoons' Turn Against Moon," The Wider Image, Reu?ters, November 30, 2019。

7 Jeanna Smialek, "How Millennials Can Make the Fed's Job Harder," New York Times, February 17, 2020。

8 提供國際文憑（ＩＢ）課程的學校在二〇一二年到二〇一七年間激增四〇％，此後迄今又增加一〇％。三分之一的ＩＢ學校在美國，近三〇％在歐洲，而有二〇％在亞洲；亞洲的ＩＢ學生增加的速度是全球的兩倍。

9 Iyer, Pico. This Could Be Home: Raffles Hotel and the City of Tomorrow (Singapore: Epigram, 2019), 34。

10 Lisa O'Carroll, "Number of UK Citizens Emigrating to EU Has Risen by 30% since Brexit Vote," Guardian, August 4, 2020。

11 Suketu Mehta. This Land Is Our Land: An Immigrant's Manifesto (New York: Macmillan, 2019)。

12 Allison Schrager, "The Loooming $78 Trillion Pension Crisis," Quartz, February 27, 2019。

13 Len Kiefer et al., "Why Is Adulting Getting Harder? Young Adults and Household Formation," Freddie Mac, March 16, 2018。

14 一家著名的顧問公司做的調查顯示，四十歲以下的高淨值個人尋找私人財務服務的首要目的是房地產、税和遺產的諮詢。CapGemini, World Wealth Report 2020。

15 Jun Suzuki, "Asia's Millennials Finding Their Political Voice," Nikkei Asian Review, March 27, 2019。

16 Laurie S. Goodman and Christopher Mayer, "Home Ownership and the American Dream," Journal of Economic Perspectives 32, no. 1 (2018): 31-58。

17 Hillary Hoffower, "The 25 Most Expensive Cities Around the World to Rent a Two-Bedroom Apartment," Business Insider Singapore, January 14, 2020。

18 "Younger Americans Much More Likely to Have Been Arrested Than Previous Generations; Increase Is Largest Among Whites and Women," RAND Corporation, February 25, 2019。

19 Ben Schott, "Which Nations Are Democracies? Some Citizens Might Disagree," Bloomberg, June 26, 2020。

20 Pico Iyer, "Where is Home?" TED Talk. 17 July 2013。

21 Brandon Busteed, "Americans Rank a Google Internship over a Har?vard Degree," Forbes, January 6, 2020。

第四章 下一個美國夢

1 U.S. Census Bureau, "Housing Inventory Estimate: Vacant Housing Units for the United States," FRED, Federal Reserve Bank of St. Louis, July 28, 2020。

2 William H. Frey, "For the First Time on Record, Fewer Than 10% of Americans Moved in a Year," Brookings Institution, November 22, 2019; James Manyika et al., "The Social Contract in the 21st Century: Outcomes So Far for Workers, Consumers, and Savers in Advanced Economies," McKinsey Global Institute, February 2020。

3 Raj Chetty et al., "Where Is the Land of Opportunity? The Geography of Intergenerational Mobility in the United

States," Quarterly Journal of Economics 129, no. 4 (November 2014): 1553-1623。

4 Kyle Nossaman, "A Year in a Skoolie: What We Love (and What We Don't)," Gear Junkie, January 23, 2019。

5 Rilwan Balogun, "RV Sales Jump 170% During Coronavirus Pan-demic, Says Association," WAFB Channel 9, May 25, 2020。

6 Sarah Baird, "Mobile Homeland," Curbed, September 13, 2017。

7 三二%擁有住宅的千禧世代中，有三分之二感到後悔，因為必須負擔額外的成本，例如保險、房屋稅、變動利率抵押貸款，和維修。Megan Leonhardt, "63% of Millennials Who Bought Homes Have Regrets," CNBC, March 1, 2019。

8 Helen Edwards and Dave Edwards, "It's Becoming Economically De-sirable to Live in a Trailer Park," Quartz, January 16, 2018。

9 Caleb Robinson et al., "Modeling Migration Patterns in the USA Under Sea Level Rise," PLoS ONE 15, no. 1 (January 2020)。

10 Christopher Flavelle, "U.S. Flood Strategy Shifts to 'Unavoidable' Relocation of Entire Neighborhoods," New York Times, August 26, 2020。

11 James S. Clark, C. Lane Scher, and Margaret Swift, "The Emergent Interactions That Govern Biodiversity Change," Proceedings of the National Academy of Sciences 117, no. 29 (2020): 17074-17083。

12 Nancy Gupton, "Boulder, Colorado: The Happiest City in the United States," National Geographic, October 27, 2017。

13 Kendra Pierre-Louis, "Want to Escape Global Warming? These Cities Promise Cool Relief," New York Times, April 15,

2019。

14 Mary Caperton Morton, "With Nowhere to Hide from Rising Seas, Boston Prepares for a Wetter Future," Science News, August 6, 2019。

15 Steven Luebke, "How to Help Employees Buy Homes-and Help Your Company's Bottom Line," Milwaukee Business Journal, March 28, 2017。

16 Auren Hoffman, "What Would Happen If All Job Offers Had to Be Quoted Post-Tax and in PPP-Adjusted Dollars? (Thought Experiment on Compensation)," Summation by Auren Hoffman (summation .net), March 27, 2019。

17 William H. Frey, "How Migration of Millennials and Seniors Has Shifted Since the Great Recession," The Brookings Institution, January 31, 2019.。

18 "Why 18-Hour Cities Are Attracting Commercial Real Estate Inter?est," JLL, February 5, 2019。

19 Robert D. Atkinson et al., "The Case for Growth Centers: How to Spread Tech Innovation Across America," The Brookings Institution, December 9, 2019。

20 Mohamed Younis, "Americans Want More, Not Less, Immigration for First Time," Gallup, July 1, 2020。

21 Alex Nowrasteh and Andrew C. Forrester, "Immigrants Recognize American Greatness: Immigrants and Their Descendants Are Patriotic and Trust America's Governing Institutions," Cato Institute, February 4, 2019。

22 Anjali Enjeti, "Ghosts of White People Past: Witnessing White Flight from an Asian Ethnoburb," Pacific Standard, June 14, 2017。

第五章 歐洲聯邦

1 Paul Hockenos, "Europe's Future Looks Bleak If It Can't Make the Case for Itself," CNN, March 4, 2019; Bruce Stokes, "Who Are Eu-rope's Millennials?," Pew Research Center, February 9, 2015。

2 Richard Wike et al., "European Public Opinion Three Decades After the Fall of Communism," Pew Research Center, October 14, 2019。

3 "Romania, Hungary Recruit in Asia to Fill Labour Shortage," Channel News Asia, October 28, 2019。

4 Dany Mitzman, "The Sikhs Who Saved Parmesan," BBC News, June 25, 2015。

5 Andrew Nash, "National Population Projections," Office for National Statistics, October 21, 2019。

第六章 架起地區的橋梁

1 Bruce Bower, "The Oldest Genetic Link Between Asians and Native Americans Was Found in Siberia," Science News, May 20, 2020。

第七章 北方主義

1 Mary Beth Sheridan, "The Little-Noticed Surge Across the U.S.-Mexico Border: It's Americans, Heading South," Washington Post, May 19, 2019。

2 Abrahm Lustgarten, "The Great Climate Migration," New York Times Magazine, July 23, 2020。

3 Rahul Mehrotra, "The Architectural Wonder of Impermanent Cities," TED Talk, July 22, 2019。

第八章 「南方」能否倖免於難

1 Sunil John et al., "Arab Youth Survey 2017," ASDA'A Burson-Marsteller, 2017; "Unemployment with Advanced Education (% of Total Labor Force with Advanced Education)," The World Bank, 2019。

2 "Young Adults Around the World Are Less Religious by Several Measures," in The Age Gap in Religion Around the World, Pew Research Center, June 13, 2018。

3 Kristofer Hamel and Constanza Di Nucci, "More Than 100 Million Young Adults Are Still Living in Extreme Poverty," The Brookings Institution, October 17, 2019。

4 Nicole Flatow, "The Social Responsibility of Wakanda's Golden City," Bloomberg CityLab, November 5, 2018。

5 "'Climate Apartheid' Between Rich and Poor Looms," BBC News, June 25, 2019。

6 Steve Pyne, "The Australian Fires Are a Harbinger of Things to Come. Don't Ignore Their Warning," Guardian, January 7, 2020。

第九章 亞洲人來了

1 Danny Bahar, Prithwiraj Choudhury, and Britta Glennon, "The Day That America Lost $100 Billion Because of an Immigration Visa Ban," Brookings Institution, October 20, 2020。

2 Michael Clemens, "Does Development Reduce Migration?," in International Handbook on Migration and Economic Development (Cheltenham, UK: Edward Elgar Publishing, 2014)。

3 Stefan Trines, "Mobile Nurses: Trends in International Labor Migration in the Nursing Field," World Education News and Reviews, March 6, 2018。

4 Kully Kaur-Ballagan, "Attitudes to Race and Inequality in Great Brit-ain," Ipsos MORI, June 15, 2020。

第十章 亞太的撤退和更新

1 Amarnath Tewary, "Bihar's Economy Registers Higher Growth Than Indian Economy in Last Three Years," Hindu, February 24, 2020。

2 Junya Hisanaga, "Muslims Struggle to Bury Their Dead in Japan, a Nation of Cremation," Nikkei Asia, November 29, 2020。

第十一章 量子人

1 Teleport已被倫敦MOVE公司收購。Topia的網路公司之一Guides為專業人士的遷移提供服務。

2 "IMD World Competitiveness Ranking 2020," IMD World Competitiveness Centre, 2020; "The New Economy Drivers and Disruptors Report," Bloomberg, 2019。

3 "2020 Emerging Jobs Report Singapore," LinkedIn, 2020。

4 Ricardo Hausmann, "Economic Development and the Accumulation of Know-how," World Economic Review 24 (Spring 2016); Richard Baldwin, The Globotics Upheaval (London: Oxford University Press, 2019)。

5 Christian Joppke, "The Rise of Instrumental Citizenship," Global Citizenship Review (Fourth Quarter, 2018)。

6 Kate Springer, "Passports for Purchase: How the Elite Get Through a Pandemic," CNN, August 7, 2020。

第十二章 都會文化治世

1 See Jason Hickel, "Is It Possible to Achieve a Good Life for All Within Planetary Boundaries?" Third World Quarterly,

2018; "The Sustainable Development Index: Measuring the Ecological Efficiency of Human Development in the Anthropocene," Ecological Economics 167 (2020)。

2 Lee Kuan Yew, "The East Asian Way——With Air Conditioning," New Perspectives Quarterly 26 (October 2009)。

3 "The Best Countries to Raise a Family in 2020," Asher & Lyric, July 24, 2020。

4 Melanie Curtin, "Thousands of Millennials Are Opting Out of Renting Their Own Apartments and Going for This Instead," Inc., September 28, 2017。

第十三章 文明三・〇

1 Arnold J. Toynbee, quoted in Reader's Digest, October 1958。

2 Suketu Mehta, This Land Is Our Land。

3 David Graeber, The Utopia of Rules (London: Penguin Random House, 2015)。

4 Mohsin Hamid, "In the 21st Century, We Are All Migrants," National Geographic (September 2019)。

5 Innes M. Keighren, "Geosophy, Imagination, and Terrae Incognitae: Exploring the Intellectual History of John Kirtland Wright," Journal of Historical Geography 31, no. 3 (July 2005): 546-562。

移動力：機會、財富與權力的新地理，給全球世代的2050年關鍵報告

2022年10月初版　　定價：新臺幣460元

著者	Parag Khanna
譯者	吳國卿
叢書編輯	連玉佳
校對	馬文穎
內文排版	林婕瀅
封面設計	江宜蔚

出版者	聯經出版事業股份有限公司
地址	新北市汐止區大同路一段369號1樓
叢書編輯電話	(02)86925588轉5395
台北聯經書房	台北市新生南路三段94號
電話	(02)23620308
台中辦事處	(04)22312023
台中電子信箱	e-mail：linking2@ms42.hinet.net
郵政劃撥帳戶第	0100559-3號
郵撥電話	(02)23620308
印刷者	文聯彩色製版印刷有限公司
總經銷	聯合發行股份有限公司
發行所	新北市新店區寶橋路235巷6弄6號2樓
電話	(02)29178022

副總編輯	陳逸華
總編輯	涂豐恩
總經理	陳芝宇
社長	羅國俊
發行人	林載爵

行政院新聞局出版事業登記證局版臺業字第0130號

本書如有缺頁，破損，倒裝請寄回台北聯經書房更換。　　ISBN 978-957-08-6432-8 (平裝)
聯經網址：www.linkingbooks.com.tw
電子信箱：linking@udngroup.com

國家圖書館出版品預行編目資料

移動力：機會、財富與權力的新地理，給全球世代的2050年關鍵報告 / 帕拉格・科納(Parag Khanna)著．吳國卿譯．初版．新北市．聯經．2022.10．352面．14.8×21公分．
譯自：Move : the forces uprooting us
ISBN 978-957-08-6432-8（平裝）

1. CST: 遷移 2. CST: 人類遷徙

367.58 111010565